U0294335

云南山洪灾害预警指标分析方法和预警系统信息化研究与实践

顾世祥　蒋汝成　解家毕　李昌志 等　编著

中国水利水电出版社
www.waterpub.com.cn
·北京·

内 容 提 要

本书介绍了云南省山洪灾害防治项目建设成果。全书分为上下两篇共 11 章，上篇是云南山洪灾害预警指标分析方法和预警信息化研究，包括：概述，云南山洪灾害基本情况及山洪预警国内外发展现状，云南山洪灾害防治区划及调查评价成果分析，现有山洪灾害预警指标确定方法比选，云南山洪灾害预警指标分析方法应用及研究，山洪灾害预警指标和阈值分析技术指南编写，云南高原山洪灾害监测预警信息化方案，以及成果、结论与展望；下篇是云南山洪预警指标确定技术指南，包括：基本技术约定，主要技术方法，计算实例等。

本书可供山洪灾害防治的专家，技术人员参考，也可供相关专业高校师生阅读。

图书在版编目（ＣＩＰ）数据

云南山洪灾害预警指标分析方法和预警系统信息化研
究与实践 / 顾世祥等编著. -- 北京：中国水利水电出
版社，2021.7
　　ISBN 978-7-5170-9752-5

　Ⅰ. ①云… Ⅱ. ①顾… Ⅲ. ①山洪－灾害防治 Ⅳ.
①P426.616

中国版本图书馆CIP数据核字（2021）第015743号

审图号：云 S（2020）109 号

书　　名	云南山洪灾害预警指标分析方法和预警系统信息化研究与实践 YUNNAN SHANHONG ZAIHAI YUJING ZHIBIAO FENXI FANGFA HE YUJING XITONG XINXIHUA YANJIU YU SHIJIAN
作　　者	顾世祥　蒋汝成　解家毕　李昌志　等　编著
出版发行	中国水利水电出版社 （北京市海淀区玉渊潭南路 1 号 D 座　100038） 网址：www.waterpub.com.cn E-mail：sales@waterpub.com.cn 电话：（010）68367658（营销中心）
经　　售	北京科水图书销售中心（零售） 电话：（010）88383994、63202643、68545874 全国各地新华书店和相关出版物销售网点
排　　版	中国水利水电出版社微机排版中心
印　　刷	北京印匠彩色印刷有限公司
规　　格	184mm×260mm　16 开本　17.75 印张　432 千字
版　　次	2021 年 7 月第 1 版　2021 年 7 月第 1 次印刷
印　　数	0001—1500 册
定　　价	120.00 元

《云南山洪灾害预警指标分析方法和预警系统信息化研究与实践》
编 撰 人 员 名 单

顾世祥	蒋汝成	解家毕	李昌志	何云虎	周　密
孙治才	陈　晶	张　森	李　青	王雅莉	李海辰
谢　波	庄华泽	王东升	李科国	姜秀娟	周　云
杜　俊	李月玉	臧庆春	马平森	刀海娅	苏敏杰
熊顺金	黄老福	唐浩然	向文亮	王永德	白少云
赵思源	叶菊萍	王建春	孙东亚	高　嵩	熊执中
梅　伟	张大伟	周　云	浦承松	谢　波	罗　涛
何云虎	苏正猛	陈德平	付　奔	李代华	李游洋
徐仕臣					

由于特殊的地理位置、地形特征和气候条件，云南省山洪灾害频发，防灾形势严峻。云南省的山洪多因暴雨引发，对高原山区的人民生命财产安全造成严重威胁，影响山区的经济社会持续稳定发展。云南省在山洪灾害防治方面已经做了大量的工作，2004年全省积极开展山洪灾害防治规划工作，云南省人民政府于2009年以云政复〔2009〕47号文件批复了云南省水利厅、自然资源厅、气象局、住房和城乡建设厅、生态环境厅等行业部门技术单位联合编制完成的《云南省山洪灾害防治规划》。2010年9月，云南省根据全国统一部署开展了山洪灾害防治县级非工程措施项目建设；至2012年，基本摸清了全省129个县（市、区）山洪防治区的水文气象、下垫面条件、河沟情况、经济社会发展状况等，初步建成山洪灾害监测预警系统和群测群防体系。2013—2018年，为巩固完善已建的非工程措施，进一步提高建设标准，扩大监测预警覆盖面，提高预警精准度，持续完善群测群防体系，开展了重点山洪沟治理，做好运行维护保障，逐步实现山洪灾害防治总体目标。这些工作极大地夯实了硬件和数据基础，在山洪灾害监测设施、预警平台建设、预警方法完善以及群测群防等方面都取得了阶段性的重大成绩，为充分运用山洪灾害防治项目的前期建设成果，增强山洪预警指标确定的实用性与易操作性，提高全省各级山洪灾害的预警水平，云南省水利水电勘测设计院组织编写了本书。

本书重点围绕雨量预警指标和水位预警指标分析方法，以及预警平台信息化建设方案进行阐述，预警指标分析方法具体包括推理公式法、洪峰模数法、水位/流量反推法、降雨驱动指标法、分布式流域水文模型法、上下游相应水位法等。在前期研究及生产实践的基础上，编制了云南省山洪预警指标和阈值分析技术指南，对山洪灾害预警相关定义和分类等基础性内容进行了约定，结合国内外有关山洪泥石流等方面的研究成果，进行系统的整理，供云南省各州（市）、县（市、区）在山洪灾害防治工作实际中参考使用。预警指标分析及信息化方案按四个类型分述如下：

（1）简易估算类方法。它包括推理公式法及洪峰模数法，要求资料和数据少，难度低，技术要求简单，精度低，仅需根据熟悉的公式和当地情况，基于

《云南省暴雨洪水查算实用手册》以及山洪灾害调查评价等成果资料，经过大致估算，即可进行雨量预警指标及阈值的分析计算，并得到成果。目前，乡（镇）/村级已建有简易自动雨量站点设备，县级建有山洪灾害防治平台，可以实现多个雨量站点数据的存储和分析，还有一定的分析计算模型对数据进行分析处理。因此，该方法可供县、乡（镇）级技术人员和管理人员参考使用。

（2）简要计算类方法。它包括降雨指标驱动法、水位/流量反推法两种；若对水位预警指标进行分析，可考虑上下游相应水位法。该类方法难度中等，技术要求不高，对照《云南省暴雨洪水查算实用手册》以及一定数量的样本资料，即可进行关键要点计算，分析雨量预警指标及阈值。针对目前乡（镇）/村级具有简易自动雨量报警设备和县级具有山洪灾害防治平台的情况，可将此类方法植入这些设备和平台，根据实时监测雨量、水位等信息进行预警。

（3）模型计算分析类方法。它主要为分布式流域水文模型法，具有很强的降雨径流机理，可以同时对多个流域、多个对象进行雨量预警指标和阈值分析，且可进行动态实时预报，但是难度和技术要求都较高。针对省、市、县都有相应山洪灾害监测预警平台的情况，可考虑将这种方法用于较大区域的重要城（集）镇或者沿河村落的山洪灾害预警及其预警指标分析工作。

（4）根据上述三个方面介绍的山洪灾害预警指标计算方法，提出了监测预警平台系统信息化方案，对涉及的雨量监测数据、水位监测数据、图像数据、国土共享数据、气象共享数据等进行分类设计，以便于数据的规范管理、入库；然后构建山洪灾害预警算法的模型库，并进行封装，从而实现预警。还可以通过构建神经网络模型实现系统的自我修正、自我优化和深度学习，使系统平台能实现辅助决策支持及自我完善的功能。

全书分为上下两篇共 11 章，上篇是云南山洪灾害预警指标分析方法和预警信息化研究，包括：概述，云南山洪灾害基本情况及山洪预警国内外发展现状，云南山洪灾害防治区划及调查评价成果分析，现有山洪灾害预警指标确定方法比选，云南山洪灾害预警指标分析方法应用及研究，山洪灾害预警指标和阈值分析技术指南编写，云南高原山洪灾害监测预警信息化方案，以及成果、结论与展望；下篇是云南山洪预警指标确定技术指南，包括：基本技术约定，主要技术方法，计算实例等。为了叙述的完整性和满足不同的读者需求，下篇里的一些案例内容可能与上篇重复，上篇主要体现研究成果的系统性，供防洪减灾、应急抢险、水利等相关专业的同行参考；下篇的案例计算过程更为具体和详细一些，包括作者长期实践中摸索得到的一些特小流域暴雨洪水过程分析计算方法，这些主要供基层的工作人员操作时参考使用。

各章节内容编写的分工如下：第 1 章由何云虎、解家毕、顾世祥、李昌志、蒋汝成、周云撰写；第 2 章由解家毕、何云虎、李昌志、蒋汝成、顾世祥、周云、姜秀娟、杜俊、马平森、苏敏杰、徐仕臣撰写；第 3 章由周密、谢波、庄华泽、王东升、解家毕、顾世祥、蒋汝成、李月玉、陈德平撰写；第 4 章由李昌志、张淼、王雅莉、姜秀娟、周密、陈晶撰写；第 5 章由李青、张淼、王雅莉、李海辰、蒋汝成、顾世祥、姜秀娟、陈晶、李科国、孙治才、徐仕臣撰写；第 6 章由李昌志、李青、顾世祥、蒋汝成、姜秀娟、周云、谢波、杜俊、陈德平撰写；第 7 章由何云虎、熊顺金、黄老福、唐浩然、顾世祥、李月玉、刀海娅、王永德、徐仕臣撰写；第 8 章由解家毕、李昌志、顾世祥、蒋汝成、周云、谢波撰写；第 9 章由李昌志、李青、李月玉、姜秀娟、陈晶、杜俊、苏敏杰、马平森、孙治才、徐仕臣撰写；第 10 章由李昌志、李青、张淼、何云虎、周密、李科国、臧庆春、顾世祥、蒋汝成、姜秀娟、李月玉、孙治才、陈晶、赵思源、叶菊萍撰写。第 11 章由李青、张淼、李海辰、王雅莉、周密、李科国、臧庆春、姜秀娟、李月玉、陈晶、孙治才、刀海娅、王永德、陈德平撰写。顾世祥、蒋汝成、解家毕、李昌志负责全书的统稿工作。

本书在编写过程中，还从云南省昭通、楚雄、保山、红河等山洪灾害严重的州（市）选择了 11 个典型小流域及沿河村落、城（集）镇，以实例形式对推荐和提出的方法进行了应用介绍和说明，以增强指南的实用性和操作性。本书的编写得到了云南省水利厅、中国水利水电科学研究院、水利部长江水利委员会水文局、水利部长江水利委员会长江科学院、云南省防汛抗旱指挥部办公室、云南师范大学、云南省水文水资源局、云南省各州（市）和各县（市、区）防汛抗旱指挥部办公室等单位的关心帮助。云南省政府九大高原湖泊专家督导组成员和设计大师李作洪总工程师、云南省政府参事黄英教授级高级工程师、云南省水利学会许志敏教授级高级工程师等仔细审阅了本书。本书的出版还得到了云南省王浩院士工作站建设（编号 2015IC013）、云南省高原山区水资源精细配置理论与方法创新团队建设（编号 2018HC024）、云南省科技发展扶持（编号 2018YB064）等项目的支持，书中引用了大量国内外的相关研究与工程实践成果，在此一并表示感谢。

由于作者水平有限，书中难免挂一漏万，敬请读者批评和指正。

作者

2019 年 10 月

CONTENTS **目录**

前言

上篇 云南山洪灾害预警指标分析方法和
预警信息化研究

下篇 云南山洪预警指标确定技术指南

上篇 云南山洪灾害预警指标分析方法和预警信息化研究

第1章

概　　述

1.1　研究背景

云南省简称"滇"，位于我国西南边陲，处于东经 $97°31'39''\sim106°11'47''$、北纬 $21°08'32''\sim29°15'08''$ 之间，总面积 38.8 万 km²。云南是典型的以山地为主的低纬度高原和边疆省份，其中山丘区面积占 94%，平坝区面积占 6%。云南是云贵高原的主体，省内地形以山原为主，平均海拔 1500.00m 左右。地势西北部高东南部低，西北部地处青藏高原边缘，高山深谷相间，最高山峰是滇藏交界处的梅里雪山主峰，海拔 6740.00m；东南部为低山和丘陵，省内最低处在滇东南河口县红河出口处，海拔 76.40m。地形、地层岩性、地质构造和降雨条件极为复杂。夏季降水充沛，如遇明显升温天气过程或夏季明显降水天气过程，就常常会形成短历时的强降雨，加上山区大多山高坡陡，山丘区流域汇水迅速，沟道水流非常快，山丘区洪水迅速集中，再加上大部分山丘区水利基础设施相对较差，常常会发生山洪，危及人民生命财产。由于特殊的地理位置、地形特征和气候条件，云南省山洪灾害频发。云南省山洪多因暴雨引发，对山丘区人民生命财产安全造成严重威胁，影响山丘区社会经济持续稳定发展，山洪灾害问题突出，防灾形势严峻，迫切需要治理。

自全国山洪灾害防治规划开始实施以来，云南省山洪灾害防治已经做了大量艰苦细致的工作，建设了大量的山洪灾害监测与预警设施，开展了全面、系统的调查评价工作，具备了一定监测预警基础，可以在未来的山洪灾害防治工作中发挥重要作用。山洪灾害防治工作取得的主要成果如下：

（1）2004 年云南省积极开展山洪灾害防治规划工作，2009 年，云南省人民政府以云政复〔2009〕47 号批复了云南省水利厅、自然资源厅、气象局、住房和城乡建设厅、生态环境厅联合编制完成的《云南省山洪灾害防治规划》。

（2）2010—2012 年，云南省开始组织实施山洪灾害防治规划，这一阶段对规划安排的 129 个县开展山洪灾害防治非工程措施建设，取得了巨大成绩，具体可以概括为以下几个方面：

1）对全省山洪灾害防治县社会经济、山丘区基本情况、水利设施进行了初步调查，初步建立了覆盖山洪灾害防治区的监测预警系统和群测群防体系，对山洪灾害进行了大量的宣传培训工作，群众山洪灾害防治意识已大大提高。

2）通过新建自动、简易雨水情监测站点，建成了基本覆盖全省山洪灾害防治区的雨水情监测网，含自动雨量站 1161 个、自动水位站 288 个、简易雨量站 6871 个、简易水位站 434 个，初步解决了全省山洪灾害防御缺乏监测手段和设施的问题。

3）在全省范围内开展了山洪灾害宣传培训和演练，利用各种媒体、宣传册和挂图以及明白卡等方式宣传山洪灾害防御知识。组织居民熟悉转移路线及安置方案，在危险区醒目的地方树立明确的警示牌，标明转移对象、转移路线、安置地点等。对县、乡（镇）山洪灾害防御指挥部人员、责任人、监测人员、预警人员、片区负责人进行山洪灾害专业知识培训；对山洪灾害监测预警系统技术及运行维护进行培训。山洪灾害防治区组织开展山洪灾害避灾演练。

4）建立起县、乡（镇）、村、组、户五级山洪灾害防御责任制体系和群测群防体系，编制山洪防治区预案。

5）通过山洪灾害监测预警系统建设，有效提高了预警信息发布的时效性、针对性、准确性，减少了人员转移的难度和成本。

6）通过山洪灾害防治县级非工程措施建设，构建了县级监测预警平台，包括计算机网络、通信、数据库、应用系统等，实现了信息汇集、信息服务、预警信息发布等模块功能，强化了基层防汛指挥手段，有效提高了山洪灾害防治区的基层防汛指挥决策水平。

（3）2013—2016 年，在全国性山洪灾害调查评价工作开展的大背景下，云南省通过开展 129 个县山洪灾害调查工作，取得了丰硕成果，进一步提高了山洪灾害防治能力，可以概括为以下三个方面：

1）统一加工了全省 1∶100 万、1∶25 万和 1∶5 万 DLG、DEM 基础地理信息数据及乡镇界线数据；收集加工了全国 2.5m 分辨率的近期卫星遥感影像数据、30m 分辨率土地利用和植被类型数据、土壤类型和土壤质地类型数据、1∶20 万水文地质数据；收集了最新的行政区划、水利工程、水文监测站点等数据。按照 $10\sim50km^2$ 面积划分了小流域基本单元，建立了编码体系和拓扑关系，全面分析了山丘区小流域地形地貌、土地利用、土壤植被特征，提取了小流域的基本属性和产汇流特征参数，提取了不同时段、不同雨强的标准化单位线，建立了小流域与行政区划的关系。

2）较为全面、系统和准确地查清了全省山洪灾害防治区内的人口分布情况，摸清了山洪灾害的区域分布状况，掌握了山洪灾害防治区内的水文气象、地形地貌、社会经济、历史山洪灾害、涉水工程、山洪沟基本情况以及全省山洪灾害防治现状等基础信息，并建立了山洪灾害调查成果数据库。

3）进一步分析了全省山洪灾害防治区小流域暴雨特性、小流域特征和社会经济情况，研究了全省历史山洪灾害情况，分析了小流域洪水规律，采用设计暴雨洪水计算方法和水文模型等分析计算方法，综合分析评价了防治区沿河村落、集镇和城镇的防洪现状；采用设计暴雨洪水反推法计算了预警指标。

以上监测预警设施、预警平台建设和调查评价成果，为山洪灾害预警以及群测群防等发挥了重要的支撑作用，在硬件条件和基础资料方面极大地增强了云南省山洪灾害防治的防治能力；同时也可以监测和采集山洪灾害发生时的雨情、水情、工情等基础信息，在一定程度上发挥了监测预警功能。总之，这些工作为云南全省山洪灾害防治工作打下了坚实基础；同时，也从各方面为云南省山洪灾害防治预警指标分析研究以及预警信息化建设提供了有力支撑。

山洪预警是山洪灾害防治中最为重要的非工程措施之一，临界雨量/水位是山洪灾害预警的关键信息。只有在科学确定临界雨量/水位的基础上，确定准备转移和立即转移两级指标，才能有效地指导山洪预警工作，最大限度地延长可预见期，赢得山洪灾害防御工作的主动权。在这方面，云南省的山洪预警还有提升空间，具体表现在以下三个方面：

（1）在前期开展的县级山洪灾害防治非工程措施项目建设中，由于受基础工作和技术方法的限制，省内不少地方主要凭经验确定山洪灾害预警指标。

（2）由于缺乏小流域基本情况资料等，现在的部分预警指标主要根据历史山洪灾害事件的资料，采用统计或类比等方法得出，推求过程对前期影响雨量（土壤含水量）、流域关键性特征（如产流特性、汇流特性）等因素考虑较少，或者基本上没有考虑，具有较大的随意性和主观性，准确性亟待提高。

（3）基层监测预警设备有很大改善，但确定预警指标的技术力量相对薄弱。如前所述，云南省山洪灾害监测预警平台建设基本上到县级单位，县级具有山洪灾害防治平台及管理系统，可以实现多个雨量站点数据的存储和管理，研究相关计算模型对数据进行分析处理，进而得出预警指标的信息是未来发展的方向；乡（镇）/村级主要是简易雨量站和简易水位站等山洪灾害监测站点，拥有一定的数据存储和计算功能。因此，需要考虑将较为简单的临界雨量算法植入到监测站点，再结合实际降雨信息进行预警。

从以上云南省山洪灾害防治的实际情况可知，充分运用山洪灾害防治项目前期调查、规划设计及建设成果，加强山洪预警指标确定方法的理论、技术与易操作研究，提高全省各级山洪灾害预警水平，是当前迫切需要开展的基础性研究工作。

结合云南全省山洪灾害调查与分析评价工作，开展山洪灾害防治预警指标和阈值分析方法等基础性研究、监测预警系统信息化建设成为重要而迫切的任务。

1.2 预警指标分析方法研究内容

通常而言，山洪是发生在山丘溪沟中的快速、强大的地表径流现象（徐在庸，1981；国家防汛抗旱总指挥部办公室等，1994），主要包括暴雨引发的暴雨山洪、构筑物溃决产生的溃决山洪、冰川融化引起的冰川山洪、积雪融化导致的融雪山洪等类型；进而，山洪灾害指因山洪及其诱发的泥石流、滑坡等现象对国民经济和人民生命财产造成损失的灾害。在云南省范围内，冰川山洪和融雪山洪发生的可能性较小，故山洪类型限定于暴雨山洪这一类型，所有工作都针对暴雨引发溪河暴涨洪水展开。因此，本书旨在重点分析暴雨、洪水与成灾之间的关系，深入细致分析云南省山丘区小流域暴雨洪水规律，研究临界雨量确定方法，进一步确定山洪灾害预警指标，提高预警指标的科学性，合理设定预警范围，为完善县级山洪灾害防治平台与乡（镇）/村级山洪灾害预警系统、山洪防治预案编制、群测群防等山洪灾害防治工作提供基础支撑，提高云南省山洪灾害预警理论与技术水平。

开展云南山洪灾害预警指标和阈值分析方法研究包括四个方面：①现有山洪灾害临界雨量/水位确定方法的比选与推荐；②基于分布式水文模型的暴雨山洪临界雨量确定方法研究；③县级与乡（镇）/村级山洪灾害预警方法与技术研究；④云南省山洪灾害预警指

标分析技术指南编写。各项研究内容具体如下：

（1）现有山洪灾害临界雨量/水位确定方法比选与推荐。分析比较国内外发展现状与云南省山洪预警指标确定方法的发展趋势，主要针对暴雨山洪，比选典型山洪灾害临界雨量/水位简易确定方法，并推荐适合云南省现状的方法，充分考虑云南的气候条件、地形地貌、植被覆盖、土壤类型及分布、基础资料、技术水平等方面的具体情况，针对云南省典型暴雨与产流分区特征开展工作，并为进一步深入开展山洪灾害防治预警指标分析工作提供参考。

（2）基于分布式水文模型的暴雨山洪临界雨量确定方法研究。近十多年来，云南省在山洪灾害防治项目建设及前期试点过程中，已经建立了一定数量的自动雨量站、自动水位站、简易雨量站和简易水位站。基于这些已建立的自动监测站网和具有物理概念的流域水文模型，可以采用全面考虑流域降雨、流域下垫面、土壤含水量三大关键要素的分布式水文模型，进行山洪灾害预警指标分析。

（3）县级与乡（镇）/村级山洪灾害预警方法与技术研究。云南省具有山洪灾害防治任务的县已经建立了自己的县级平台，乡（镇）/村也建立了自动雨量站、自动水位站、简易雨量站和简易水位站等山洪灾害监测站点。在理想情况下，县级平台能及时收集到乡（镇）/村监测站点的信息，能够存储这些数据，并且具有一定的较为复杂的分析计算功能。乡（镇）/村监测站点具有数据存储和简单的计算分析功能。应针对县级与乡（镇）/村级的这些特点，开展针对其特点的山洪灾害预警方法与技术研究。

（4）云南省山洪灾害预警指标分析技术指南编写。基于现有山洪灾害临界雨量确定方法的比选与推荐、基于分布式水文模型的暴雨山洪临界雨量确定方法研究、县级与乡（镇）/村级山洪灾害预警方法与技术等研究成果，编写云南省山洪灾害预警指标分析技术指南，为云南省山洪灾害防治预警指标和阈值分析提供指导性意见和建议。

1.3　预警信息化建设方案研究内容目标

为充分运用山洪灾害防治项目前期建设成果，加强山洪预警指标确定的实用性与易操作性，提高云南省各级山洪灾害预警水平，在云南省山洪预警指标确定方法研究的基础上，提出通过建立全系统精准、统一的时间标准体系，完善带有时间标签的动态监测大数据池，搭建各行业、部门之间实时共享信息相互关联与交互的通道，形成一个具有深度学习功能的云端应用系统平台，以满足预警系统的实时性和准确性。

建立云南省县级典型山洪灾害监测预警平台，以实现云南省县级监测预警统一平台的建设，完善云服务中心至县级终端接入模式，拓展升级省级山洪灾害监测预警系统，实现各级监测预警系统集约集中管理，供州（市）、县（市、区）、乡（镇）和社会公众共同使用，解决地方技术力量薄弱和社会化服务的问题。通过拓展移动端应用（App、微信公众号）等技术手段，进行面向社会公众的监测预警信息推送服务，提升公共预警能力，扩大山洪灾害防御信息覆盖范围，进而对云南省域内所有县级单位进行推广，推行统一标准、统一模式、统一平台、统一监测预警，实现行业之间互通互联、数据实时共享，同时不断地完成数据积累、实现平台系统的深度学习与优化，为以后省级、流域及国家级统一平台建设提供宝贵的经验和数据支持。

1.3.1 信息化方案的目标

云南省在山洪灾害防治方面已经做了大量工作,极大地夯实了硬件和数据基础。虽然云南省在山洪灾害监测设施、预警平台建设、预警方法完善以及群测群防等方面都取得了阶段性的重大成绩,但随着各级山洪灾害监测预警系统的部署和实施,山洪灾害监测预警系统越来越庞大,拓扑关系也越来越复杂,这就要求系统的运行管理人员具有较高的专业知识和计算机应用水平。由于在云南省的山洪灾害威胁范围广,不确定性强,加之地处边疆和高原山地区,经济文化和基础设施较为落后,州(市)、县(市、区)、乡(镇)各级技术人员和管理人员的素质也参差不齐,在前期开展的全省县级山洪灾害防治非工程措施项目建设中,受基础工作和技术方法的限制,主要凭经验确定预警指标。为充分运用山洪灾害防治项目前期建设成果,加强山洪灾害预警指标确定的实用性与易操作性,提高全省各级山洪灾害预警水平,本书编制了云南省山洪灾害预警指标确定方法技术指南,并提出通过建立全系统精准、统一的时间标准体系,完善带有时间标签的动态监测大数据池,搭建各行业、部门之间实时共享信息相互关联与交互的通道,形成一个具有深度学习功能的云端应用系统平台,以满足预警系统的实时性和准确性。本书可供各地在山洪灾害防治工作实践中参考使用,对县、乡级的基层技术人员和管理人员的工作也具有积极的指导意义。

1.3.2 信息化方案的任务

(1)本书提出一种基于GPS时钟对时技术的时间同步理论体系,构建感知层监测装置时间同步系统的模型结构,规划了该理论在山洪灾害监测预警系统中的解决方案,提高监测预警的时效性与可靠度,为应急响应赢得更多时间,最终达到最大限度地降低山洪灾害带来的损失之目的。

(2)针对云南省各地区资料基础、技术条件等方面的现实情况,将资料数据划分为部分资料数据、较完整资料数据及综合多维数据三种情况,依据简易估算、简要计算、模型分析三种解决思路,搭建一个适用于省、州(市)、县(市、区)、乡(镇)等不同等级的高度智能化云端山洪灾害预警系统平台,并完善该平台的自我优化、深度学习功能。

(3)根据山洪灾害预警分布区域不同及运维人员计算机应用技术水平有限的特点,结合云南省山洪灾害预警特色,搭建基于云服务中心的云南省县级典型山洪灾害预警系统总体网络架构,包含数据服务设计、软硬件系统设计,系统功能设计、安全设计等,系统采用具有自主知识产权的开源系统、应用软件、实时关系数据库,实现数据的实时互联互通、应用的模块化与可定制化;同时兼顾网络的高速安全可靠、硬件系统的高效经济实用、接口服务的规范标准化与可扩展性。

1.4 技术路线及主要成果

1.4.1 技术路线

本书探讨的是两块相辅相成的内容:①云南省现有山洪灾害预警指标确定分析方法研

究；②监测预警系统信息化建设方案研究。

本书重点针对云南省现有山洪灾害预警指标确定方法比选与推荐、基于分布水文模型的山洪灾害预警指标确定方法研究、县级与乡（镇）/村级山洪灾害预警方法与技术研究以及云南省山洪灾害预警指标分析技术指南编写四项内容开展研究，研究技术路线如图1.1所示。

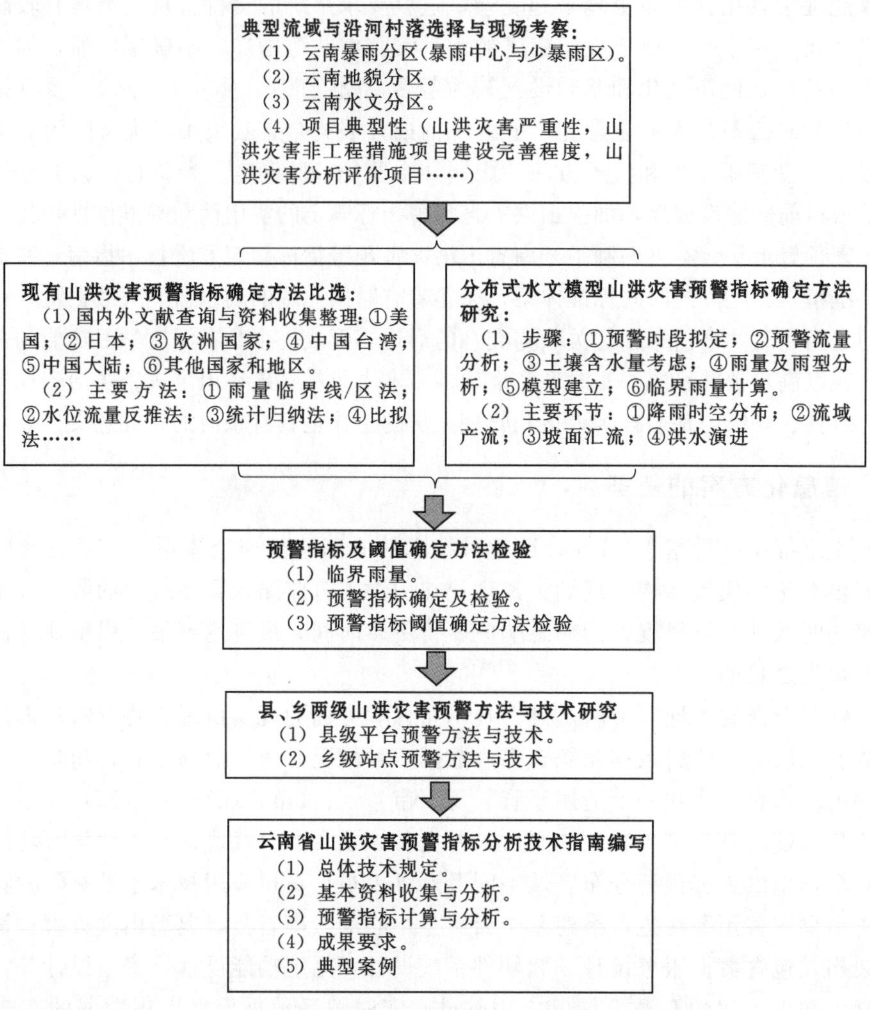

典型流域与沿河村落选择与现场考察：
（1）云南暴雨分区（暴雨中心与少暴雨区）。
（2）云南地貌分区。
（3）云南水文分区。
（4）项目典型性（山洪灾害严重性，山洪灾害非工程措施项目建设完善程度，山洪灾害分析评价项目……）

现有山洪灾害预警指标确定方法比选：
（1）国内外文献查询与资料收集整理：①美国；②日本；③欧洲国家；④中国台湾；⑤中国大陆；⑥其他国家和地区。
（2）主要方法：①雨量临界线/区法；②水位流量反推法；③统计归纳法；④比拟法……

分布式水文模型山洪灾害预警指标确定方法研究：
（1）步骤：①预警时段拟定；②预警流量分析；③土壤含水量考虑；④雨量及雨型分析；⑤模型建立；⑥临界雨量计算。
（2）主要环节：①降雨时空分布；②流域产流；③坡面汇流；④洪水演进

预警指标及阈值确定方法检验
（1）临界雨量。
（2）预警指标确定及检验。
（3）预警指标阈值确定方法检验

县、乡两级山洪灾害预警方法与技术研究
（1）县级平台预警方法与技术。
（2）乡级站点预警方法与技术

云南省山洪灾害预警指标分析技术指南编写
（1）总体技术规定。
（2）基本资料收集与分析。
（3）预警指标计算与分析。
（4）成果要求。
（5）典型案例

图1.1 研究技术路线

从图1.1中可以看出，本书研究的主要技术环节包括通过典型流域与沿河村落选择与现场考察、现有山洪灾害预警指标确定方法比选、分布式水文模型山洪灾害预警指标确定方法研究、预警指标及阈值确定方法检验、县乡两级山洪灾害预警方法与技术研究以及全省山洪灾害预警指标分析技术指南编写等，拟采用理论分析、原型观测、数学模型模拟、实测资料验证等方法和手段完成各个环节的具体工作。

（1）典型流域与沿河村落选择与现场考察。基于云南省山洪灾害防灾减灾的客观需求分析，根据云南暴雨分区、地貌分区、水文分区、植被土壤、河流水系等方面的特征，云南省山洪灾害治理非工程措施建设及调查分析评价等工作的进展与需求，并对《云南省暴雨洪水查算实用手册》等进行了初步分析；选择山洪灾害发生区域内的典型山洪沟和沿河村落、集镇与城镇，收集和整理有关山洪灾害预警方面的资料。基于调查分析及《中国历史大洪水调查资料汇编》"云南省水文站点分布图"等不同资料条件，充分考虑下垫面因素、水利基础设施等情况，初步选取昭通市、楚雄州、德宏州、红河州、昆明市等地的部分典型小流域（图1.2），整理了基础地理、水文年鉴等现有资料，并进一步查找和补充完善，最后筛选确定了四个小流域作为典型流域开展下一步的分析研究工作。

图 1.2　典型小流域选择示意图

（2）现有山洪灾害预警指标确定方法比选。进一步深化和跟踪国内外相应文献，重点地区包括美国、日本、欧洲国家、其他国家和地区以及中国大陆和中国台湾地区，目的是比选推荐出适合于云南省山洪灾害防治现状的方法，详细介绍所推选方法的资料需求、操作步骤、成果形式、适用范围等，并针对基础资料条件、不同气候和典型地貌类型区，推荐适用的预警指标确定方法，为山洪灾害防治预警指标分析工作的进一步深入开展提供参考。

（3）分布式水文模型山洪灾害预警指标确定方法研究。采用分布式水文模型方法，并根据流域内多个子流域在地形地貌、河网特征、土地利用、植被覆盖、土壤类型、预警地点分布等具体情况，合理划分与设计了计算单元，并设置相应的参数，同时计算出流域内多个居民集中居住地、工矿企业和基础设施等预警地点附近的洪水过程，根据预警地点的预警流量、洪峰出现时间、雨峰出现时间等确定响应时间，反推得到各个预警地点的临界雨量信息。该方法主要分为预警时段拟定、预警流量分析、土壤含水量考虑、雨量及雨型分析、模型建立、临界雨量计算等六个主要步骤。

（4）预警指标及阈值确定方法检验。针对云省典型暴雨与产流分区，选择相应典型山洪灾害流域开展相应工作。对于推荐和研发的预警指标计算分析方法，结合云南省历史上发生山洪的实例进行检验和分析，在此基础上归纳经验。

（5）县、乡两级山洪灾害预警方法与技术研究。由于乡（镇）/村级仅具有简易自动雨量站点设备，预警时需要充分考虑其条件限制；县级具有山洪灾害防治平台，可以实现多个雨量站点数据的存储和分析，有一定的分析计算模型对数据进行分析处理，进而得出预警指标的信息。应当根据乡村级和县级的不同条件，拟定其预警指标要求。

（6）云南省山洪灾害预警指标分析技术指南编写。按照总体技术规定、基本资料收集与分析、预警指标计算与分析、成果要求等内容，并结合一定实例资料，编写云南省山洪灾害预警指标分析技术指南。

1.4.2　主要成果

山洪灾害监测预警系统信息化建设方案研究则根据规划设计的典型县级监测预警平台系统的功能，分系统总体设计、数据服务设计、基础服务设计、基于 GPS 时钟对时技术的时间同步设计、基于神经网络的山洪灾害预警深度学习设计等部分，研究系统各部分开发的技术环节。

通过研究，取得了以下四个方面的成果：

（1）对现有山洪灾害临界雨量确定的方法进行比选，推荐了水位/流量反推法、降雨驱动指标法、分布式流域水文模型法、上下游相应水位法等实用性强的方法供参考使用。分析比较了国内外山洪灾害预警发展现状与云南省山洪预警指标确定方法的发展趋势，提出了适合云南省现状的方法，为进一步深入开展山洪灾害防治预警指标分析工作提供参考。

（2）研究了暴雨山洪临界雨量确定方法，分为简易估算、简要计算以及模型计算分析三类方法。第一类方法包括推理公式、洪峰模数两种；第二类方法包括雨量复合指标、水位流量反推两种；第三类方法是基于分布式水文模型的暴雨山洪临界雨量确定方法。各类方法以实例进行应用和检验，为后续山洪灾害预警指标和阈值分析提供支撑。对于分布式流域水文模型方法，采用全面考虑流域降雨、流域下垫面、土壤含水量等三大关键要素的分布式水文模型，根据暴雨-径流过程溯向分析和计算，进行山洪灾害预警指标的分析。

（3）提出了针对县、乡、村等三级山洪灾害预警的方法与技术。针对县级与乡

（镇）/村级，项目开展了针对其特点的山洪灾害预警方法与技术研究，具体包括简易估算法（推理公式、洪峰模数）、临界线分析法（雨量复合指标、水位流量反推）等简单实用的估算方法。

（4）编写了云南省山洪灾害预警指标分析技术指南，为预警指标分析工作提供指导。包括总体技术规定、基本资料收集与分析、预警指标计算与分析、成果要求等内容，按技术要求和实例两部分进行介绍，为云南省山洪灾害防治预警指标和阈值分析提供指导性意见和建议。

第2章

云南山洪灾害基本情况
及山洪预警国内外发展现状

特殊的地理位置、地形特征和气候条件，造成云南省山洪灾害频发、重发。加上云南省经济落后，山洪灾害防治工作极其紧迫和重要。近年来，云南省全面开展了山洪灾害县级非工程措施项目建设、山洪灾害调查评价项目等相关工作，全省已基本建成山洪灾害综合防治体系，人民防灾避险意识逐步增强，多地成功避险。

2.1 云南基本情况

2.1.1 地理位置及地形地貌

云南省东部与贵州省、广西壮族自治区为邻，北部同四川省相连，西北隅紧倚西藏自治区，西部同缅甸接壤，南部和老挝、越南毗连。从整个位置看，北依广袤的亚洲大陆，南临辽阔的印度洋及太平洋，正好处在东南季风和西南季风的控制之下，又受到青藏高原的影响，形成复杂多样的自然地理环境。

云南省地处青藏高原东南缘、云贵高原西部，属青藏高原南延部分，是典型的以山地为主的低纬度高原省份。全省整个地势从西北向东南倾斜，江河顺着地势，呈扇形分别向东、向东南、向南流去。全省地形大致分为三大地貌单元，呈现阶梯状：①由剑川经大理沿红河一带分为两部分，西部为著名的横断山脉高山峡谷区，山川相间，河流呈帚状排列；②东部属云贵高原，一般海拔在2000.00m以上；③南部中低山宽谷盆地区。全省海拔相差很大，最高点位于滇藏交界的梅里雪山，海拔6740.00m；最低点在河口县，海拔仅76.40m，整个地势由西北向东南呈Ⅲ级阶地递降。

全省地貌以构造成因类型为主，其次是侵蚀、剥蚀、溶蚀、堆积等多种成因，形成十分丰富的地貌景观。在地域分布上，可分为东西两个大地貌区，其间以元江-红河河谷和云岭山脉为界，以西为滇西山地峡谷区，在下关—永平一线以北属青藏高原南延部分，平均海拔3500.00m左右，高山峡谷相对高差3000~4000m，有省内最高的山脉和山峰。世界著名的"三江并流区"即在其间，形成独特的深切割高山-高山-中山-湖盆地貌景观。下关—永平以南，大部分山地海拔1500.00~2000.00m，高黎贡山、大雪山、无量山、哀牢山与大盈江、澜沧江、李仙江、元江跟随地质构造线而呈帚状散开，形成一些舒缓的宽谷和盆地，构成中山-低山-宽谷、盆地地貌景观。

云南省地形地貌和水系略图如图 2.1 所示。

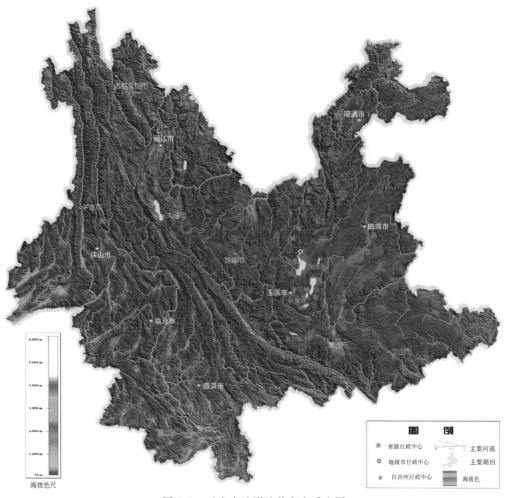

图 2.1　云南省地形地貌和水系略图

2.1.2　地质、土壤与植被

云南各个区域的地质、土壤与植被条件差别较大,土壤类型多种多样,具有垂直分布的特点,其中黄土壤占国土面积 20%,红壤占国土面积 50%(图 2.2)。

滇西和滇西南区主要为中生界的碎屑岩层、水文地质条件复杂,水系发育,为花岗岩、变质岩分布区,风化层厚,河谷斜坡及山岭土地地下水埋藏深。滇中南为南亚热带常绿阔叶林带思茅松林区,占全省森林面积的 12%,森林覆盖率为 39.6%;滇南边缘热带性常绿阔叶林带季雨林,占全省森林面积的 15.5%,森林覆盖率为 22.3%。

滇西北区山高谷深,岩性坚硬。除大气降水外,高山冻雪融水也是补给地下水的来源之一。该区主要为寒温带草甸-针叶林带,亚高山针叶林区,以冷杉、云杉、铁杉为主,占全省森林面积的 17.6%,森林覆盖率达 34.7%。

滇中区主要为中生界巨厚的砂岩、泥岩、泥灰岩等透水性不良的岩层,处于长江、珠

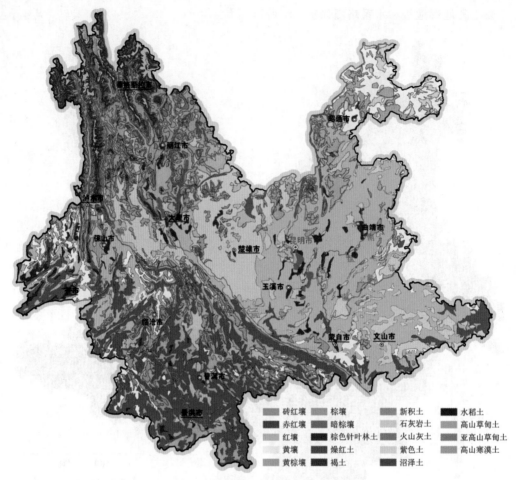

图 2.2　云南省土壤类型分布示意图

江、红河、澜沧江等四大流域的分水岭地带，地下水补给条件较差，是全国著名的干旱盆地；植被为亚热带常绿阔叶林、松栎混交林带，云南松林区横贯全省东西，多次生林和中幼林以云南松树占绝对优势，占全省森林面积的 46.7%，森林覆盖率为 26.6%。

滇东北区碳酸盐岩类含水层分布广，以喀斯特、裂隙水为主，泉流量大，裂隙水含量较少。此区为温带针-阔叶林带山林区，占全省森林面积的 1.6%，森林覆盖率仅为 6.5%，多为幼林和中林，是全省森林资源最少的地区。

滇东南区岩溶地貌十分发育，广泛分布着碳酸盐岩类含水层、漏斗、落水洞，地下水丰富。该区为南亚热带常绿阔叶林带山林区，占全省森林面积的 6.6%，覆被率为 13%。

滇东区多构造湖泊、岩溶、裂隙很发育，地下水补给条件极好，是云南省主要农业区之一。植被情况与滇中区基本相同。

2.1.3　气象水文

云南省具有气候温和、干湿分明、降雨时空分布变异巨大、立体气候明显等特点，也为山洪灾害发生提供丰沛的水动力条件。

云南省寒、温、热三带兼备。滇南、滇西南为热带、亚热带，滇西北主要为高寒气候带，温带分布范围最广。云南地处低纬度地带，大部分地区夏无酷暑，冬无严寒。干湿季分明是主要的气候特点。夏半年，受热带海洋气团控制，盛行西南季风和东南季风，水汽丰沛，多阴雨天气，若与南下冷空气相遇，往往易形成强度较大的暴雨。冬半年，受热带大陆气团控制，盛行西风、西南风，湿度小、气温高、降雨少。全省各地降雨量的年内年际变化较大，汛期（5—10）月降雨量占年降雨量的 85％左右，尤其以 6—8 月所占比例为大，且是暴雨洪水频繁发生的季节。

受山脉、河谷地形的影响，云南省降雨时空分布极不均匀。多年平均年降水量为1278.8mm，变化范围在 300～400mm 之间，图 2.3 所示为云南省多年平均降水量分布示意。由图 2.3 可见，云南省降水的地区差异较大，一般规律是南多北少，西多东少，降水高值区位于西部大盈江中缅边境一带海拔，在 2000.00m 以上的山区，多年平均年降水量达到3500mm；少雨区在金沙江河谷的奔子栏一带，多年平均年降水量仅为 300mm。降水量的干湿季节分明，湿季（5—10月）降水占年降水量的 72％～85％；干季（11月至次年4月）降水占年降水量的 15％～28％。降水量的年际变化不大，变差系数 C_v 值为 0.10～0.32。

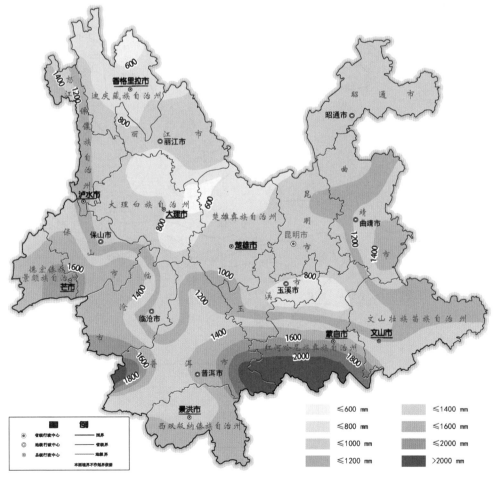

图 2.3　云南省多年平均降雨量分布示意图

　　根据《云南省暴雨洪水查算实用手册》（云南省水利水电厅，1992），全省分布有六个多暴雨中心和四个少暴雨区，即滇东南特多暴雨区、滇南特多暴雨区、滇西南多暴雨区、滇东多暴雨区、滇东北多暴雨中心和华坪暴雨中心，以及滇西北特少暴雨区、滇北少暴雨区、滇东北少暴雨区和滇中少暴雨区。除滇西北少数地区有融雪洪水外，云南大部分地区的洪水均由季风暴雨形成。图 2.4 给出了云南省 10 分钟、60 分钟、6 小时

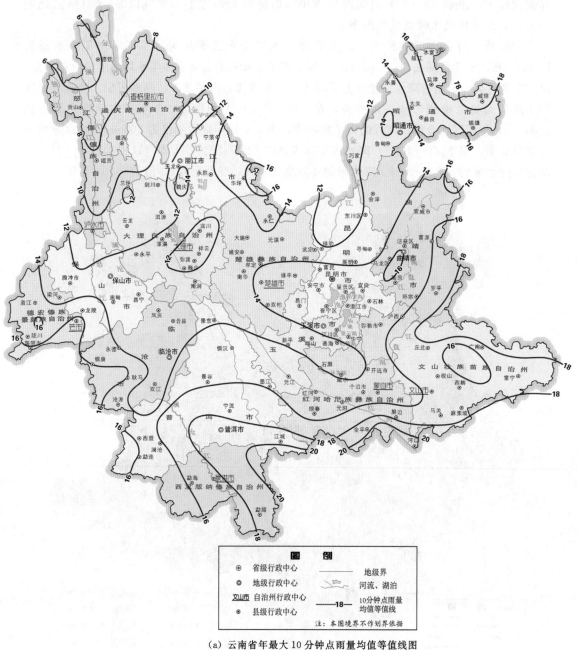

（a）云南省年最大 10 分钟点雨量均值等值线图

图 2.4（一）　云南省短历时、强降雨空间分布基本信息

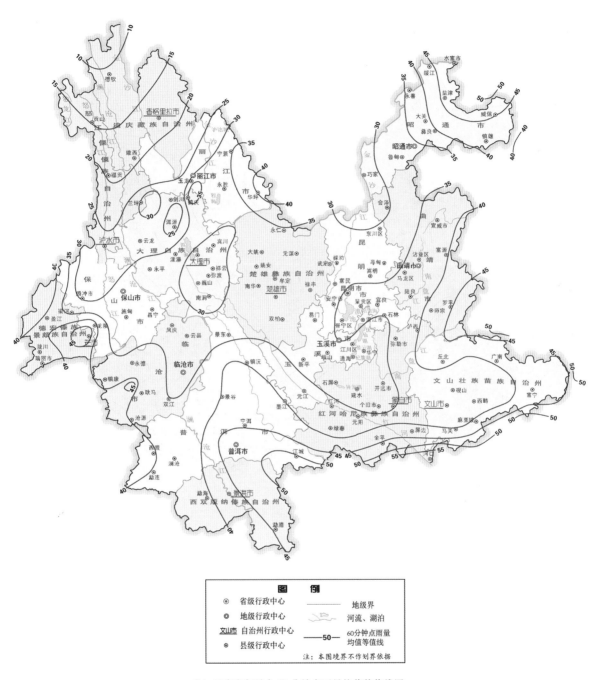

（b）云南省年最大 60 分钟点雨量均值等值线图

图 2.4（二） 云南省短历时、强降雨空间分布基本信息

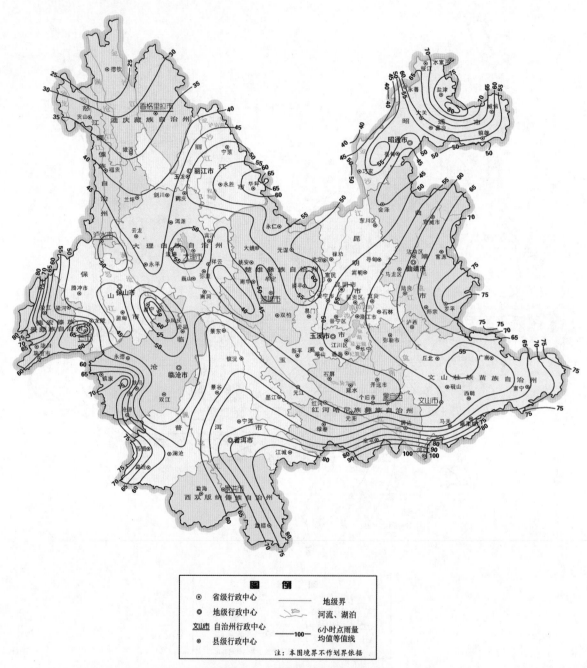

（c）云南省年最大 6 小时点雨量均值等值线图

图 2.4（三） 云南省短历时、强降雨空间分布基本信息

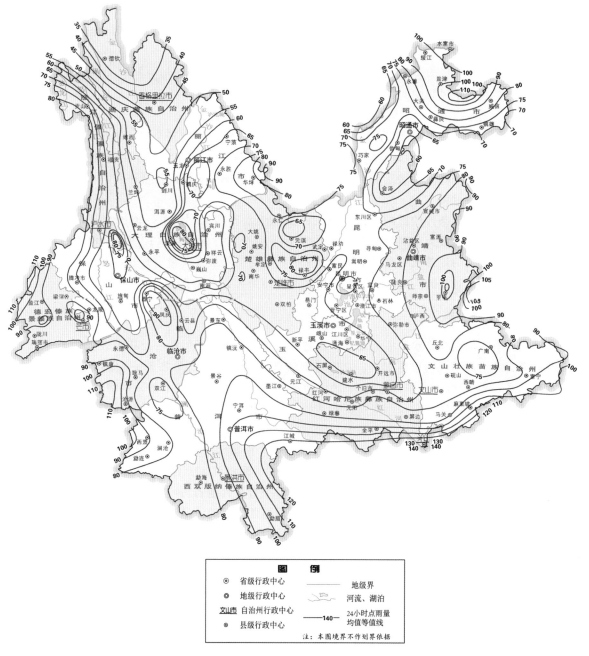

（d）云南省年最大 24 小时点雨量均值等值线图

图 2.4（四） 云南省短历时、强降雨空间分布基本信息

和 24 小时等标准短历时、强降雨的基本信息。可见，短历时强降雨空间分布与全省暴雨中心基本吻合。

云南省南北走向的山脉地形孕育了六大江河水系，即长江、珠江、红河、澜沧江、怒江和伊洛瓦底江。六大水系按入海的位置可分为太平洋和印度洋两大水系，即长江、珠江、红河、澜沧江注入太平洋，怒江、伊洛瓦底江注入印度洋。除长江和珠江云南段为非国际河流外，其余均为国际河流，是我国国际河流最多最集中的省份。大多数河流都具有落差大、水流湍急、水量变化大的特点。

与暴雨相应，云南省汛期一般始于 5 月，结束于 10 月，个别年份迟至 11—12 月。一般而言，受东南季风影响的滇东、滇东北洪水早于滇南、滇西南等西南季风区，而汛期则短于后者。洪水以 6—8 月居多，据 20 个水文站对 473 场洪水统计，6—8 月洪水发生频次占 80.5%，其中又以 8 月为最多，出现频次占 40.1%；其次是 7 月，占比为 27.5%。故 7—8 月是云南省洪灾频繁发生的时期。洪水过程涨落不对称，退水段历时往往前一个峰未退完，后一个峰又叠加其上，特别是在雨水充沛的滇西、西南边境一带，汛期就是一个长历时的洪水过程。

受地形和气候条件的影响，云南省大范围的洪水不多见，以单一河流出现的洪水居多。长历时降雨造成大范围的洪水，如 1966 年 9 月全省性的大洪水；而局地洪水往往是历时短、强度大的局部或单点暴雨所致，造成相邻河流年最大流量出现日期并不一致。山区中小流域洪水过程陡涨陡落，反映了山区河流比降大、水流急的特点。

2.1.4　河流水系

云南省江河纵横，水系极为发育，全省大小河流共有 6000 多条，其中较大的有 180 条，多为各入海干流的重要支流。它们分别属于六大水系（如图 2.5）：金沙江水系，南盘江水系，元江-红河水系，澜沧江-湄公河水系，怒江-萨尔温江水系，伊洛瓦底江水系；分别注入三海和三湾：东海、南海、安达曼海，北部湾、莫踏马湾、孟加拉湾；归到两大洋：太平洋和印度洋。在六大水系中，除南盘江-珠江、元江-红河的源头在云南境内，其余均为过境河流，发源于青藏高原。六大水系中，南盘江-珠江、金沙江-长江为国内河流，独龙江、大盈江、瑞丽江-伊洛瓦底江和怒江、澜沧江、元江是国际河流，分别流经老、缅、泰、柬、越等国入海。如此复杂的水系组合是其他省份所没有的。云南江河的另一特点是其流向大多由北向南，与国内多数江河由西向东的流向不同。

（1）金沙江水系：云南省汇水面积最大的水系。金沙江是长江上游的河段，因江中含有沙金而得名，发源于青海省唐古拉山，经西藏东南部和四川西南部由云南德钦县东北部德拉附近进入云南，流经迪庆、丽江、大理、楚雄、昆明、曲靖、昭通七个州（市）。在云南省境内主干流长 1560km，集水面积为 109026km²，占全省总面积的 28.5%。干流河道平均坡度 0.129%，正常年景产水量 4502 亿 m³，金沙江流域的主要河流计有 39 条。

（2）南盘江水系：中国第三大水系珠江的上游段，因河中的海珠岛而得名。珠江是西江、北江和东江的总称。西江为主流，发源于云南省曲靖市沾益区马雄山，流经曲靖市、昆明市、玉溪地区、红河哈尼族彝族自治州，经文山壮族苗族自治州与红河哈尼族彝族自治州交界至曲靖地区罗平县的八大河出境，成为贵州与广西两省（自治区）的界河，于广东虎门汇入南海。西江水系在云南省境内的集水面积为 58303km²，占全省面积的 15.2%，占珠江全流域面积的 13%，省内的干流长 677km，主要支流有 17 条。

（3）元江-红河水系：是中、越国际水系。因河水多含红色泥沙，水呈红褐色，故在

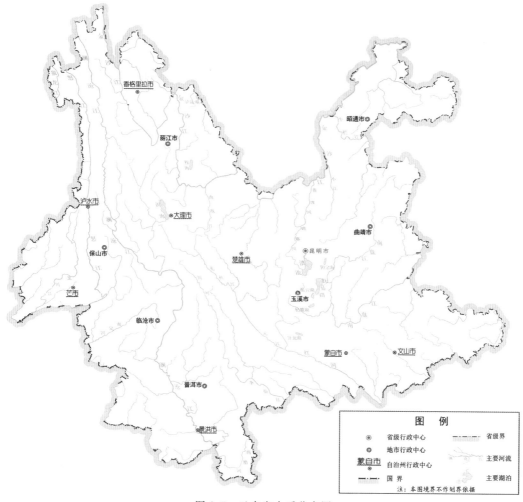

图 2.5 云南省水系分布图

中国境内又称"红河"。元江上游分为东、西两源，东源出自云南省禄丰县；西源为正源，出自云南巍山县的哀牢山东麓茅草哨，两源汇合后称"礼社江"，流入云南省元江县境内，始称"元江"。元江-红河流域区涉及：云南省大理白族自治州、楚雄彝族自治州、昆明市、玉溪市、普洱市、红河哈尼族彝族自治州、文山壮族苗族自治州等，自河口瑶族自治县流入越南，最后流入太平洋北部湾。

（4）澜沧江-湄公河水系：亚洲唯一历经六国的国际河流。该水系发源于我国青海省唐古拉山脉，经西藏昌都地区流入云南省，自北向南流经迪庆藏族自治州、怒江州、丽江市、大理白族自治州、保山市、临沧市、普洱市、西双版纳州等州（市），由勐腊县出境进入老挝后称湄公河，流经缅甸、泰国、柬埔寨，最后在越南注入南海。在我国境内全长1612km，其中在云南省境内干流长1170km，集水面积为88655km²，占全省总面积的23.2%。流域区内主要支流计有33条。

（5）怒江-萨尔温江水系：为中缅国际水系，民间有因谷深流急、江声咆哮如怒吼而得名之说。该水系发源于青藏高原唐古拉山南麓，经西藏东南部流入云南境内，纵贯怒江州、保山市、大理白族自治州、临沧市、德宏州、普洱市等，在潞西市出境入缅甸，称萨尔温江，在缅甸流入印度洋。在我国境内全长 1540km，云南省境内的干流长 547km，集水面积 33484 km²，占全省总面积的 8.7%。怒江流域山高谷深，支流短小，主要河流有 13 条。

（6）伊洛瓦底江水系：为中、缅国际水系，干流恩梅开江在缅甸东北部，由缅甸中部汇入印度洋。云南省内主要有独龙江、龙江-瑞丽江和大盈江三大支流。分别流经怒江州、保山市和德宏州，省内全长 600 余 km，流域面积为 18.792 km²，仅占全流域的 4.6%。多年平均年径流总量为 363 亿 m³，是云南省 6 大水系中单位面积产水量最丰富、汇水面积最小的水系。

云南省各个水系的中小河流众多，受地形地貌等因素的影响，比降落差较大，受汛期短历时暴雨影响，易发生山洪灾害。

2.1.5 社会经济

2016 年，云南省总人口 4770.5 万人，比 2015 年末增加 28.7 万人。全年出生人口 62.6 万人，出生率为 13.16‰；死亡人口 31.2 万人，死亡率为 6.55‰；自然增长率为 6.61‰。年末全省城镇人口 2148.2 万人，乡村人口 2622.3 万人，综合城镇化率为 45.03%。

2016 年云南经济运行总体平稳、稳中有进。初步核算，2016 年云南全省完成地区生产总值 14869.95 亿元，同比增长 8.7%。分产业看，第一产业完成增加值 2195.04 亿元，较上年增长 5.6%；第二产业完成增加值 5799.34 亿元，较上年增长 8.9%；第三产业完成增加值 6875.57 亿元，较上年增长 9.5%。2016 年云南三次产业结构比例为 14.8∶39.0∶46.2，较 2015 年的三次产业结构 15.1∶39.8∶45.1 有所优化，第三产业比重较 2015 年提升了 1.1 个百分点。

根据《云南省山洪灾害防治项目实施方案（2013—2015）》，云南省山洪灾害防治区面积为 18.9 万 km²，总人口 3193.94 万人，分别占全省总面积和总人口的 48.5% 和 67.8%（图 2.6），涉及全省 16 个州（市）、129 个县（市、区），其中受山洪威胁的县城有 29 个，受山洪威胁的乡镇 1298 个、行政村 7103 个、自然村 25995 个、企事业单位 3544 个、沿河村落 10728 个。由此可见，云南省山洪灾害防治保护对象数量众多、遍布全省，山洪灾害防治任务重，及时科学地进行预警非常重要。

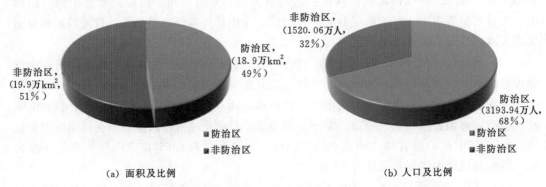

图 2.6 云南省山洪灾害防治区及非防治区面积和人口占全省比例

2.2 新中国成立以来的山洪灾害事件

2.2.1 全省总体情况

如前所述，云南省多山丘区，垂直气候特征非常明显，具有易发山洪灾害的孕灾环境。由于特殊的地理位置、地形特征和气候条件，云南省因暴雨引发的洪灾害问题十分突出，防灾形势十分严峻。据不完全统计，1950—2016 年间，全省发生 127 起有人员伤亡的较为典型的山洪灾害事故❶，对山丘区人民生命财产安全造成严重威胁，影响山丘区社会经济稳定发展，附图1给出了这些山洪灾害事件在各市（州）的分布情况。由附图1可见，山洪灾害事件在全省均有分布，但又相对集中，集中区域主要为滇东北昭通市、滇东曲靖市，滇西南德宏州、保山市及临沧市等，滇中楚雄州及昆明市，滇南普洱市及红河州。

2.2.2 各市（州）情况

2.2.2.1 昆明市

昆明市地处云贵高原中部，为山原地貌，地势大致北高南低，多溶洞和溶岩地貌，溶岩盆地有石林坝子；属北亚热带低纬高原山地季风气候，年平均气温为 16.5℃，年均降雨量为 1450mm。

1957 年 9 月 15 日晚 8 时始，昆明突降暴雨，中心位于西山区普吉坝附近，至次日 7 时，降雨 248mm；接着雨区中心北移至莲花池、马村一带，谷昌水库先满库而失去调蓄作用，开始泄洪。16 日下午 1 时许，盘龙江中段低洼地带开始漫堤，小厂村周围水淹深度达 1m 左右，杨清河、金汁河多处决口，农田、菜地成为泽国，农舍、村庄被困水中。17 日环城路以东地区一片汪洋，银汁河决口 18 处，受灾严重的是西山、龙泉、盘龙三区，九乡以北、东、南部仓库 111 个。淹没居民房屋 575 间，部分倒塌 933 间，危险房屋 1478 间；淹没农民房屋 8055 间，受灾 2000 户，死亡 5 人；农田受灾 1.4139 万亩，绝收 0.1475 万亩，损失粮食 1.5438 万 kg；蔬菜地受灾 0.2012 万亩，绝收 0.1504 万亩；城市企业单位受灾 111 个，损失共达 2.1 亿元。

1984 年 5 月下旬连绵阴雨后，5 月 27—28 日突降局部暴雨，导致山洪、泥石流灾害，因民煤矿发生特大泥石流造成 123 人死亡，32 人受伤；受灾面积 1.12 万亩，绝收 5000 余亩；倒塌房屋 11 间，危房 1643 间；冲坏引水沟渠 77 条，河堤 790m。

1986 年 6 月，昆明地区单点暴雨频繁，来势猛，强度大，相继出现于 6 月 2 日、7 日、10 日、11 日、17 日、18 日，受灾县区有禄劝、西山、富民和官渡等 6 县（区）（含南盘江的石林县、宜良县），受灾面积 4.5803 万亩，冲倒房屋 110 间，死亡 3 人；死伤大牲畜 150 多头；冲垮小塘坝 1 个，河堤决口 20.51 km；市内 30 多处受淹，水深 0.2～0.4m。8—10 月滇池流域多条支流又出现局部洪灾，一年内，多次遭受洪水袭击，累计

---

❶ 据《云南省山洪灾害防治项目实施方案（2013—2015）》（云南省水利水电勘测设计研究院、云南省水利水电科学研究院，2013 年 5 月），以及云南省 2013—2016 年上报全国山洪灾害防治项目组的数据。

损失极大。

2010 年 6 月 29—30 日昆明市嵩明县局部区域 24 小时内突降 204.4mm 大暴雨。其中，29 日晚 8 时至 30 日上午 7 时，12 小时内降雨量达 187.9mm。此次强降雨为嵩明县 1955 年有气象记录以来的最大值。造成嵩阳、小街两镇水稻受灾面积 8484 亩，烤烟受灾面积 546 亩，包谷受面积 4310 亩；大棚蔬菜被淹面积达 18754 亩，花卉苗木面积被淹 1572 亩；房屋被淹 1426 间，倒塌 56 间。淹水最严重的嵩阳镇杨桥水泥制品厂，水深达 1.5m。小街镇哈前村委会扯米庄村农户房屋进水 10 余户，水深达 0.3～0.5m。据初步统计，此次降雨共造成直接经济损失 5000 万元，农业直接经济损失 4500 万元，家庭财产损失 500 万元。

根据 2013—2016 年云南省调查上报全国山洪灾害防治项目组的数据，昆明市没有发生人员伤亡或失踪的山洪灾害事件。

2.2.2.2　曲靖市

曲靖市位于云贵高原中部滇东高原向黔西高原过渡地带的乌蒙山区，西与滇中高原湖盆地区紧紧相嵌，东部逐步向贵州高原倾斜过渡，中部为长江、珠江两大水系分水岭地带，高原面保存较好，形态完整，东南部具有典型的喀斯特丘景观。市境地貌以高原山地为主，间有高原盆地，高山、中山、低山、河槽和湖盆多种地貌并存。境内山岭河谷相间交错，地质构造复杂，地层发育较为齐全，碳酸盐岩分布广、面积大，多溶洞和喀斯特地貌。曲靖市山高谷深，断裂、河曲发育，以南盘江、北盘江、牛栏江、黄泥河、以礼河、小江等为主要河流，分属长江和珠江两大水系。

1976 年 7 月上旬，南盘江上段发生流域性大洪水，全区普降暴雨、大雨，4—9 日最大实测雨量达 407mm，各县山洪暴发，各条河流水位骤涨，造成曲靖至陆良、宜良至天生关等主要交通线路中断。受灾人口 58.28 万人，死亡 28 人，有 56 个村庄被水围困；受灾农田面积 47.31 万亩，成灾 23.8 万亩，粮食减产 9825 万 kg；倒塌房屋 2724 间；冲垮小（2）型水库 3 座、小坝塘 20 个，17 座水库告急；圩堤决口 81 处，冲垮堤防 2.05 km，淹没抽水站 7 座；水毁公路 0.5km，桥梁 7 座，直接经济损失达 2525.44 万元（当年价，不含宜良县）。以陆良县灾情为最重。

1985 年洪灾更为严重。松林坝洪水漫堤，多处决口；沾益以下南盘江河段滑坡 22 段，响水坝出水流量达 430m^3/s，为建库后之最大泄洪流量。受灾面积达 109.85 万亩，成灾 77.66 万亩，粮食减产 23480 万 kg；受灾人口 122.49 万人，死亡 41 人；倒塌房屋 1390 间，小（2）型水库垮坝 1 座，水毁堤防 106km、干渠 6.17km、涵洞 259 座、塘坝 58 个和抽水站 4 座，毁坏公路 201km、桥梁 32 座，全年经济损失达 3882 万元，仅次于 1974 年。

南盘江上段以局部性洪灾为多，几乎每年各县均有发生，因波及面小，灾情局限于当地，一旦造成干支流洪水遭遇，汇合处溃堤，损失就很惨重。对于该地区威胁大的就是全流域性的大洪水。1950—1990 年特大洪水发生过 1 次，大洪水 13 次，其余为较大洪水和一般洪水。41 年中，受灾面积 687 万亩，成灾面积 322 万亩；受灾人口 682 万人，死亡 318 万人；损失粮食达 3389 万 kg 以及各种工程和水利设施，直接经济损失达 17397 万元（当年价）。白浪、西河水库是多暴雨区，局部洪灾也就比较突出。

2009 年，马龙县发生特大山洪，冲毁小型水库 1 座，马龙县城被淹，造成重大人员伤亡和财产损失。

2013 年 6 月 26 日 8 时至 27 日 8 时，曲靖市 6 个乡（镇）降大暴雨，24 个乡（镇）降暴雨，21 个乡（镇）降大雨，主要集中在罗平（城区 127.7mm，大水井 124.6mm）、师宗（彩云 121.1mm，雄壁 104mm）、富源、陆良（大莫古 109.6mm，沙林 103.7mm）、麒麟。

根据 2013—2016 年间云南省上报全国山洪灾害防治项目组的数据，曲靖市山洪灾害较为严重，一年发生数次，具体如下：

（1）2013 年 6 月 26 日，罗平县阿岗镇乐作村发生山洪，死亡 1 人；同天，该县马街镇铁厂村发生溪河洪水，死亡 2 人；7 月 2 日，富源县墨红镇九河村发生滑坡，死亡 6 人；7 月 3 日，会泽县矿山镇布卡村发生溪河洪水，死亡 1 人。

（2）2014 年 7 月 4 日，宣威市倘塘镇倘塘村委会发生滑坡，死亡 1 人；7 月 10 日，会泽县待补镇金牛村三组大棚子发生溪河洪水，死亡 1 人；7 月 22 日，宣威市板桥镇板桥街道办永安村委会发生溪河洪水，死亡和失踪各 1 人。

2.2.2.3 玉溪市

玉溪市地处云贵高原西缘，地势西北高、东南低，山地、峡谷、高原、盆地交错分布，山区面积占 90.6%，境内有哀牢山、高鲁山、梁王山、磨豆山、大水井岩头山、螺峰山等山脉。大部分地区海拔为 1500.00～1800.00m；河流分属珠江和红河两大水系，南盘江、绿汁江分别自东部、西部循边界过境，元江自西南斜贯新平、元江两县经越南入北部湾。玉溪气候温和，一年四季温差在 16℃ 左右，以春秋气候为主。年平均气温 17.4～23.8℃，年均降水量为 670～2412mm，属中亚热带湿润冷冬高原季风气候，立体气候的特征十分明显。

1979 年 9 月 8 日，者竜公社大荒地一带发生特大泥石流灾害，9 月 5—8 日，降雨量约为 720mm，属特大暴雨，致使者竜曼召河到竹箐河两条河中间哀牢山地段发生山体滑坡，大小滑坡体上百处，使庆丰、竹箐、腰村三个大队 16 个小队受灾 205 户、1220 人，房屋冲毁 17 间，其中民房 4 间，集体仓房 10 间，畜厩 9 间，碾房 4 间，房屋倒塌打死 13 人，冲走 2 人，重伤 5 人；冲毁水田 954 亩，冲毁苞谷地 346 亩，粮食损失达 73 万 kg 冲走耕牛 21 头，猪 14 头，羊 14 只；冲毁大沟 8 条，小沟 92 条；冲毁乡村道路 6 条，桥梁 1 座；冲毁种植甘蔗 51 亩，茶园 15 亩，核桃树 2079 棵，竹子 930 棚，打谷机 10 台，拖拉机 1 辆。

根据 2013—2016 年间云南省上报全国山洪灾害防治项目组的数据，玉溪市有人员伤亡或失踪的山洪灾害事件较为严重，具体如下：

（1）2013 年 6 月 10 日，元江县南溪河牛滚塘村发生溪河洪水，死亡 1 人；7 月 13 日，新平县漠沙镇团结村委会那招箐沟处发生泥石流，死亡 1 人。

（2）2014 年 7 月 23 日，元江县咪哩乡陆家店发生泥石流，死亡 5 人。

2.2.2.4 保山市

保山市地处横断山脉滇西纵谷南端，境内地形复杂多样，坝区占 8.21%，山区占 91.79%。整个地势自西北向东南延伸倾斜，最低海拔 535.00m，最高海拔 3780.90m，平均海拔为 1800.00m 左右。河流分别属于澜沧江、怒江、伊洛瓦底江三大流域。伊洛瓦底江流域的大盈江和瑞丽江两大水系干流都发源于保山市腾冲市西北部和北部，澜沧江和怒江干流为过境河流。保山属低纬山地亚热带季风气候，加上地形地貌复杂，形成"一山分四季、十里不同天"的立体气候；降水充沛、干湿分明，分布不均，年降雨量为 700～2100mm。

保山境内经过多年河道治理，一般河流都能防御 5～10 年一遇的洪水。

2009 年，隆阳区发生特大山洪灾害，造成重大人员伤亡和财产损失。

2012 年 7 月 17—19 日，腾冲县缅箐河流域连续降雨，且多次发生强降雨，中营雨量站降雨量达 158mm，水位急速上涨。

根据 2013—2016 年间云南省上报全国山洪灾害防治项目组的数据，保山市有人员伤亡或失踪的山洪灾害事件较多，连年发生，非常严重，具体如下：

（1）2013 年 7 月 28 日，隆阳区瓦马乡新民村发生滑坡，死亡 1 人。

（2）2014 年 7 月 28 日，隆阳区瓦房乡喜坪村上坪组发生泥石流，死亡 6 人，失踪 2 人。2015 年 9 月 16 日，昌宁县漭水镇、田园镇发生泥石流，死亡 7 人。

（3）2015 年 10 月 10 日，施甸县关镇发生溪河洪水，失踪 1 人。

（4）2016 年 6 月 29 日，隆阳区瓦马乡发生泥石流，失踪 1 人；8 月 22 日，腾冲市明光镇发生溪河洪水，死亡 4 人；7 月 17 日，昌宁县卡斯镇大塘村发生滑坡，死亡 1 人。

2.2.2.5　昭通市

昭通市居于云岭高原与四川盆地的结合部，东侧紧邻贵州省威宁县（毕节市），南侧紧邻云南曲靖市，西侧与四川凉山彝族自治州以金沙江为界相邻，北侧与四川宜宾市以金沙江为界相邻。地势西南高、东北低，属典型的山地构造地形，山高谷深，平均海拔 1685.00m。区域内群山林立，海拔差异较大，具有高原季风立体气候特征，四季差异较小，但是不同的海拔上气候有着较大的差异，海拔从高到低有高原气候、温带气候、亚热带气候之分，而在同一海拔上，昭通南部温度比北部高，湿度比北部低。全市降水比较丰富，但是南北分布不均，南干北湿，涝灾和旱灾时有发生。

继 1983 年的重大洪灾后，1984 年除大关县外昭通市各县又遭受了重大洪水灾害，以镇雄、昭阳、永善、绥江、巧家等县（区）灾情为重。全市洪灾面积 79.66 万亩，成灾 23.3 万亩；死亡 29 人，房屋倒塌 3172 间，冲垮河堤 2.8 km，涵洞 10 座，堰渠 23 条；冲坏公路 72.3km，桥梁 10 座，死亡大牲畜 71 头。镇雄的受灾面积高达 44.3 万亩，成灾 9.2 万亩，死亡 7 人，倒塌房屋 1471 间，经济损失约 930 万元。

1992 年 7 月 12 日深夜至 13 日凌晨，昭通市北部的盐津、奕良、大关、永善及昭阳等 8 个县（区）普降特大暴雨，关河及其支流河水猛涨，致使关河洪水涌向下游的盐津县城，沿河两岸灾情严重。此次洪灾分布之广、量级之高、灾情之重，为该区历史上所罕见，接近于 50 年一遇之大洪水。全市的受灾乡镇达 87 个，受灾 480 个村庄，农户 12196 户，受灾人口达 57.6 万人，死亡 44 人，伤 624 人；受灾面积 45.7 万亩；冲毁河堤 20.64km、渠道 70.55km、塘坝 21 座、桥梁 32 座，冲毁和淹没水电站 14 座，冲毁公路 80km，电杆 1056 根；倒塌房屋 7215 间，毁坏 3618 间以及其他损失。直接经济损失达 1.6620 亿元。

2009 年，巧家县发生特大山洪，造成重大人员伤亡和财产损失。

2013 年 6 月 21 日至 22 日，昭通市普降中到大雨，局部暴雨，共造成昭通市昭阳区、鲁甸县、盐津县大灾。

根据 2013—2016 年间云南省上报全国山洪灾害防治项目组的数据，昭通市人员伤亡或失踪的山洪灾害事件频发，每年都有数次发生，非常严重，具体如下：

（1）2013 年 6 月 6 日，永善县墨翰乡箐林村马家沟发生溪河洪水，死亡 1 人；6 月 20 日，彝良县角奎镇发达村发生溪河洪水，死亡 1 人；6 月 22 日，盐津县牛寨乡牛寨村发生溪河洪水，死亡 2 人；同日，该县兴隆乡蒿芝村沙坝煤矿发生泥石流，死亡 2 人；7 月 5 日，该县盐井镇高桥村发生滑坡，死亡 5 人；7 月 6 日，该县中和镇中堡村发生溪河洪水，死亡 1 人；7 月 17 日，该县牛寨乡安家坪发生滑坡，死亡 1 人；7 月 18 日，大关县寿山镇小河村尤家河坝砂石厂发生溪河洪水，死亡 1 人；9 月 19 日，永善县桧溪镇细沙小河发生溪河洪水，死亡 2 人。

（2）2014 年 7 月 1 日，鲁甸县水磨镇新棚村厂院沟发生溪河洪水，死亡 1 人；7 月 6 日，该县乐红乡红布村发生滑坡，死亡 5 人，失踪 1 人；同日，该县龙头山镇沿河村大坪子社发生泥石流，死亡 2 人；7 月 7 日，巧家县崇溪乡龙家河沟发生溪河洪水，死亡 1 人；同日，鲁甸县龙头山镇沙坝村、沿河村发生泥石流，死亡 1 人。

（3）2015 年 5 月 10 日，镇雄县鱼洞乡发生溪河洪水，死亡 8 人；8 月 17 日，该县木桌镇新桥村、罗坎镇大庙村发生溪河洪水，失踪 4 人；同日，威信县扎西镇院子村脚板沟村发生溪河洪水，死亡 1 人。

（4）2016 年 6 月 20 日，威信县长安镇瓦石村发生溪河洪水，死亡和失踪各 1 人；7 月 5 日，盐津县盐井镇仁和村还路社、普洱镇桐梓村徐家湾社、箭坝村峦堂社、滩头乡雀儿石湾发生溪河洪水，死亡和失踪各 3 人；同日，水富县太平镇盐井村冷水溪发生溪河洪水，死亡 2 人；7 月 6 日，盐津县滩头乡生基村高田小组发生泥石流，死亡 1 人；7 月 7 日，盐津县普洱镇串丝村水麻高速公路上发生滑坡，死亡 1 人。

2.2.2.6 丽江市

丽江市位于云南省西北部云贵高原与青藏高原的衔接地段，海拔 2400.00 余 m；属高原型西南季风气候，气温偏低，昼夜温差大，大部分地区冬暖夏凉，年平均气温为 12.6～19.8℃，每年 5—10 月为雨季，7—8 月特别集中。全市境内大小河流共 91 条，分属两个流域 3 个水系。长江流域金沙江水系控制全区面积的 80.4%，计 16566km²，长江流域雅砻江水系控制全区面积 6%，计 3625.6 km²，澜沧江流域澜沧江水系控制面积 2%，计 408.4 km²。

根据 2013—2016 年间云南省上报全国山洪灾害防治项目组的数据，丽江市有人员伤亡或失踪的山洪灾害事件情况一般，具体如下：

（1）2014 年 7 月 6 日，永胜县东山村委会李子坪村发生泥石流，死亡 3 人，失踪 2 人。

（2）2015 年 9 月 12 日，宁蒗县西布河乡西布河村刘克璋二组发生溪河洪水，死亡 1 人；9 月 16 日，华坪县船房乡嘎佐村 10 组发生滑坡死亡 1 人，中心镇田坪村 1 组、大竹林廉租房发生溪河洪水，死亡 8 人，失踪 4 人。

2.2.2.7　普洱市

普洱市地处云南省西南部，境内群山起伏，全区山地面积占98.3％；北回归线横穿普洱市中部，海拔高度为376.00～3306.00m，跨度大，受地形、海拔影响，垂直气候特点明显；受亚热带季风气候的影响，降雨丰沛，年降雨量1100～2780mm。

1991年7月15日19时至16日7时，景东县川河上游突降暴雨，川河出现超警戒水位1.19m的大洪水，为新中国成立以来第一大洪水，给景东县城及川河坝子造成严重损失。此次洪灾受灾6个乡镇，受灾人口6万余人，死1人，伤2人；受灾而积4.14万亩，成灾2.20万亩，成灾率高达53.2％，损失粮食619万kg，甘蔗1.16万t；冲毁房屋374幢、1461间，卫生院1所，学校5所；冲毁公路桥5座、河堤38处、沟渠721条、简易堤坝645座，公路塌方16万m³，冲毁路基300多m，共造成直接经济损失1200万元。洪灾还波及镇源县两个乡镇14个村（办事处），受灾面积5175亩，成灾2220亩，损失粮食38.8万kg、甘蔗1660t。

2011年6月30日21时30分至7月1日8时，江城县嘉禾乡平掌村半坡村民小组突降大暴雨，降雨量达170mm。大暴雨引发了山洪、泥石流灾害，主要造成27户101人受灾，临时性住房受损64间、橡胶受灾2000亩、玉米受灾500亩、阻断进戈兰滩电站公路9km，造成直接经济损失865万元。

2012年7月31日，景谷县境内突降单点暴雨，引发泥石流洪涝灾害，据普洱市民政局统计，遇难人数增至4人，有10人失踪。灾害造成37231人受灾，87人受伤，7326人紧急转移安置，农作物受灾面积9993hm²，成灾面积3903hm²，绝收面积3733公顷，倒塌36户108间，严重损坏63户235间，一般损坏236户613间，灾害造成国道323线景谷到宁洱段发生路基沉陷、公路拥塌。直接经济损失达2.06亿元。

根据2013—2016年间云南省上报全国山洪灾害防治项目组的数据，普洱市有人员伤亡或失踪的山洪灾害事件情况较为严重，有的年份多次发生，具体如下：

（1）2014年7月21日，江城县勐烈镇红疆村草皮坝发生溪河洪水，死亡1人；7月24日，镇沅县古城乡建民村发生溪河洪水，死亡1人；同日，澜沧县雪林乡永广村发生溪河洪水，死亡2人。

（2）2015年8月25日，景谷县威远镇威远村大寨二组发生溪河洪水，失踪1人。

（3）2016年6月4日，景谷县正兴镇黄草坝村河西边村民小组发生泥石流，死亡1人；6月20日，镇沅县按板镇宣河村六道河组发生泥石流，死亡1人；9月3日，江城县嘉禾乡隔界村发生溪河洪水，失踪1人；9月20日，景东县锦屏镇灰窑村发生泥石流，死亡1人。

2.2.2.8　临沧市

临沧市位于云南省西南部，属横断山系怒山山脉的南延部分、滇西纵谷区，境内有老别山、邦马山两大山系；地势中间高、四周低，并由东北向西南逐渐倾斜。河流分属澜沧江、怒江两大水系，主要支流有罗闸河、小黑江、南汀河、南棒河和永康河等；属亚热带低纬度山地季风气候，四季温差不大，干湿季分明，垂直变化突出，冬无严寒、夏无酷暑，雨量充沛，光照充足，年均降雨量1158.2mm。

南汀河几乎年年遭受洪水袭击，特别是孟定坝子。如1986年6月的一次洪灾造成

1.84 万亩稻田受灾，损失粮食 560 万 kg；受灾人口 5000 余人，死亡 6 人，倒塌房屋 75 间，死亡大牲畜 22 头，冲坏水利设施 22 件，直接经济损失达 790 余万元。

1990 年 6 月 20—21 日，凤庆县迎春河突降滂沱大雨，24 小时暴雨量达 245mm。此次暴雨历史短，雨强大，笼罩面积小，主要集中在 6 小时内，雨量为 220mm，造成凤山站洪峰流量高达 459m³/s，洪水历时 15 小时，为建站以来之最大值，中下游沿岸地区造成重大损失。在此次洪灾中，死亡 11 人，重伤 5 人，倒塌房屋 0.26 万间，损坏 2.02 万间；受灾面积 7.43 万亩，损失粮食 4.45 万 kg、茶叶 14.45 万 kg；鱼塘受灾 152 亩；毁坏灌溉渠道 1380 件、小塘坝 5 个，损坏电站 23 座，人畜饮水工程 250 件、水管 15.46km；毁坏通信线路 6km，桥涵 633 座，122km 的公路遭受不同程度的损坏。此次洪灾造成直接经济损失 6000 多万元。

根据 2013—2016 年间云南省上报全国山洪灾害防治项目组的数据，临沧市有人员伤亡或失踪的山洪灾害事件较多，一年发生数次，非常严重，具体如下：

（1）2014 年 7 月 16 日，凤庆县大寺乡羊平公路 2km 处发生山洪，死亡 1 人；7 月 26 日，双江县帮丙乡老瓦厂小溪发生山洪，死亡 1 人，失踪 2 人；7 月 28 日，云县幸福镇老鲁山村发生泥石流，死亡 3 人，8 月 2 日，该县后箐乡忙弄村岭岗组发生山洪，死亡 1 人；同日，凤庆县三岔河镇康明村龙塘寨小组发生滑坡，死亡 1 人。

（2）2015 年 7 月 14 日，云县后箐乡梁子组发生泥石流，死亡 1 人，同时，发生滑坡，死亡 2 人；9 月 3 日，耿马县大兴乡龚家寨户南组发生滑坡，死亡 1 人；10 月 9 日，耿马县勐永镇芒来村平掌组芦篙林河发生溪河洪水，死亡 1 人。

（3）2016 年 7 月 14 日，凤庆县营盘镇勐统村大寨子组打雀山干沟发生滑坡，死亡 1 人；9 月 20 日，凤庆县大寺乡清水村发生溪河洪水死亡 1 人。

2.2.2.9 楚雄彝族自治州（简称楚雄州）

该州位于云南省中部偏北，属云贵高原西部、滇中高原的主体部位，地势大致由西北向东南倾斜，地层分布完全，褶皱、断裂发育，山高谷深，地形复杂；境内多山，山地面积占全州总面积的 90% 以上，盆地及江河沿岸的平坝所占面积不到 10%，是一个以高中山和低山丘陵为主的地区，主要山脉有东部的乌蒙山、西南的哀牢山、西北的百草岭，形成三山鼎立之势；干湿分明，雨热同季；降水较云南大部偏少；因各地地形和海拔的差异，有明显的立体气候和区域小气候特征。

1990 年 7 月 20 日晚，南华县河桥乡、龙川镇、徐营乡一带骤降特大暴雨，暴雨中心位于龙川江上游的向阳冲和老厂河水库。18 小时内雨量分别为 246.55mm、239.4 mm，为楚雄州实测最大值。此次特大洪水受灾面积 4.88 万亩，成灾面积 3.8 万亩，冲毁耕地 0.48 万亩，倒塌房屋 328 间，危房 505 间；冲垮塘坝 21 个，河堤决口 1.366km，沟渠倒塌 0.924km。南华至昆明通信中断 4 小时，交通中断达 3 天之久，有近万名乘客和驾驶员被困滞留途中，直接经济损失数千万元。

1994 年 6 月 20 日夜，禄丰县境内突降特大暴雨，中心位于东河水库一带，降水量之多，雨强之大，笼罩面积之广为楚雄州所罕见。降水量大于 300mm 的特大暴雨区有 400km² 左右，150mm 雨量所涉及的面达 1400 km²。此次暴雨造成东河、西河、南河等三条河流的河水同时暴涨，东河水库出现了约 50 年一遇的大洪水，其余两河为十年一遇的洪水。东河水库充分发挥拦蓄洪水、削减洪峰的作用，使灾情减小到了最低程度。尽管如此，由于洪水肆虐，仍给禄丰县造成了重大损失。罗茨坝于大部分地区和县城周围一片汪洋，水深达 2~3m。受灾作物面积 16 万余亩，其中绝收 2 万亩；受灾人口 11 万人，死亡 1 人，重伤 2 人，轻伤 11 人；倒塌房屋 1042 间。烤烟房 205 间；冲走大牲畜 131 头；冲垮小（2）型水库 5 座、乡间桥梁 60 座，公路塌方 10 余万 m^3，22 万余 m 的沟渠遭受不同程度的破坏；部分工厂停工、学校停课。此次洪灾直接经济损失 1.334 亿元。

根据 2013—2016 年间云南省上报全国山洪灾害防治项目组的数据，楚雄州有人员伤亡或失踪的山洪灾害事件较多，非常严重，年年发生，有的年份发生多次，具体如下：

（1）2013 年 6 月 23 日，武定县白路乡西拉村发生溪河洪水，死亡 2 人；7 月 29 日，双柏县大过口乡蚕豆田村委会新村发生溪河洪水，死亡 1 人。

（2）2014 年 7 月 28 日，法裱镇石头村委会发生溪河洪水，死亡 1 人。

（3）2015 年 6 月 21 日，永仁县永兴乡白马河村委会发生溪河洪水，失踪 1 人，同天，大姚县三台乡多底河村委会松毛乍小组发生溪河洪水，死亡和失踪各 1 人。

（4）2016 年 9 月 7 日，永仁县永兴乡迤资村发生溪河洪水，失踪 1 人，9 月 17 日，元谋县黄瓜园镇海洛村发生溪河洪水，失踪 1 人。

2.2.2.10 红河哈尼族彝族自治州（简称红河州）

该州地处云南省东南部，地处低纬度亚热带高原型湿润季风气候区，在大气环流与错综复杂的地形条件下，气候类型多样，具有独特的高原型立体气候特征；每年 5—10 月为雨季，降雨量占全年降雨量的 80% 以上，其中连续降雨强度大的时段主要集中于 6—8 月，且具有时空地域分布极不均匀的特点，且单点暴雨集中，强度大。

2012 年 9 月 12 日，河口县城区突降暴雨，县城成功预警。

根据 2013—2016 年间云南省上报全国山洪灾害防治项目组的数据，红河州有人员伤亡或失踪的山洪灾害事件较多，非常严重，年年发生，并且有的年份发生多次，具体如下：

（1）2013 年 7 月 21 日，金平县铜厂乡勐谢村发生滑坡，死亡 1 人；8 月 19 日，个旧市个元公路 k+16km 处发生山洪，死亡 1 人，失踪 2 人。

（2）2014 年 7 月 20 日，红河县迤萨镇齐星寨村委会坝蒿村发生山洪，死亡 2 人，失踪 1 人；7 月 21 日，该县乐育乡窝伙垤村委会牛威村发生滑坡死亡 2 人；7 月 22 日，金平县沙依坡乡阿都波发生滑坡死亡 1 人。

（3）2015 年 8 月 5 日，开远市雨洒箐隧洞发生溪河洪水，死亡 2 人，失踪 1 人；10 月 10 日，金平县阿得博村委会刘家寨发生滑坡，死亡 2 人。

（4）2016 年 9 月 28 日，石屏县大桥乡大新村发生泥石流，死亡 1 人。

2.2.2.11 文山壮族苗族自治州（简称文山州）

该州地处云南省东南部，地势西北高、东南低。雨量充沛，但分布不均，西南部多，东北和中西部较少；山地多，谷地少；夜雨多，白天少；局部性大雨、暴雨多；干湿季分明，5—10 月为雨季，雨量占全年雨量的 82%；11 月至次年 4 月为干季，雨量占年雨量的 18%。因此，部分地区容易发生干旱或洪涝等灾害。

根据 2013—2016 年间云南省上报全国山洪灾害防治项目组的数据，文山州发生人员伤亡或失踪的山洪灾害事件状况较严重，具体如下：

（1）2013 年 7 月 5 日，马关县都龙镇堡梁街发生泥石流，死亡和失踪各 1 人。

（2）2014 年 9 月 17 日，富宁县里达镇瓦蚌村小组发生溪河洪水，失踪 1 人。

（3）2015 年 8 月 26 日，广南县底圩村委会同骂小组、坝美镇那洞村委会里孔村小组发生溪河洪水，死亡 2 人。

2.2.2.12 西双版纳傣族自治州（简称西双版纳州）

该州位于云南省最南端，地貌多为中低山和丘陵区，相对于省内其他州（市），西双版纳州的地势稍微起伏小一些。年平均气温在 18～22℃之间，干湿季明显，年降水量在 1193.7～2491.5mm。其中河谷盆地稍低，而山区略高。湿季降水量占年总量的 82%～85%，且 7—8 月降水量均在 250mm 以上，最少的 2 月降水量只有 20mm。

根据 2013—2016 年间云南省上报全国山洪灾害防治项目组的数据，西双版纳州没有发生人员伤亡或失踪的山洪灾害事件。

2.2.2.13 大理白族自治州（简称大理州）

该州地处云贵高原与横断山脉结合部位，地势西北高、东南低；地貌复杂多样，点苍山以西为高山峡谷区；点苍山以东、祥云以西为中山陡坡地形；属于亚热带季风气候，分雨旱季。大理白族自治州冬干夏雨，赤道低气压移来时（冬半年 11 月至次年 4 月）为干季雨量仅占全年降雨量的 5%～15%，信风移来时（夏半年 5—10 月）为雨季降雨量占全年的 85%～95%；垂直差异显著。由于地形地貌复杂，海拔高低悬殊，气候的垂直差异显著。气温随海拔高度增高而降低，雨量随海拔增高而增多。河谷热，坝区暖，山区凉，高山寒，立体气候明显；灾害较多，常见的有干旱、低温、洪涝、霜冻、冰雹、大风等。

1954 年大理白族自治州洪水频发，灾难深重。秋季洱源县阴雨连绵，8 月中旬弥苴河溃堤，大佛村被洪水所困，部分房屋倒塌，良田被淹，弥茨河达到历年最高水位，茈碧湖洪水位高达 2055.90m；同期凤羽河亦发大水，凤羽、山关等地谷子冲入茈碧湖。8 月 28 日起，邓川连降大雨三昼夜，各江河湖泊水位迅速上升，淹没大片农田；9 月 28 日，西闸河决堤，冲毁 1500 亩；12 月 6 日，绿菌塘垮坝，受灾 2285 亩，死亡 1 人，冲倒 3 户，受灾人口 5596 人。是年，洱源县受灾万余亩，绝收 4630 亩，倒塌房屋 212 间，死亡大牲畜 127 头，被毁水利设施 11 件。

1985 年 7 月 28 日夜，永平县龙门、老街、曲硐、杉阳等地遭受大暴雨袭击，历时仅 90 分钟。银江河出现历史最大流量，致使县城沿河的新华街、河东街水深达 1m 多，605 户居民半入水中。全县 8 区 72 乡受灾 6.65 万人，死亡 5 人，伤 46 人，倒房 602 间；死亡大牲畜 83 头；冲毁塘坝一件、沟渠 251 条、渡槽 2 座，桥梁 5 座，曲硐大桥冲垮，交通中断；受灾农田 7.1 万亩，其中成灾 5.42 万亩，毁田 1411 亩；直接经济损失 380 万元。

1986 年 6 月 18 日，漾濞县城一带受大暴雨袭击，县城街巷洪水浸漫，民舍进水，城内交通阻断，部分机关、厂矿、学校财物受损，自来水厂遭受严重破坏，居民饮水一度困难；雪山河一级、二级电站主要设备被洪水冲坏或被毁、被泥沙淤埋，因此被迫搬迁。这次洪水涉及全县 7 区 28 乡，共受灾 4.3 万人，毁房 110 间；受灾耕地 1 万余亩，成灾 0.1561 万亩；冲毁桥梁 23 座，冲走抽水机 4 台及其他水利设施。

根据2013—2016年间云南省上报全国山洪灾害防治项目组的数据，大理白族自治州发生人员伤亡或失踪的山洪灾害事件状况较严重，每年都有发生，具体如下：

（1）2013年7月29日，云龙县苗尾乡水井村卡房箐河发生泥石流，死亡2人，9月9日，该县漕涧镇分水岭矿山区发生滑坡，死亡1人。

（2）2014年7月9日，该县功果桥镇民主村水磨房箐发生泥石流，死亡6人，失踪8人。

（3）2015年8月12日，该县诺邓镇诺邓村牛舌坪一组雀城箐发生泥石流，死亡1人。

（4）2016年9月7日，鹤庆县龙开口镇江东小庄河村发生溪河洪水，失踪2人。

2.2.2.14　德宏傣族景颇族自治州（简称德宏州）

该州地处云贵高原西部横断山脉的南延部分，高黎贡山的西部山脉延伸入德宏境内形成东北高而陡峻、西南低而宽缓的切割山原地貌，全州海拔为800.00～2100.00m，属于南亚热带季风气候，东北面的高黎贡山挡住西伯利亚南下的干冷气流入境，入夏有印度洋的暖湿气流沿西南倾斜的山地迎风坡上升，形成丰沛的自然降水，年降雨量1400～1700mm之间，雨量充沛，雨热同期。

1983年汛期德宏州暴雨日增多，在10场主要暴雨过程中有5场为全州性降雨，致使各条河流洪水叠加，发生了新中国成立以来超定量洪水出现频次最多的一年。6月29日至7月5日降了一场大到暴雨，中西位于盈江县西园、北部山区，7月2日槟榔江盏西站出现了洪峰水位10.31m、洪峰流量1690m³/s的大洪水，约为40年一遇，灾情为新中国成立以来最为严重的一次。槟榔江盏西坝区河堤漫堤，关上镇一片汪洋，水深1～2m；堤防坍塌9处244m，决口26处达1km，盈江县9个乡38个村庄受淹，16个乡422个生产队遭受不同程度灾害，倒塌房屋1537间；受灾农田8.233万亩，成灾6万余亩，损失粮食551万kg；冲毁大小沟渠、水坝、小水电等工程310件，堤防垮塌6.2km，冲垮14座桥梁，公路148km，直接经济损失1992.65万元。陇川县南宛河决堤49处，农田受灾8万余亩，成灾5万余亩，损失粮食226万kg；水毁堤防4km，桥涵19座，直接经济损失270.44万元。瑞丽市农田受灾3.6万亩，47村1233户被淹，倒塌房屋55间。

根据2013—2016年间云南省上报全国山洪灾害防治项目组的数据，德宏傣族景颇族自治州发生人员伤亡或失踪的山洪灾害事件较多，年年发生，具体如下：

（1）2013年7月20日，芒市芒市镇五岔路发生滑坡，死亡2人。

（2）2014年7月21日，芒市芒海镇吕允村、五岔路乡五岔村发生泥石流，死亡19人，失踪3人；7月23日，梁河县芒东镇梁河县次竹园发生滑坡死亡1人；7月27日，芒市芒市镇发生溪河洪水，死亡1人。

（3）2016年8月4日，芒市三台山乡龙瑞高速路段发生泥石流，死亡1人。

2.2.2.15　怒江傈僳族自治州（简称怒江州）

该州位于云南西北部；境内除兰坪县的通甸、金顶有少量较为平坦的山间盆地和江河冲积滩地外，多为高山陡坡，可耕地面积少；州内地势北高南低，南北走向的担当力卡山、独龙江、高黎贡山、怒江、碧罗雪山、澜沧江、云岭依次纵列，构成了狭长的高山峡谷地貌。该州境内天气变化大，气候各异，年温差小、日温差大、干湿季分明，四季之分不明显。同时，因受地貌和纬度差异的影响，具有北部冷，中部温暖，南部热；高山寒冷，半山温暖，江边炎热；部分地区雨季开始特别早，干季短暂，温季持续时间长，立体气候显著的独特气候特征。

1976年3月2日至4月13日，怒江州北部地区阴雨连绵，原碧江县雨量达560.8mm，福贡县3月雨量达421.5mm，致使山洪暴发并伴随发生泥石流，死亡10人，冲倒房屋181间；冲淹耕地3400余亩，其中冲垮梯田1070亩；冲坏玉米地627亩；破坏水沟103条，公路塌方，交通阻塞。

1979年10月3—8日怒江州普降大、暴雨，中心处福贡县6天雨量449mm，为正常年同期的12.3倍。全州死亡143人，伤88人；大牲畜死亡278头；冲毁房屋574间，倒塌1069户；冲毁粮仓57间，损失粮食5.5万kg；受灾面积18.02万亩，减产粮食906万kg；冲毁国家物资仓库5间；破坏灌溉渠道2200多条；公路路基毁坏14.7km，塌方52万m³；冲倒、土埋电杆4300棵，造成通信中断，公路阻隔。以福贡、碧江、泸水三县灾情最重。

1997年7月8日以来，怒江州出现了连续性的大雨、暴雨天气，7月8—10日上午六库站总雨量为119mm，泸水为172mm，福贡为137mm，贡山为113mm，全州出现了大洪水。州政府所在怒江边的六库镇怒江水位漫溢堤岸，怒江西片的石油公司、乡镇企业局、物价局、医院等7个单位，及怒江东片的公安局、法院、检察院及防汛调度中心等8个单位全部被困于洪水之中，淹没两岸农田3.32万亩；倒塌房屋2040间；冲毁水利设施321件，人畜饮水设施41件；六库镇西水东调人畜饮水工程（江西段）被冲毁，六库供水中断；全州交通中断，包括瓦贡公路、兰贡及保山至六库的公路。此次洪灾给怒江川造成了严重的灾害，据初步估算直接经济损失2.1亿元。

2009年，贡山县发生特大山洪，造成重大人员伤亡和财产损失。

2011年6月23日7时10分至18时30分，贡山县境内突降暴雨并伴有雷电强风等强对流天气，丙中洛乡双拉村委会毕比里河发生山特大洪泥石流，导致桥梁被冲毁、电力、通信，丙中洛至县城的公路全部中断。

根据2013—2016年云南省上报全国山洪灾害防治项目组的数据，怒江州发生人员伤亡或失踪的山洪灾害事件状况较严重，有的年份发生多次，具体如下：

（1）2014年7月9日，福贡县匹河乡沙瓦村沙瓦河发生泥石流，失踪17人；8月20日，福贡县马吉乡古当村路各布发生泥石流，失踪2人。

（2）2016年4月22日，兰坪县兔峨乡果力村三星河发生泥石流，死亡6人；4月24日，泸水县古登乡色仲村局旺组发生滑坡，死亡2人；7月11日，泸水县古登乡政府所在地发生滑坡，死亡1人。

2.2.2.16 迪庆藏族自治州（简称迪庆州）

该州位于云南省西北部滇、藏、川三省（自治区）交界处，地处青藏高原东南缘，横断山脉腹地，是云贵高原向青藏高原的过渡带，有古高原面，也有大山、大川、大峡谷。州内气候属温带—寒温带气候，年平均气温4.7～16.5℃，立体气候明显。

根据2013—2016年云南省上报全国山洪灾害防治项目组的数据，发生人员伤亡或失踪的山洪灾害事件状况一般，具体如下：

2014 年 7 月 10 日，香格里拉县上江乡格兰村、仕旺村发生泥石流，死亡 2 人。

由以上灾情描述可见，云南省山洪灾害具有以下特点：

（1）类型多样，溪河洪水、滑坡、泥石流等类型均广泛分布［参见附录 A：云南省山洪灾害事件统计情况表（2013—2016）］。

（2）全省近年来范围内山洪灾害发生非常频繁。

（3）人员伤亡及财产损失较为突出，由山洪灾害造成的群死群伤事件及重大财产损失较为突出。

2.3　国内外山洪灾害监测预警的发展现状

2.3.1　山洪灾害监测预警的定义

全球气候变化导致暴雨等极端气象事件频发，尤其是经济社会发展后山丘区人类活动的加剧，使山洪灾害死亡人口占洪涝灾害死亡人口的 70%。据世界气象组织（WMO）统计，全球由于山洪灾害引发的人员伤亡比率正逐年上升，每年经济损失达数百亿美元。山丘区暴雨洪水受地形影响大、过程短、时空变异大、精准监测预报难，加之地形起伏变化大、植被类型和下垫面条件复杂，普遍缺乏水文实测资料、山洪陡涨陡落、产汇流非线性特点显著、精准分析模拟和预警难度大，尽管各个国家已经在山洪灾害防治体系中开发了预警技术，实施了必要的预警措施，但山洪灾害预警仍是山洪灾害防治体系中最难解决的重要一环（郭良等，2018）。从广义上看，山洪灾害预警包括山洪灾害的预测以及基于预测结果向受威胁群众传送警示信息两个方面。从狭义上讲，也就是本书所讨论的山洪灾害预警，主要指其中关键的山洪灾害风险分析、灾害预测部分。根据预警时效性的不同，山洪灾害预警研究可以分为远期预警研究与临期预警研究两类。如果预警行为的目标是为了评估未来多年情况下的山洪灾害爆发可能性，则这类预警行为是对风险性进行评估，也就是远期预警。相应地，如果预警的目标是为了预测未来几天或几小时内山洪灾害暴发的可能性，这类预警就是实时层面的，即临期预警部分。

山洪灾害远期预警主要是依据统计性规律或致灾机理对一个山区村落、一片山区在一个相对较长的时间尺度范围发生山洪灾害的可能性和灾害严重程度进行预测评估，也就是对山洪灾害的远期风险性进行评估。当历史数据资料足够多时，通过对历史山洪记录进行频率分析，可以将计算出来的样本频率值作为未来山洪暴发的概率值；而基于致灾机理的分析则是根据现状的致灾因素、孕灾环境、承灾体状况等信息从机理上对一个区域是否易于引发山洪灾害进行计算。这类预警分析可以给决策者提供一个关于山洪灾害的全局性的视角，从而辅助制定山洪灾害防治规划。同时，也可以提高政府对山洪灾害的风险管理能力及公众对山洪灾害的认知水平。山洪灾害临期预警则是预测几天、几小时内的山洪灾害是否暴发，从而让山洪灾害威胁区的居民有足够的时间采取适当策略来应对将要发生的山洪灾害。山洪灾害临期预警的核心是预警指标计算。在山洪灾害长期预警成果和多源数据利用的基础上，山洪灾害临期预警指标可以通过多种方法进行计算，包括灾害实例调查法、经验公式方法、水文模型方法等。通过将预警指标与实测降水值、预测降水值进行对比分析，可以得到山洪灾害是否会很快暴发的示警信息。临期预警系统的信息化建设可以极大地缩短数据获取、传输、预警指标计算以及示警广播等过程中消耗的时间，从而能够有效地延长防灾准备时间。因此，临期预警研究既可以为山洪灾害预案编制提供科学支撑，也能进一步提高山洪灾害群测群防水平。

2.3.2　国外山洪灾害监测预警的发展研究现状

从 20 世纪中期开始，世界各国相继开展了山洪灾害的预警预报研究，美国、日本、奥地利、德国等是较早开展山洪灾害研究的国家。其中最早的是 1969 年美国上线的山洪灾害预警系统（flash flood guidance，FFG），它主要是通过设立传感器感受山洪幅频信号，依靠传输手段建立预警系统，经过 40 多年的研究与发展，目前已成为全世界应用最广、预报精度最高的山洪灾害预警系统之一。此外，美国水文研究中心（HRC）研发的山洪预警指南系统（flash flood guidance system，FFGS），也已广泛应用于中美洲、韩国、湄公河流域下游四国、南非、罗马尼亚及美国加利福尼亚等国家或地区；美国马里兰大学与美国国家河流预报中心研制了分布式水文模型山洪预报系统（HEC－DHM）；日本国际合作社（JICA）开发了在加勒比海地区以社区为基础的山洪早期警报系统；世界气象组织（WMO）也在积极推进一体化洪水管理理念，并在南亚地区成功开展了示范区项目；此外还有欧洲的 EFFS 系统、澳大利亚的 aLERT 系统和马来西亚的 gEOREX fLOOD 系统等，这些系统都为现代山洪灾害预警提供了必要的技术支持。在预警技术方面，国外的山洪灾害预警主流技术指标仍然是临界雨量阈值的确定。欧美国家最有代表性的成果是美国 FFG 预警指标系列，该成果较全面地考虑了降雨、土壤含水量以及下垫面特性三大因素，基于降雨、产流、汇流、演进、预警指标反推等环节，进行预警指标的计算。FFG 方法由于考虑的因素较全，算法具有物理机理，且能提供预警指标的动态信息，故其成果在很多国家和地区得到了广泛的参考和运用。日本对临界雨量的拟定方法主要考虑降雨、土壤含水量这两个因素，主要有土壤雨量指数法、实效雨量法、汇流时间与降雨强度法、多重判别分析统计法等，这些方法都建立在假设降雨强度与有效累积雨量之间呈线性关系的基础上，采用临界雨量线法来确定预警指标。美国、日本和中国的山洪灾害自然条件对比见表 2.1。

表 2.1　　　　　　　　美国、日本、中国山洪灾害自然条件对比表

国家名称	总人口/亿人	总面积/万 km²	GDP/万亿美元	山地面积/万 km²	山洪威胁人口/亿人	山区河流情况	降 水 特 点
美国	3.19	963	16	327	0.3	河流长度及比降变化范围大，水位和流量呈陡涨陡落的特点	年均降水量740mm，东北部年均降水量1000mm，东南部和墨西哥湾年均降水量1500mm，太平洋沿岸年均降水量1300～1500mm
日本	1.27	37	4.8	26	0.64	河短流急、坡降大、洪水猛涨陡落，洪峰流量大，洪峰历时短、变幅大	年均降水量1800mm，1 年内有春雨、梅雨、台风等多次降水过程，降水的时空变化小，受地形影响，常发生短历时、强度大的暴雨

续表

国家名称	总人口/亿人	总面积/万 km²	GDP/万亿美元	山地面积/万 km²	山洪威胁人口/亿人	山区河流情况	降 水 特 点
中国	13	960	10.4	662	5.6	河流长度及比降变化范围大，水位和流量呈陡涨陡落的特点	年均降水量 628mm，山区暴雨主要集中在 6—8 月，暴雨强度大

（引自魏丽等，2018）

在灾害监测方面，国外的山洪灾害监测综合运用了组织管理、站点监测、雷达、卫星遥感技术等多维度管理手段。美国负责全国洪水预警预报工作的气象局下设 13 个河流洪水预报中心，在主要河流还设有 21 个河流观测中心，可掌握全国 7812 个控制站的流量和水位，预报全国 3429 个控制站的流量及水位，在全国范围内有 8000 多个地面雨情监测站，设立了 2500 多个监测点，普遍采用天气雷达监测降水量，并布设有 130 多部新一代天气雷达；同时，还有基于静止卫星、TRMM 极地卫星、NEXTRAD 天气雷达等的遥感监测手段，覆盖了 2 万多个洪水易发区域，能够确保 90% 的国土面积及时得到洪涝灾害预警预报。目前，在时间上，美国重大洪涝灾害的预警可以提前十几天发现，信息频率更新的速度达到每 10 分钟一次。日本对河流防洪管理实施分级制度：日本中央政府负责全国 100 余条一级河流管理，都府道县负责二级河流管理，相关部门按照各自的职权范围负责这些河流水情、防洪预警等方面的工作；在全国范围内官方设立的雨量自动观测站约有 1300 个（其中 840 个还观测气温、风速风向、日照时间等参量），并将实时数据传送到日本气象厅开发的"气象服务计算机系统"（COSMETS）进行自动分析处理。目前，日本的预测预报水平是提前 1 天预报暴雨，提前 2~3 小时捕捉暴雨征兆，当暴雨发生时，实时观测雨情并预报降雨量和持续时间。

2.3.3 国内山洪灾害监测预警的发展研究现状

几十年来，我国科学工作者对降雨预报进行了大量的科学研究，总结出了很多降雨定量的方法：数值预报法、统计预报方法、GPS 水汽反演预报方法等。我国于 20 世纪 70 年代末正式发布短期数值天气预报，此后逐步实现分析和预报自动化，并应用于山洪灾害的预警预报。刘亚森等利用重心对比法分析了我国自 1951 年以来的山洪灾害时空演变特征，发现降雨因子的驱动力大于人类活动和地表环境因子，川渝生态区、华南生态区、云贵高原和长江中下游地区等为山洪高风险区（刘亚森等，2019）。随着社会进步和经济的快速发展，近年来我国加大了山洪灾害的治理力度，从 2002 年开始，水利部会同自然资源部、国家气象局、住房和城乡建设部、生态环保部组织编制了《全国山洪灾害防治规划》（以下简称《规划》），并于 2006 年 10 月得到国务院正式批复，该《规划》首次提出了工程措施和非工程措施相结合的治理思路，明确了山洪灾害防治区的范围。2011 年 4 月，国务院审议通过了《全国中小河流治理和病险水库除险加固、山洪地质灾害防御和综合治理总体规划》，规划坚持"人与自然和谐相处""以防为主，防治结合""以非工程措施为主，非工程措施与工程措施相结合"等原则，系统地分析研究了山洪灾害发生的原因、特点和规律，确定了我国山洪灾害的分布范围，根据山洪灾害的严重程度，划分了重点防治区和一般防治区，提出了以非工程措施为主的防治方案，并明确了至 2020 年山洪灾害防治的规划目标和建设任务。

我国山洪灾害防治项目建设分为三个阶段实施（2009—2012 年、2013—2015 年、2016—2020 年），结合我国国情实际和建设思路的调整，技术不断更新，能力逐步增强。第一阶段（2009—2012 年），水利部实施了全国 2058 个县级行政区的山洪灾害县级非工程措施项目建设，提出自动监测体系和群测群防体系相结合的山洪灾害防治思路；并提出在自动监测体系方面，与国家防汛抗旱指挥系统相结合的理念；第二阶段（2013—2015 年）实施的全国山洪灾害防治项目，开展了全国山洪灾害调查评价工作，提出了自动雨量站按照水文遥测站密度标准建设，防治区建设密度达到每 50～100km² 1 个，结合防汛抗旱指挥系统建设思路，提出了省、州（市）、县（市、区）等三级山洪灾害监测预警平台建设方案、架构、基本功能和技术实现方式；提出了山洪灾害监测预警软件标准和 3 级预警流程，归纳出了小流域汇流时间内的预警指标确定方法；第三阶段（2016—2020 年），水利部印发了《全国山洪灾害防治项目实施方案（2017—2020 年）》，确定了根据经济社会变化新形势和新要求，充分利用"互联网＋"和大数据等新技术，巩固提升已建非工程措施，结合山丘区贫困县的精准扶贫工作部署，有序地推进重点山洪沟（山区河道）防洪治理试点的防治思路。2018 年 3 月 24 日中国气象局发布的《2017 年中国公共气象服务白皮书》指出，我国强化预警信息发布，国家突发事件预警信息发布系统汇集 16 个部门 76 种预警信息，22 个省级、183 个市级、683 个县级人民政府成立突发事件预警信息发布中心；发展卫星移动通信、北斗卫星、海洋广播电台等多样化预警信息发布手段，气象灾害预警发布时效由 10min 缩短到 5～8min；预警覆盖率达 85.8%，比 2016 年提高 0.8%。

在预警技术研究方面，国内对山洪灾害远期预警和临期预警的研究，根据时间、空间、地理环境等资料特性的不同，采取具有针对性的技术方法。山洪灾害远期预警研究主要有以下两种方法：①基于历史资料统计分析法：通过确定山洪灾害的发生周期和频率可以用来预测山洪灾害的发展趋势。依托该理论观点，收集预警目标处（可能发生山洪的沟道或地区）与山洪相关的历史资料，以该处发生山洪泥石流的相邻两次时间间隔之和除以该处发生山洪泥石流的总次数与 1 之差，以此数代表该处发生山洪灾害的周期和活动程度，进而对该处远期发生山洪的可能性给出预警。这种方法是否好用的关键在于所掌握历史资料的数据量、可靠性与准确性。②基于致灾机理风险分析法：基于致灾机理进行山洪灾害远期预警是一种空间预报，主要是进行山洪泥石流沟划分、风险评价和危险区划分，进而确定大的时间尺度下未来发生山洪泥石流的位置及危害程度，从而达到预警目的。

山洪灾害临期预警研究主要有以下内容：

（1）预警指标计算方法选择：山洪灾害预警指标一般包括雨量预警指标和水位预警指标。水位预警指标一般应用于流域面积较大的中小流域河道洪水预警，考虑到山丘区河道小流域汇流时间较短，预见期短等特点，自动水位监测站点较少等原因，水位预警指标还不适用于我国汇流时间较小的山丘区小流域。目前山洪灾害临期预警指标多是临界雨量预警指标，对水位预警指标的研究较少，整体来看没有形成涵盖天气系统、雨量、流量、水位等各项指标的全方位的预警指标体系，确定临界雨量预警指标的方法又可以分为基于历史数据分析和基于灾变机理分析两类。国内现有山洪灾害预警指标确定方法的发展演变主要分为三个阶段：2009—2012 年为第一阶段，各地主要采用经验法确定预警指标，该阶段的预警指标还未考虑物理机制，精度较低，属于探索阶段。2013—2015 年为第二现阶段，主要采用水位流量反推法计算雨量预警指标，但假定暴雨与洪峰流量具有相同的频率，没有考虑前期降雨条件对临界雨量值的影响；根据我国山洪灾害防治前两个阶段的工作经验和存在问题，结合目前国内外技术发展，提出了我国第三阶段（2017—2020 年）山洪灾害防治工作预警指标方法和构想：以自动监测系统、监测预警平台和水文模型为基础的实时动态预警指标分析方法；适合简易雨量站，考虑累积降雨量、前期影响雨量、雨强等因素的复合预警指标分析方法，及应用于气象预警的预警理论方法，进而建立平台预警、现地预警及气象预警等 3 种模式，以提高我国山洪灾害监测预警信息发布的精准度，实现预警指标的科学化。

（2）多源数据的利用：水位、流量、雨量等监测数据的匮乏是制约山洪预警研究的关键因素。在无资料或资料缺乏的山区小流域增加布设气象站、简易雨量站、水文监测站等是最直接有效的解决方法。除了加强传统水文气象数据的获取和利用，学者们也开始探索利用遥感卫星、雷达、低空无人机等技术获取山区小流域的基础数据，弥补常规监测项目观测密度上的不足，以及利用先进气象预报技术提高山洪临期预警的预见期。

在监测技术发展方面，《国家综合防灾减灾规划（2016—2020 年）》提出要"加强灾害监测预警与风险管理能力建设"，并作为未来五年的主要工作任务之一。经过多年的发展，中国灾害遥感数据资源日益丰富，在理论研究、技术攻关、系统研发和应用服务等方面都取得了显著进展。目前，我国卫星遥感技术正向地球整体观测和多星组网观测发展，逐步形成立体、多维、高中低分辨率结合的全球综合观测能力，《国家民用空间基础设施中长期发展规划（2015—2025 年）》显示，中国已基本建成"环境与灾害监测预报小卫星星座""风云""海洋""资源"等卫星系列，以高分系列卫星为代表的新一代新型遥感卫星正加速发展，推动着中国灾害遥感从研究应用型向业务服务型转变。"天-空-地-现场"一体化的灾害立体监测体系正逐步完善，面向山洪灾害等单灾种的灾害遥感方法研究正在向面向灾害全过程、全要素、多灾种综合和精细化定量监测评估研究方向发展。由于山洪灾害形成机制的不同，遥感在山洪灾害领域应用研究的重点为相应模型的研究，主要研究进展如下：基于遥感技术开展的山洪灾害监测主要为山洪灾害范围监测和灾害损失评估；在水体识别基础上重点开展了山洪灾害范围与历时的提取技术研发。水体识别主要基于水体的光谱特征和空间关系，在排除阴影等干扰信息基础上实现信息提取。山洪灾害损失评估重点以通过山洪灾害承灾体脆弱性模型为基础，通过输入灾害范围和历时，并与底层历史数据进行叠加分析，实现山洪灾害的损失评估。随着人类活动加剧和社会经济的持续发展，山洪灾害的特征也在不断发生变化，基于遥感技术开展山洪灾害监测与评估业务还存在一些不足，如对于暴雨性山洪灾害的监测可能会受到云层等因素的影响，难以在业务应用中正常发挥作用；另外，山洪灾害发生时间不能准确提取，同时受系统内多源数据无时间统一标准的限制，进而影响到了山洪灾害损失评估。

已建设投入使用的国家山洪灾害监测预警平台综合应用了大数据、云计算及移动互联网理念，包括高性能计算集群为核心的大数据支撑运行环境、以全国调查评价海量数据为核心的山洪灾害防御时空大数据和"一张图"、以山洪灾害监测及洪水实时模拟为核心的全国山洪灾害监测预警预报及信息服务系统。平台集成了全国涉及53万个小流域、157万个自然村、10万个监测站点的基础地理信息数据集、下垫面条件基础数据集、小流域基础属性数据集、山洪灾害调查评价成果数据库等静态数据，实时接收水文气象、山洪预警、遥感影像及山洪模拟与信息发布等动态数据，开发了基于HPC高性能集群的并行分布式水文模型与山洪风险分析业务化系统，实现全国53万个小流域30分钟或10分钟自适应的实时模拟及30万个断面洪水过程实时模拟大数据管理（郭良等，2018；陈煜等，2016）。

2.3.4 国内山洪灾害监测预警信息化的发展研究现状

山洪灾害具有突发性、预见期短、预防难度大、成因复杂及多样性等特点，针对山洪灾害进行多源异构数据分布存储与管理、实时监测数据处理与分析、预警模型库建设、动态数据驱动、多源监测数据的实时传输与多维度网络环境虚拟现实，研制基于山洪灾害诱发因素与形成机理、阈值判别预警、过程跟踪预警、时空信息的综合分析预警方法、服务流引擎技术与数据库技术的山洪灾害预警信息化系统，实现灾害信息多维可视化，以及信息的实时查询、处理与分析、动态监测曲线绘制及灾害自动预警等功能，对提升防灾减灾能力、保障人民生命财产安全是非常必要的。目前，山洪灾害监测预警信息化发展的采集层主要根据山洪预警的关键参数、环境等因素，采用低功耗、性能稳定、采集精度高的数据采集单元，如耦合投入式静压力水位传感器、雨量计、位移计、压力计、RFID等；传输层主要根据监测点分散、分布范围广等因素，采用GPRS/GSM与北斗卫星互为备份的数据传输通信方案；存储层主要根据数据完整性、安全性及时效性等因素，采用基于大数据与云技术的大数据资源中心，解决运行效率低、性能指标不达标等问题；应用层主要采用面向服务框架（SOA）的B/S与C/S多用户模式，利用WebGIS既有互联网数据传输迅捷的优点，又有地理空间信息处理和直观展示的能力，设计以GIS技术、空间数据库技术和计算机网络技术为依托的山洪灾害预警信息系统。

我国山洪灾害监测预警信息化发展已经能满足基本的山洪灾害预警需求，但仍然存在自动化、智能化水平及公共社会参与程度不高等诸多问题。如何充分利用调查评价成果，完善监测预警指标，提高预警信息质量，强化信息实时共享，特别是利用云计算、大数据、"互联网＋"等新一代信息技术，逐步建立山洪灾害防治相关数据和设备接口标准，开展各级数据同步共享系统试点探索，提高系统的监测预警能力和数据运行维护效率，是下一阶段山洪灾害非工程措施的建设任务。因此，在山洪灾害监测预警信息化现状的基础上，构建行业之间互联互通的信息交换与共享管理机制，深度融合3S技术（遥感技术、地理信息技术及卫星定位计算的现代信息技术）与深度学习神经网络技术等前沿技术，建设统一的基础地理信息数据环境、山洪灾害基础底图和地理信息服务，形成动态"一张图"，将成为该领域研究发展的趋势。

2.4 山洪灾害预警指标分析方法研究现状

张平仓等（2018）认为，当前和今后一段时期我国山洪灾害监测预警的关键问题主要包括三个方面，即山区局地暴雨预报和山洪动态模拟模型建立、山洪多要素立体监测技术体系研发、多层次多目标的山洪灾害动态预警与风险评估平台构建。本书讨论的山洪预警是基于对沿河村落、城（集）镇等分析对象附近的河沟是否会发生山洪及其影响范围和程度的判断，进而向该范围内的各个部门、相关人员等发出警示信息的行为。山洪预警需要结合山洪远期预警成果和工程防治现状，整合经济社会、地形地貌、水文气象、遥感影像等多源数据，进行预警指标分析计算，给出发生山洪风险的判断；此外，预警指标的分析计算还可以为应急预案的制定、群测群防体系的完善以及防灾会商等提供参考依据。

2.4.1　预警指标研究现状

从总体上来看，国内相关领域的科研及工程技术人员对雨量预警指标研究较多，但对预警指标体系建设的关注较少。为解决水文、气象等基础数据匮乏对山洪预警的制约，相关人员已开始重视遥感数据获取、气象数据分析等技术在山洪预警方面的应用。因此，可以把雨量预警指标的方法归纳为基于数据驱动和基于暴雨径流物理机理两大类。

2.4.1.1　基于数据驱动的预警指标确定方法

基于数据驱动型的雨量预警指标确定方法属于统计归纳方法，不关注山洪发生发展过程涉及的物理机制，在认为降雨与山洪一定有相关性的前提下，通过对历史数据进行分析推求得到雨量预警指标。陈桂亚和袁雅鸣（2005）对这类方法进行了综合介绍，主要包括实例调查法、单站临界雨量法、区域临界雨量法、雨灾同频分析法、相关性分析法，以及起辅助作用的内插法和比拟法。采用实例调查法需要统计各场灾害不同时间段和过程的降雨量，将历次灾害中各时间段和过程的最小雨量作为雨量预警指标初值，并与邻近区域进行对比分析确定出合理的雨量预警指标。当历史山洪及对应降雨资料更加充足时，还可以采用单站及区域临界雨量法进行分析。王鹤鸣等（2013）应用单站、区域临界雨量法建立了承德市山洪灾害预警模型。宾建华等（2015）利用雨灾同频分析法对乌鲁木齐市小流域山洪灾害临界雨量分区及防治区划进行了研究。段生荣（2009）在黄河流域大通河支流炭山岭典型小流域应用单站及区域临界雨量法、雨灾同频分析法、水文模型产汇流分析法进行山洪雨量预警指标的确定，并对这几种方法进行了对比分析。王仁乔等（2006）认为单站临界雨量法和雨灾同频分析法与实际情况存在差异，采用逐步订正原理，构造了一种山洪灾害临界雨量的综合计算方法，并应用于湖北省山洪灾害临界及降雨区划研究。赵然杭等（2011）结合单站临界雨量和雨灾同频分析法，提出了适用于山东省临朐县的雨量预警指标确定方法。鄢洪斌等（2005）结合判别分析法对 24 小时降水量、前 10 天累计雨量与山洪的相关性进行了分析，探求了江西省山洪灾害的临期预报模式。樊建勇（2012）等进一步探求了小时雨量与山洪灾害发生时间及小流域参数之间的关系，建立了流域面积、主沟长度和主沟比降等流域参数与对应小流域山洪雨量预警指标之间的统计模型，并利用该公式推算了江西省 1045 个小流域的山洪灾害雨量预警指标。胡娟等（2014）在分析云南省山洪地质灾害发生频次与月平均降水量、山洪地质灾害总次数与多年大雨以上强降水总日数的相关性基础上，提出了日综合雨量与山洪灾害频次的关系曲线，并以此分析得出雨量预警指标及风险等级。刘志雨和杨大文（2010）、叶金印等（2014）结合动态临界雨量的概念，利用基于最小方差准则的 W－H（widrow－hoff）算法，探究了雨量预警指标与土壤饱和度的关系。徐继维等（2017）采用水文学方法分析了在前期土壤含水量一般（湿润）和干旱两种情景下，舟曲地区三眼峪、罗家峪两个小流域不同频率洪峰流量及对应不同规模泥石流启动的降水量阈值，雨强大的单峰型短历时强降雨和雨强小持续时间长的绵绵细雨是诱发舟曲地质灾害的雨型特征。此外，李巍岳等（2017）研发了基于滑坡敏感性与降雨强度-历时的全国浅层降雨滑坡时空模拟方法，为降雨滑坡灾害预警与防治提供支撑。

比拟法、插值法是将有资料地区的临界雨量用到无资料或资料不足地区的方法，并不能单独使用，是作为其他各类方法的补充。张玉龙等（2007）采用空间变异理论，应用克里金空间插值分析法、反距离加权插值法、径向基函数插值法等对云南省山洪灾害典型区临界雨量的插值计算进行了对比分析，并利用插值法绘制了云南省雨量预警指标的等值线图。

不过，这类方法要求分析对象有较为丰富的案例数据，但在过去，山洪灾害易发区普遍比较偏远，通信条件、交通条件、经济发展水平等相对落后，且对山洪灾害防治至关重要的基础信息不注意收集，因而资料极为贫乏，且水雨情监测的站点又非常少，基本上没有有效的监测手段，人们很难及时准确地监测和记录到水雨情信息，即使个别地方有一些数据，场次也不会太多，难以达到系统统计与分析的要求，这些局限性制约了这个方法的大面积推广和应用。

2.4.1.2 基于暴雨径流机理的预警确定方法

基于暴雨径流物理机理的理论核心是根据暴雨径流物理机理及过程，以水位反推预警雨量，具体思路是从成灾水位出发，推求成灾水位对应的成灾流量，然后利用降雨与径流的因果关联性，推求导致成灾流量出现的降雨量作为预警指标。叶勇等（2008）依此思路在浙江省小流域山洪灾害临界雨量的确定中进行了水位反推雨量预警指标的探索实践。这类方法可以进一步细分为经验方法和模型方法。由于国内资料条件等因素的限制，即使是基于暴雨径流物理机理的研究也大多建立在经验方法的基础上，如雨洪同期分析方法，借助经验公式、推理公式来探求水位与雨量关系的方法等。刘媛媛等（2014）、张红萍等（2004）在假定降水与山洪呈现相同频率的前提条件下，通过计算临界流量对应的临界频率，并分析该概率的累积分布区间点，提出了可用于资料匮乏地区的临期预警雨量指标计算方法。推理公式、经验公式主要沿用自设计暴雨、设计洪水的相关公式，包括中国水利水电科学研究院水文所公式、水利电力科学研究所经验公式、公路科学研究所经验公式、地区单位线、经验单位线，以及各地方水文局总结的当地经验公式等。管珉等（2008）利用江西省1960—2000年的137次山洪数据进行雨量预警指标研究，发现推理公式法比基于数据驱动方法获得的结果稳定且误差小。谢平等（2006）对推理公式法的参数规律进行了研究，提出了确定产汇流参数的地理分布规律和暴雨参数空间分布规律的方法，提高了使用推理公式法确定雨量预警指标的准确性。

随着数据的不断充实，科技人员对数学模型研究不断深入，越来越多的科技人员开展了使用模型方法确定临期雨量预警指标的研究。这些研究或建立在水量平衡基础上，或采用水文模型、水动力学模型。江锦红等（2010）基于水量平衡方程，提出了最小临界雨量和临界雨力的概念，并构建了可用于山洪灾害临期预警的暴雨临界曲线。叶金印等（2013）提出了一种基于 API–Nash 水文模型的可用于资料短缺地区山洪预警的方法。陈瑜彬等（2015）在降雨径流 API 模型基础上进一步探讨了不同土壤含水量的动态临界雨量拟定方法。随着分布式水文模型的成熟，郭良等（2007）提出了基于分布式水文模型的山洪灾害预警预报系统研究方法。李昌志等（2015）利用分布式水文模型在涔水南支小流域进行了山洪预警临界雨量的分析实践。王鑫等（2009）构建了基于完整的二维浅水方程，采用 WAF TVD 二阶精度格式、一阶龙格库塔法的暴雨山洪水动力学数值模型计算了湖南省三甲乡的山洪雨量预警指标。文明章等（2013）、张磊等（2015）、张明达等（2016）基于 Floodarea 水动力淹没模型，探究了无资料山区小流域结合淹没模拟的山洪精细化雨量预警方法。

　　基于暴雨径流机理的预警指标确定方法侧重于从物理机制角度分析预警指标，因而需要的样本数据量较少，问题是在分析中如何尽量保证模型中各个环节的处理符合实际的物理机制。从现有的文献发现，到目前为止，云南省关于这方面的研究与实践相对较少，不过，各地的研究也可以为云南省山洪预警指标的确定提供重要参考作用。事实上，随着云南省山洪灾害调查评价成果的逐渐梳理出来，可用于预警指标分析的数据会得到大幅度夯实，并且，对云南省山丘区暴雨径流物理机制和过程的认识也在不断深入，因此，这些研究工作的思路及其成果都具有重要的参考价值。

2.4.2　云南山洪灾害调查评价预警指标

　　云南省山洪灾害调查评价是在全国山洪灾害调查评价的统一技术路线完成，预警指标的分析采用了设计暴雨洪水反推法计算预警指标，运用成灾水位反推成灾流量，设定不同的土壤含水量条件（较干、一般、较湿三种情况），运用推理公式法或水文模型法反推时段雨量，作为预警指标。具体方法是根据成灾水位，采用比降面积法、曼宁公式或水位流量关系等方法，推算出成灾水位对应的流量值；再根据各地设计暴雨洪水计算方法和典型暴雨时程分布，在反算设计洪水洪峰达到该流量值时，考虑流域土壤较干、一般、较湿等多种情景，选用经验估计、降雨分析以及模型分析等方法，计算沿河村落、集镇、城镇等防灾对象的临界雨量。水位预警指标采用上下游相应水位法或由成灾水位直接分析确定。

　　2013—2015 年，云南省对 16 个市（州）的 129 个县开展了山洪灾害调查评价工作，预警指标分析是该项工作中的重要内容之一。该项工作涉及乡镇 1397 个，行政村 14122 个，自然村 123988 个，调查确定受山洪威胁的行政村 8145 个、自然村 41246 个，其中一般防治行政村 4231 个，重点防治行政村 3914 个；一般防治自然村 29543 个、重点防治自然村 11703 个。通过调查，基本查清了山洪灾害防治区的范围、人口分布和下垫面条件。预警指标分析工作根据典型暴雨历时和流域土壤含水量较干、一般、较湿三种情景，分析了 123988 个自然村的预警指标，对这些资料进行了初步分析，得出如图 2.7 所示的云南省 1 小时、3 小时、6 小时的雨量预警指标分布图。图 2.8 所示为云南省 1 小时、6 小时的雨量预警指标与其对应时段内多年平均降雨量的对比信息。

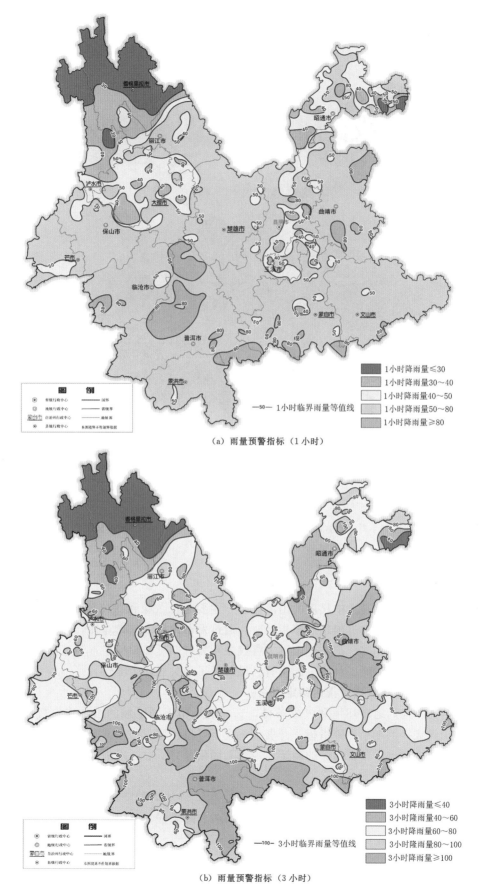

（a）雨量预警指标（1小时）

（b）雨量预警指标（3小时）

图 2.7（一）　云南省 1 小时、3 小时、6 小时雨量预警指标分布图（调查评价成果概化，单位：mm）

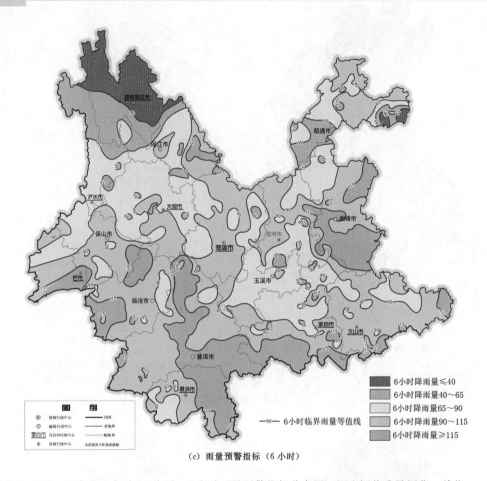

（c）雨量预警指标（6小时）

图 2.7（二）　云南省 1 小时、3 小时、6 小时雨量预警指标分布图（调查评价成果概化，单位：mm）

2.4.3　山洪气象预警指标

　　山洪灾害气象预警是大中尺度的山洪预警，主要是以气象预报降雨数据为输入条件，当气象预报数据达到或超过雨量预警指标时，通过发布预警信息，对社会公众进行有效的提示，减少人员伤亡和财产损失。山洪灾害气象预警可以延长预见期，为基层提前部署山洪灾害防御工作争取时间。目前，云南省已经开展了相关的探索工作。

2.4.3.1　山洪灾害气象预警指标确定方法

　　根据各地不同的地理环境和气象条件，选择适用于不同区域的山洪灾害气象预警模型，建立山洪灾害的气象预警指标，开展山洪灾害气象预警。可根据资料收集的程度选择简单或复杂的模型进行预警指标的确定，主要采用雨量分析法、降雨径流经验相关法和多因子叠加分析法等。

　　（1）雨量分析法。基于气象部门提供的每日未来 24 小时的降雨格点数据以及每日 14时前的 6 小时实际雨量数据，结合山洪灾害短历时、降雨强、范围小等特点，采用降雨信息确定山洪气象预报指标。

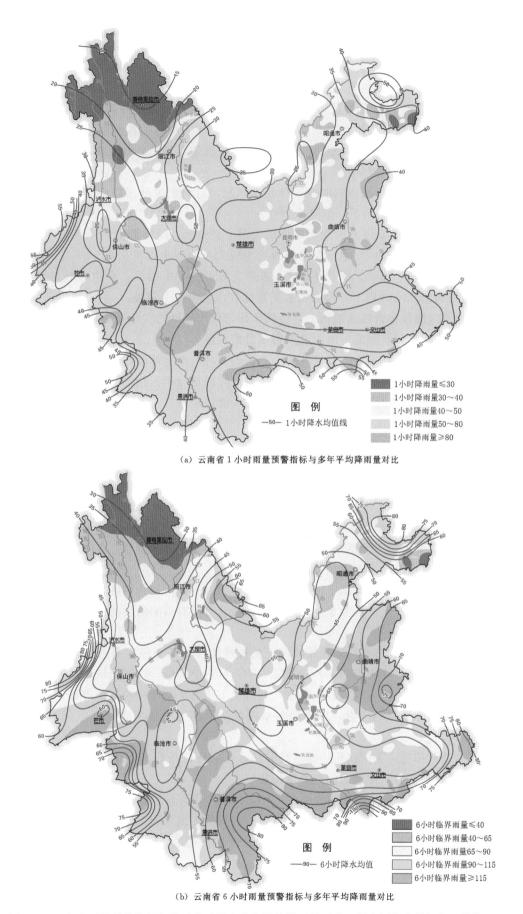

图例

—50— 1小时降水均值线

1小时降雨量≤30

1小时降雨量30~40

1小时降雨量40~50

1小时降雨量50~80

1小时降雨量≥80

(a) 云南省1小时雨量预警指标与多年平均降雨量对比

图例

—90— 6小时降水均值

6小时临界雨量≤40

6小时临界雨量40~65

6小时临界雨量65~90

6小时临界雨量90~115

6小时临界雨量≥115

(b) 云南省6小时雨量预警指标与多年平均降雨量对比

图 2.8 云南省雨量预警指标与其对应时段内多年平均降雨量对比（调查评价成果概化，单位：mm）

1) 雨量要素计算。以气象部门提供雨量信息为基础，根据水利部门的行业特点，将每日 14 时前的 6 小时实际雨量视作影响山洪最主要的前期雨量，并基于地区暴雨图集、水文手册等基础性资料，采用水文分区的方法，将未来 24 小时的预报雨量转化为与影响山洪更为密切的 3 小时或 6 小时短历时降雨信息，将前期雨量、3 小时或 6 小时短历时降雨作为影响山洪的综合降雨信息。

2) 将雨量要素与全国范围内的空间单元相匹配，得到全国范围的山洪气象预报指标基础图。

3) 预警指标拟定。以 6 小时短历时降雨为最主要指标，降雨量在 2～5 年一遇范围内的为可能发生山洪，在 5～20 年一遇范围内的为较大可能发生山洪，在 20～50 年一遇范围内的为极大可能发生山洪，大于 50 年一遇的为极可能发生山洪；在植被较好的地区，如果前期雨量达到 80mm 以上，山洪发生的可能性应上调一个等级。

4) 在山洪气象预报指标基础图上，将气象部门每天提供的实际雨量和未来 24 小时降雨信息与预警指标比较，据此得出山洪灾害预警的判据。

(2) 降雨径流经验相关法。以流域降雨产流的物理机理为基础，以前期降雨量、降雨强度、降雨历时等主要影响因素作为参变量，建立降雨量与产流量之间定量的相关经验关系，根据该经验关系，以降雨来推断山洪发生的可能性。

1) 基于分辨率为 0.1°×0.1° 空间单元数据，选择地区范围内各单元内代表性沿河村落，确定其临界水位。

2) 根据代表性村落临界水位信息，运用曼宁公式或水位流量关系等方法，计算过流能力对应的径流深。

3) 采用实测数据或者水文计算方法，考虑流域土壤含水量较少、一般、较多等典型情景，得到代表性沿河村落的降雨径流关系，并绘制成降雨径流关系图。

4) 根据气象部门每天提供的实际雨量和未来 24 小时的降雨信息，在降雨径流关系图上进行比较，据此得出山洪灾害预警的判据。

(3) 多因子叠加分析法。基于山洪灾害多个影响因子进行较为精细化的指标确定，即在考虑降雨指标的基础上，再考虑流域下垫面特征及沿河村落的防洪能力指标，综合后作为山洪气象预报指标。

1) 下垫面类型指标考虑：以流域坡度、植被覆盖等特征为最主要指标进行。将流域坡度和植被作为两个维度的指标，各分为高、中、低三个等级，根据流域坡度、植被覆盖三个等级的分布情况，采用等级分块方法，划分出下垫面类型指标的三个等级。

2) 村落防洪能力指标考虑：以沿河村落现状防洪能力为最主要指标，分为高、中、低三个等级进行。

3) 预警指标拟定：采用权重法或等级分块法，将降雨指标、下垫面类型指标以及村落防洪能力指标处理后，得到山洪气象预报指标。

权重法要求选择影响山洪灾害发生的因子，编制单个评价因子图；根据专家经验，对每个因子的影响大小赋予适当的权重，最后进行加权叠加或求和，形成山洪灾害预警区划图。该方法的关键是选取评价因子并给出恰当的权重。采用不同方法改进权重确定方法可提高精确度。

等级分块法首先将两个维度指标均划分为三个等级，依次为高、中和低；接着，以两个维度指标为坐标，建立二维坐标系，结合求得的阈值划分出九种两个维度指标等级各不相同的洪灾危险性分块，每个分块代表着研究区内一种山洪灾害发生的可能性大小及危险程度。

4）将气象部门每天提供的实际雨量和未来 24 小时降雨信息与预警指标比较，据此得出山洪灾害预警的判据。

2.4.3.2　云南省山洪灾害气象预警指标确定方法

2015 年水利部与中国气象局签订了联合发布山洪灾害气象预警备忘录，拟共同加强山洪灾害气象预警工作。2016 年 6 月 13 日云南省正式启动山洪灾害气象预警业务，成为全国第一个开展山洪灾害气象预警的省份，7 月 28 日在云南电视台首次发布。云南省山洪灾害气象预警发布，扩大了预警范围，极大地提高了社会公众对山洪灾害防御工作的关注度，同时，山洪灾害气象预警与已建涵盖全省的山洪灾害监测预警系统和群测群防措施联合发挥作用，形成点面结合的格局，全面提升了云南省山洪灾害的防御水平。

云南省山洪灾害气象预警指标确定方法主要采用雨量信息法，基于云南省气象局提供的每日 24 小时 0.05×0.05 的降雨格点数据，以及每日 14 时的前 6 小时实际雨量数据，同时考虑暴雨分布、下垫面条件、人口分布及社会经济条件，确定山洪灾害气象预警指标，建立气象预警模型，发布预警信息。

将云南省气象局每日 14 时前 6 小时实际雨量视作影响山洪最主要的前期雨量，并基于地区暴雨图集、水文手册等基础性资料，采用各水文分区的方法，将未来 24 小时的预报雨量转化为与影响山洪更为密切的 6 小时短历时降雨信息，将前期雨量和 6 小时短历时降雨作为影响山洪的综合降雨信息。根据云南省的暴雨特征，以 6 小时短历时降雨为最主要指标，降雨量在 2～5 年一遇范围内的为可能发生山洪，在 5～20 年一遇范围内的为较大可能发生山洪，在 20～50 年一遇范围内的为极大可能发生山洪，大于 50 年一遇的为极可能发生山洪。将云南省气象局每天提供的实际雨量和未来 24 小时降雨信息与预警指标比较，据此得出山洪灾害预警的判据。

2.5　本章小结

本章从地理位置及地形地貌，地质、土壤与植被，气象水文，河流水系，以及社会经济方面，简述了云南省山洪灾害的孕灾环境。介绍了云南省各州（市）山洪灾害基本情况，并列举了有人员伤亡的历史山洪灾害，把历史山洪灾害展布在地图上，与云南省的地形地貌图等对比，分析山洪灾害的分布特征。结合云南省山洪灾害调查评价成果，分析了可供山洪预警指标分析与预警平台系统信息化的数据。

通过系统总结国内外山洪灾害监测预警及预警指标分析的发展现状，为云南省山洪灾害相关研究工作提供方向。

从已有成果分析得知，云南省现有山洪预警指标是基于微观和宏观层面确定的。微观层面主要针对小流域和沿河村落，基本上是运用《云南省暴雨洪水查算实用手册》等提供的方法，并基于实践经验，粗略计算得到；宏观层面的气象预警，则是根据较大区域的降雨及下垫面情况，进行更为粗略的分析计算获得。实际上，县及乡镇是山洪灾害监测预警工作中非常重要的基层单元，现有方法要么太过于依赖经验，要么太过于复杂，针对基层技术人员操作性的方法较为欠缺，分析和推荐适用于基层技术人员的预警指标确定方法，也正是本书要探讨的内容之一。此外，针对云南省山洪灾害监测预警的实际情况，如何获得一套系统、实用的预警指标及阈值分析方法，也是本书研究的重点。

第3章

云南山洪灾害防治区划及调查评价成果分析

3.1 山洪灾害防治区划

3.1.1 降水区划

降雨是触发山洪灾害最主要的外因。降水区划着重从降雨的角度对分析区域进行区划，目的是为山洪灾害提供基础资料，同时为山洪灾害重点防治区和一般防治区提供支撑。根据 2003 年水利部等联合制定的《全国山洪灾害防治规划降雨区划技术细则》要求，对整个云南省境内的水文站基本情况和降水观测资料进行了调查统计分析。分析区面积较大，观测站点稀少，因此所有不同长短系列的水文资料全部选用。一共收集到分析区内共计 368 个站点的降水量观测资料进行分析统计。

（1）年平均降水量分布。云南省的西部、南部和东部分布有三个年降水量大于 1600mm 的多雨区，即西部独龙江一带至怒江出境口、苍山、哀牢山、澜沧江戛旧以下区域，南部李仙江、元江下段、盘龙河和右江下段，东部云贵交界的黄泥河流域（但受云南地形地势影响，其间的部分河谷坝区和山脉背风坡为中雨区）。而年降水量低于 800mm 的少雨区则主要分布于北部金沙江及其支流的沿江干热河谷、中部元江-红河及其支流绿汁江河谷、南盘江异龙湖-蒙开个坝区。其余为年降水量在 800～1600mm 的中雨区。这些多、中、少雨区的范围内，当发生强降雨和暴雨、大暴雨时，易发生山溪洪水，地质条件较差的地方极易发生滑坡和泥石流。

（2）暴雨资料收集分析。收集了最新编制的云南省暴雨统计参数等值线图，规划区域内的山洪灾害多发期雨量站历年降雨资料，对山洪灾害多发期历年不同时段（24 小时、12 小时、6 小时、3 小时、60 分钟、30 分钟、10 分钟等）最大降雨量的特征值、均值及降雨过程进行了统计分析，对应查询到历次山洪灾害，收集对应的区域内降水过程的逐时降水资料，统计过程总雨量及逐时段降雨（10 分钟、30 分钟、1 小时、3 小时、6 小时、24 小时等）最大降雨量，并由此推求出临界雨量。

（3）临界雨量的推求。一个流域或区域的临界雨量（强）是指在该流域或区域内，降水量达到或超过某一量级或强度时，该流域或区域发生溪河洪水、泥石流、滑坡等山洪灾害时的降雨量或降雨强度。临界雨量是进行降雨区划时要考虑的一个重要技术指标，更是山洪灾害预报预警的重要依据。

　　由于云南省山洪灾害的历史资料不够详细，暴雨资料及灾害调查资料十分有限，且能与有短历时降雨资料记录对应的场次就更少，在进行溪河洪水、滑坡、泥石流三种灾害的临界雨量推求时，采用合并分析计算。考虑到规划区内的雨量站点稀少，临界雨量分析计算难度大，因此在计算临界雨量时，首先要确定典型区域。先对资料条件较好的地区划分典型区进行临界雨量推求（临界雨量计算方法详见细则），以单站临界雨量法进行分析计算，再综合多站临界雨量以求出该典型区的临界雨量。对于无资料的区域（或流域）采用类比法进行综合分析，确定该区域（或流域）的临界雨量。

　　依据收集到的资料，考虑雨量站点分布和山洪灾害发生地点的对应情况来确定典型区。云南省山洪灾害场次资料统计是一般是按县级行政区划分的，典型区按对应雨量站点分布较好的情况选取了 50 个县（市、区），典型区各历时临界雨量成果参见表 3.1。根据这些典型区的临界雨量成果按大纲要求综合分析推求绘制全省各个时段及过程临界雨量分布图，详见云南省图 3.1～图 3.5。

表 3.1　　　　　　　　　　　典型区各历时临界雨量值　　　　　　　　　单位：mm

地州名	典型县（市、区）	10分钟	30分钟	1小时	3小时	6小时	12小时	24小时	过程总量
楚雄	楚雄			10～20	20～30	25～40	35～55	55～75	60～90
	元谋			10～20	20～30	25～40	35～55	50～70	60～90
德宏	盈江		10～20	15～25	20～35	25～40	35～55	45～65	60～100
	陇川			15～25	25～35	30～45	40～60	55～75	75～105
丽江	华坪			15～25	20～30	25～40	35～55	45～65	55～85
	丽江			10～20	20～30	25～40	35～55	45～65	50～80
	宁蒗			15～25	25～35	35～50	45～65	50～70	
	永胜			10～20	20～30	25～40	35～55	50～70	60～90
怒江	六库	5～10	10～20	10～25	20～35	25～40	35～55	40～60	50～90
	贡山			10～20	20～35	25～40	35～55	40～60	50～90
	兰坪			10～20	20～35	25～40	35～55	40～60	50～90
曲靖	曲靖			10～20	20～30	30～45	40～60	50～70	0～90
	宣威		10～20	20～30	30～40	40～55	45～65	55～75	65～90
文山	马关			10～20	20～35	30～45	45～65	55～75	70～90
	文山			10～20	20～30	25～40	35～50	50～70	60～100
	丘北			15～25	20～35	30～45	45～65	50～70	60～90
	富宁		10～20	20～30	35～45	45～60	50～70	60～80	70～100
昆明	安宁				25～35	30～45	35～55	50～70	70～100
	富民			15～25	20～35	25～40	30～50	40～60	60～90
	昆明			10～25	15～30	25～40	25～40	35～55	50～80
	寻甸		10～20	10～20	15～30	20～35	30～45	40～60	60～90
	石林			15～25	25～40	40～55	50～70	60～80	65～90

地州名	典型县（市、区）	10分钟	30分钟	1小时	3小时	6小时	12小时	24小时	过程总量
临沧	凤庆			10～20	20～35	25～40	40～60	45～65	60～90
	耿马			10～20	15～30	30～45	50～70	60～80	70～100
思茅	普洱			10～25	15～30	25～40	40～55	50～70	50～90
	勐连（CH）			10～25	20～35	25～45	40～60		60～90
	景东			10～20	20～30	25～40	30～50	40～60	65～1058
	景谷			10～20	20～30	25～40	35～55	50～70	60～90
红河	金平			15～25	25～40	30～45	35～55	50～70	60～90
	绿春			15～25	20～35	35～50	45～65	50～70	60～90
	蒙自			15～25	20～35	30～45	45～65	50～70	60～90
	泸西			15～25	20～35	35～50	45～65	50～70	60～90
保山	保山			10～20	20～30	30～45	40～60	50～70	60～90
	龙陵			10～20	20～30	30～45	40～60	50～70	65～95
	腾冲			10～20	20～30	30～45	40～60	50～70	60～90
昭通	威信			18～35	30～45	40～60	50～70	60～85	
	绥江			15～30	25～45	30～50	40～60	60～80	60～90
	盐津			15～30	25～40	40～60	50～70	65～85	80～140
	彝良		10～20	15～30	25～40	30～45	40～60	50～70	80～100
	昭通、鲁甸			10～20	15～30	20～40	25～45	35～50	50～90
版纳	景洪			15～25	20～35	30～45	40～55	50～70	
	勐腊			15～25	25～40	35～50	40～55	50～70	70～100
	勐海			15～25	20～35	25～40	30～45	50～60	60～90
迪庆	中甸			10～20	20～35	25～40	35～55	45～65	50～80
	维西			10～20	15～25	25～40	30～50	40～60	45～80
大理	永平			15～25	20～30	30～40	40～60	45～65	55～85
	宾川			15～25	20～30	30～40	35～55	40～60	55～85
	洱源			10～20	20～30	30～40	40～60	50～70	60～90
玉溪	玉溪			10～20	25～35	30～45	40～60	50～70	60～90
	峨山			15～25	25～35	35～50	45～65	50～80	60～90

3.1.2　降水区划的原则及方法

按照 2003 年《全国山洪灾害防治规划技术大纲》要求，应依据各时段临界雨量和各频率区域降雨量面设计值进行降雨区划。由于区划是通过临界雨量与各频率设计面雨量比较确定，按 5％、10％、20％三个设计频率对云南省来讲有不尽合理的地方，加之全省的山洪灾害资料不全，无资料地区的临界雨量只能近似移用，即使是临近地区其地形地质条件差异较大，局地小气候多样，单纯依据临界雨量值和各频率设计面雨量来确定降雨区划

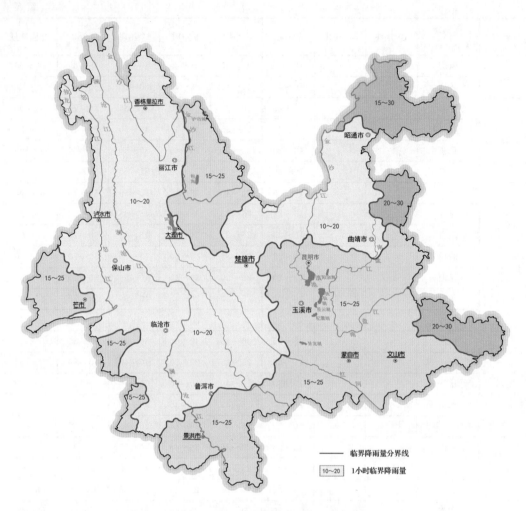

图 3.1　云南省 1 小时临界雨量分布示意图

存在很大的弊端，还应综合考虑年降水量、短历时降雨强度、气象条件等多种因素，再按《山洪灾害防治区划补充细则》的方法进行降水区划。

　　因此，须根据年降水量和能够反映山洪灾害降雨分布特征的时段年最大降雨量均值、24 小时暴雨均值进行一级、二级降雨区划，采用目前获得的临界雨量进行三级降雨区划。

　　（1）根据年降水量大小确定一级分区。结合云南省各站多年平均降水量或多年平均降水量等值线图，将全省的多年平均年降水量按大小划分为三个级别的类型区：

　　Ⅰ类区：年降水量高值区，多年平均年降水量不小于 1600mm。

　　Ⅱ类区：年降水量中值区，1600mm 大于多年平均年降水量不小于 800mm。

　　Ⅲ类区：年降水量低值区，多年平均年降水量小于 800mm。

　　（2）以 24 小时最大降雨量均值大小确定二级分区。根据能够反映山洪灾害降雨分布特征的 24 小时最大降雨量均值分布情况以及该时段的年最大降雨量等值线图，结合降雨

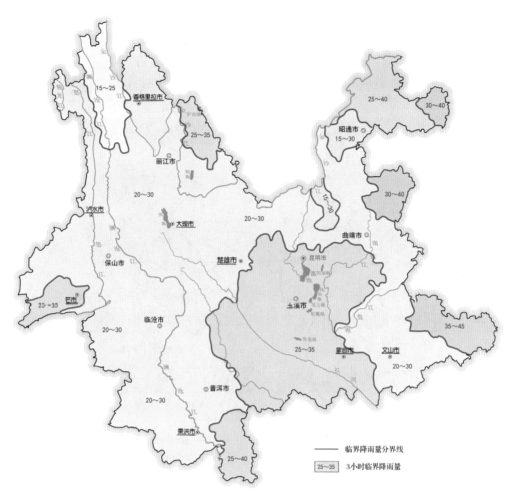

图 3.2 云南省 3 小时临界雨量分布示意图（单位：mm）

洪水特性，二级区划分为三个级别类型区：

Ⅰ类区：多降雨区，24 小时降水量不小于 100mm。

Ⅱ类区：中降雨区，24 小时降水量不小于 60mm，小于 100mm。

Ⅲ类区：低降雨区，24 小时降水量小于 60mm。

（3）根据临界雨量系数大小确定三级分区。

Ⅰ类区：$k \geqslant 3$，为山洪灾害高易发降雨区。

Ⅱ类区：$3 > k \geqslant 2$，为山洪灾害中易发降雨区。

Ⅲ类区：$k < 2$，为山洪灾害低易发降雨区。

其中，k 为时段临界雨量系数，计算公式为

$$k_t = \frac{\overline{H_{\Delta t}}}{h_{ct}} \tag{3.1}$$

式中：$\overline{H_{\Delta t}}$ 为 Δt 时段年最大降雨量多年均值；h_{ct} 为时段长为 Δt 的临界雨量；k_t 为时段为 Δt 的临界雨量系数。

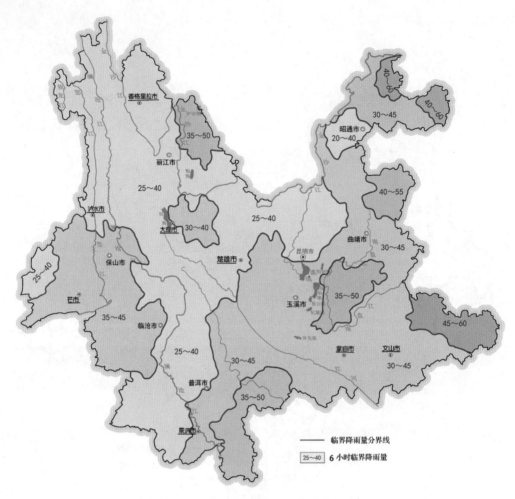

图 3.3　云南省 6 小时临界雨量分布示意图

总的临界雨量系数为 $k = \max(k_1, k_2, \cdots, k_t)$，即在不同时段临界雨量系数中取最大值。

3.1.3　降水区划成果

云南省的降雨区划成果详见图 3.6。根据降雨区划图可以看出，云南省内的东北部、中部、西南大部分地区为山洪灾害高易发区，西部、昆明以南、玉溪东部以及红河、文山、西双版纳南部为山洪灾害中易发区，西北大部、大理中部、宣威市为山洪灾害低易发区。

3.1.4　地形地质区划

地形地质条件是形成山洪灾害的基本因素。根据云南省内部分县（市、区）的地质灾害调查结果，参考全省地质灾害遥感解译资料，按不同地区典型性灾点密度差别，结合各地区的地形坡度、浅部岩土体软弱程度以及活动性断裂、各类地质结构面的影响，并考虑

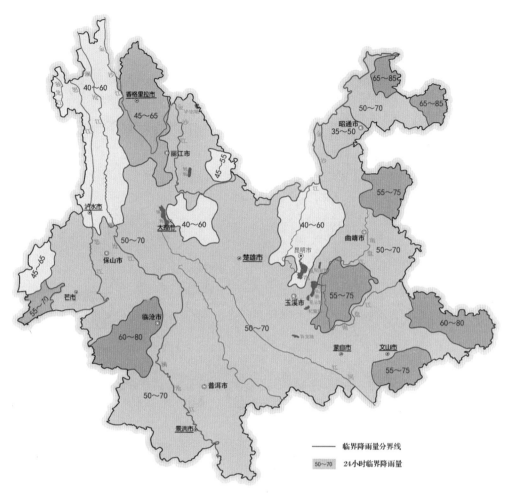

图 3.4 云南省 24 小时临界雨量分布示意图

集中性降雨、地震等诱发性因素，进行综合性对照类比，从而确定出全省高、中、低三级相对易发性分区的各区段实际范围。

3.1.4.1 不以小流域为单元进行的地形地质区划

根据云南省内部分县（市、区）的地质灾害调查结果，参考全省地质灾害遥感解译资料，根据不同地区典型性灾点密度差别，按表 3.2 的标准进行分级，结合各类地区的地形坡度、浅部岩土体软弱程度以及活动性断裂、各类地质结构面的影响，并考虑集中性降雨、地震等诱发性因素，进行综合性对照类比。

根据上述地形地质因素的划分标准，云南省山洪诱发的泥石流及滑坡高、中、低发区划分成果如下：

山洪诱发的泥石流高发区涉及 54 个县（市、区），共有泥石流沟 1208 条，面积 169134.93 km²；山洪诱发的泥石流中发区涉及 59 个县（市、区），共有泥石流沟 250 条，面积 141244.19 km²；山洪诱发的泥石流低发区涉及 20 个县（市、区），共有泥石流沟 18 条，面积 72829.4km²。

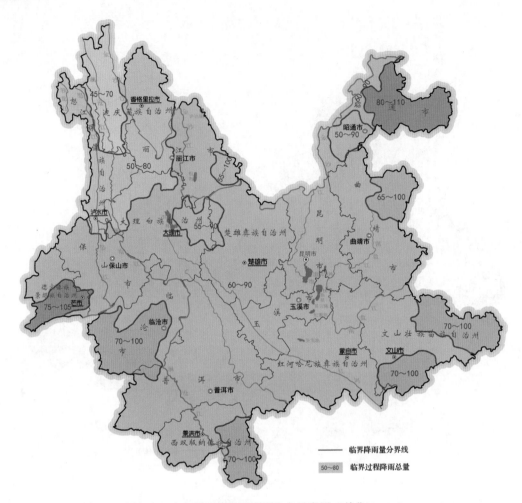

图 3.5　云南省过程临界雨量分布示意图（单位：mm）

表 3.2　　　　　　　　　　　　　　地质灾害易发性分级表

地质灾害易发性分级	典型性泥石流灾点密度/(条/万 km²)	敏感地形坡度区占比/%		典型性滑坡灾点密度/(个/万 km²)	敏感地形坡度区占比/%	
		>25°区	<10°区		>25°区	<10°区
高发区	>0.5	>20	<25	>1	>20	<25
中发区	0.1~0.5	5~20	25~45	0.2~1	5~20	25~50
低发区	<0.1	<5	>45	<0.2	<5	>50

　　山洪诱发的滑坡高发区涉及 53 个县（市、区），共有滑坡 2143 个，滑坡面积合计 173325.82km²；山洪诱发的滑坡中发区涉及 31 个县（市、区），共有滑坡 379 个，滑坡面积合计 144196.56km²；山洪诱发的滑坡低发区涉及 50 个县（市、区），共有滑坡 44 个，滑坡面积合计 65707.67km²。

3.1.4.2　以小流域为单元进行的地形地质区划

　　（1）划分标准（表 3.3）。

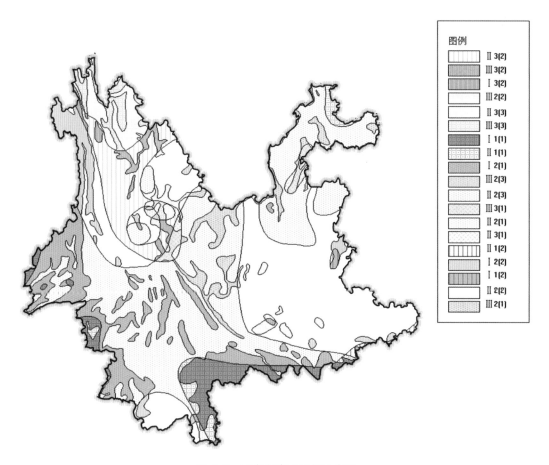

图 3.6　云南省降雨区划示意图

1) 山洪诱发的泥石流、滑坡高易发区：具备发生山洪诱发的泥石流、滑坡的地形地质条件，可能成灾点很多（平均泥石流沟大于 0.008 条/km²、或滑坡体个数与防治区面积之比大于 0.015 个/km²），或滑坡体规模大（滑坡体面积与防治区面积之比为大于 1200m²/km²，滑坡体体积与防治区面积之比大于 20000m³/km² 的滑坡）的区域。

2) 山洪诱发的泥石流、滑坡中易发区：具备发生山洪诱发的泥石流、滑坡的地形地质条件，可能成灾点较多（平均泥石流沟达 0.002~0.008 条/km²、或滑坡体个数与防治区面积之比为 0.001~0.015 个/km²），或滑坡体规模较大（滑坡体面积与防治区面积之比为 500~1200m²/km²，滑坡体体积与防治区面积之比为 5000~20000m³/km² 的滑坡）的区域。

3) 山洪诱发的泥石流、滑坡低易发区：具备发生山洪诱发的泥石流、滑坡的地形地质条件，可能成灾点较少（平均泥石流沟小于 0.002 条/km²、或滑坡体个数与防治区面积之比小于 0.001 个/km²），或滑坡体规模较小（滑坡体面积与防治区面积之比小于 500m²/km²，滑坡体体积与防治区面积之比小于 5000m³/km² 的滑坡）的区域。

表 3.3　　　　　　　　　　　泥石流、滑坡易发程度分区标准表

分区	判别指标				
	溪河洪水 /(次/km²)	泥石流 /(条/km²)	滑坡		
			数量 /(个/km²)	面积 /(m²/km²)	体积 (m³/km²)
高发区	>0.015	>0.008	>0.015	>1200	>20000
中发区	0.003~0.015	0.002~0.008	0.001~0.015	500~1200	5000~20000
低发区	<0.003	<0.002	<0.001	<500	<5000

（2）划分成果。根据上述划分标准，云南省山洪诱发的泥石流及滑坡高、中、低发区划分成果如下：

1）山洪诱发的泥石流高发区涉及 95 个县（市、区），648 个小流域，共有泥石流沟 1299 条，小流域面积 55317.21km²；山洪诱发的泥石流中发区涉及 71 个县（市、区），170 个小流域，共有泥石流沟 177 条，小流域面积 32668.4km²；山洪诱发的泥石流低发区涉及 126 个县（市、区），2860 个小流域无泥石流沟，小流域面积 284607.4 km²。

2）山洪诱发的滑坡高发区涉及 81 个县（市、区），569 个小流域，小流域面积合计 55029.04 km²，共有滑坡 2123 个，滑坡面积合计 1.93 亿 m²，滑坡体合计 20.9 亿 m³；山洪诱发的滑坡中发区涉及 108 个县（市、区），356 个小流域，小流域面积合计 56042.18 km²，共有滑坡 443 个，滑坡面积合计 773 万 m²，滑坡体积合计 7170 万 m³；山洪诱发的滑坡低发区涉及 126 个县（市、区），2753 个小流域，小流域面积合计 261521.77 km²，无滑坡。

3.1.5　滑坡泥石流区划

3.1.5.1　滑坡、泥石流活动特征

云南是中国滑坡、泥石流灾害最严重的省份之一，它具有类型多样、分布广、成灾快、成灾重、暴发频繁等特点，其中暴雨是绝大多数滑坡泥石流发生必不可少的水动力条件。云南属低纬度高原季风气候，受亚热带山地、高原、太平洋和印度洋两股夏季风影响，降水季节性变化显著，雨季降水量占了全年降水量的 75%～80%，且主要集中在 7—9 月。受降水的影响，7—9 月也是滑坡、泥石流活动的高峰期。尤其在 7 月滑坡、泥石流活动最频繁，8 月次之，9 月逐渐减少。同时，泥石流活动规律还与当地多夜雨有密切关系，因此夜间或凌晨暴发泥石流的频率较高（唐川等，2003）。

唐川等（2003）认为，滑坡、泥石流活动的周期性主要取决于激发雨量和松散固体物质补给速度。周期短的泥石流沟每年暴发数十次泥石流；周期长的泥石流沟数十年甚至百年才暴发 1 次泥石流。按暴发频率又可把泥石流沟分为三类：高频率泥石流沟、中频率泥石流沟和低频率泥石流沟。凡 5 年内暴发 1 次以上泥石流的泥石流沟属高频率；5～30 年内暴发 1 次的泥石流沟属中频率；大于 30 年才暴发 1 次的泥石流沟属低频率。泥石流暴发的周期越长，当地人民的防治意识往往就越淡薄，一旦泥石流暴发将会酿成重大灾害。

此外，滑坡在泥石流分布区十分活跃，特大型滑坡一次的侵蚀量可达数千万立方米，

造成的灾害强度是相当大的。

3.1.5.2 滑坡、泥石流发生的临界指标

降雨量是暴雨滑坡、泥石流发生的直接诱发和激发因素，其发生的临界雨量指标，是预测的关键条件。乔建平（1997）提出了区域滑坡的月、日、时触发雨量临界指标范围，参见表3.4。显然，区域滑坡发生的数量及其灾害的严重性，是与雨量临界指标值的大小成正相关的。谭万沛（1989）提出了中国暴雨泥石流分区的临界雨量阈值，参见表3.5，从表3.5中可看出，区域泥石流发生临界雨量指标值的大小随地区的不同而有很大差异，甚至相差1~2个量级。

表3.4　　　　　　　　　　　　　　区域滑坡触发雨量临界指标

分级	时雨量 /(mm/h)	日雨量 /(mm/d)	月雨量 /(mm/月)	触发滑坡方式
Ⅰ	60~80	150~200	300~350	大量滑坡发生，大区域极严重灾害
Ⅱ	40~60	100~150	250~300	较多滑坡发生，小区域极严重灾害
Ⅲ	20~40	50~100	150~250	一定数量滑坡发生，小范围严重灾害
Ⅳ	10~20	40~50	100~150	少量滑坡发生，局部较严重灾害
Ⅴ		30~40	50~100	单个滑坡发生，个别严重灾害
Ⅵ		<30	<50	很少触发滑坡

表3.5　　　　　　　　　　　　　中国暴雨泥石流区的临界雨量阈值

主区	副区	24小时雨量/mm	1小时雨量/mm
Ⅰ₁华南江淮区	华南南岭、武夷山、台湾、海南副区；湘赣雪峰山、幕阜山副区；鄂东皖南大别山、武当山副区	200~300	≥60
		150~300	≥50
		100~300	≥50
Ⅰ₂华北东北区	鲁东泰山、崂山副区；冀北晋东、七老图山、太行山副区	200~300	≥60
		100~300	≥50
		200~300	≥50
		200~300	≥40
		100~300	≥40
Ⅰ₃西南区	滇东、贵州大娄山副区；川东、陕南大巴山、秦岭副区；滇西南高黎贡山、哀牢山副区；滇北、川西横断山、陇南岷山副区；藏东、川西北念青唐古拉山、沙鲁里山副区；藏中冈底斯山副区；晋中五台山、中条山副区	100~300	≥50
		100~300	≥40
		50~200	≥30
		35~200	≥30
		30~100	≥25
		25~50	≥20

续表

主区	副　区	24 小时雨量/mm	1 小时雨量/mm
I₄西北区	晋西、陕北吕梁山、火焰山副区； 陇东、陕中、宁南六盘山副区；宁夏贺兰山副区； 陇中屈吴山副区； 陇西、青海东祁连山西倾山副区； 新疆天山山脉副区	100～300	≥50
		100～300	≥40
		100～300	≥30
		100～300	≥30
		50～200	≥30
		25～200	≥20
		25～50	≥20

（引自唐川等，2003）

从上述分析可以看出，滑坡、泥石流发生的临界雨量指标概念还不是十分严格，由于区域划分范围大小不同，其临界雨量指标值也有不同。根据这一理论，唐川等（2003）在云南省区域地形坡度分区的基础上，结合地质环境差异性，并利用以往的研究成果和实例资料，将滑坡、泥石流现象结合在一起进行了分析，确定云南省区域滑坡、泥石流发生的降雨临界指标综合分析分区，见表 3.6。

表 3.6　　　　　　　　　云南滑坡泥石流区域临界雨量指标综合分级表

分级	雨　　量					
	Ⅰ	Ⅱ	Ⅲ	Ⅳ	Ⅴ	Ⅵ
①	60～80	50～70				
②	80～100	70～100	80～100	80～100	80～100	
③	>100	100～150	100～150	100～150	100～150	100～150
④		>150		>150	>200	150～200

（引自唐川等，2003）

3.2　云南省山洪防治项目建设工作进展

2010 年 7 月 21 日，国务院常务会议决定"加快山洪灾害防治规划，加强监测系统建设，建立基层防御组织体系，提高山洪灾害防御能力"。2010 年 10 月，国家防汛抗旱总指标部办公室决定全面启动全国山洪灾害防治县级非工程措施建设项目，计划在三年内初步建成覆盖全国山洪灾害防治区的非工程措施体系，全面提高山洪灾害防御能力，有效减轻人员伤亡，尤其是有效避免群死群伤事件的发生。云南省通过系统分析研究山洪灾害发生的原因、特点和规律，确定了全省山洪灾害的分布范围，根据山洪灾害的严重程度，划分了重点防治区和一般防治区，并对全省山洪灾害影响范围内自然和社会基本情况、人口分布情况、山洪灾害类型、历史山洪灾害情况、受山洪灾害威胁的人口及主要基础设施分布情况、山洪灾害防治现状等情况进行调查，确定威胁范围和程度。

2013 年 9 月，全国启动了新一轮山洪灾害防治项目建设，根据《全国山洪灾害防治项目实施方案（2013—2015 年）》，山洪灾害防治项目二期也全面展开，包括山洪灾害调查评价、山洪灾害非工程措施完善、重点山洪沟治理等。2013 年，依据《全国山洪灾害防治项目实施方案（2013—2015 年）》和《省级山洪灾害防治项目实施方案（2013—2015 年）编制大纲》，云南省于 2013 年 8 月完成了《云南省山洪灾害防治项目实施方案（2013—2015 年）》的编制，明确了本省的总体建设目标、任务、建设内容和投资概算等。在云南省省级实施方案基础上，根据 2013 年度、2014 年度、2015 年度下达的年度中央补助资金、建设任务和工作技术要求，分别完成了云南省 2013 年度、2014 年度、2015 年度山洪灾害防治项目实施方案。

2016 年依据水利部办公厅文件《水利部办公厅关于下达 2016 年度山洪灾害防治项目建设任务的通知》（办汛〔2015〕224 号），云南省防办安排部署了《云南省 2016 年度山洪灾害防治项目实施方案》的编制工作，明确了全省 2016 年度山洪灾害防治工作的建设任务。

2017 年 11 月，水利部印发了《全国山洪灾害防治项目实施方案（2017—2020 年）》。云南省水利厅和财政厅按照水利部的要求及时安排部署，依据《全国山洪灾害防治项目实施方案（2017—2020 年）》和前期工作方案和技术等要求，结合云南省实际和前期工作基础，于 2017 年 6 月完成了《云南省 2017 年度山洪灾害防治项目实施方案》的编制，项目涉及全省 129 个县，主要建设内容包括对非工程措施补充完善和补充调查评价。

云南省山洪灾害防治项目主要建设内容如下：

（1）县级非工程措施项目建设（2010—2012 年）。云南省自 2010 年开展山洪灾害防治县级非工程措施项目建设以来，至 2012 年已在全省建成 129 个县级预警平台，16 个州市预警平台，云南省级预警平台，自动雨量站 2277 个，自动水位站（含雨量观测）719 个，视频（图像）监测站数量 69 个，共享水文测站 1669 个，共享气象站点 935 个，简易雨量站 19468 个，简易水位站 588 个；无线预警广播（Ⅰ型）站 5746 个，无线预警广播（Ⅱ型）（主站 279 个，从站 1426 个），手摇报警器 20312 个，其他预警设备 20136 套；印制宣传册 187.14 万册，安放警示牌 18972 块、宣传栏 11081 个，发放宣传光碟 25.8 万张、明白卡 439 万张，在 129 个县各进行两次培训、演练。具体建设情况见表 3.7。

（2）云南省山洪灾害防治项目（2013—2018 年）（主要是对前期非工程措施的补充完善）。2013 年度山洪灾害防治项目的实施内容为：①在云南省 18 个县开展山洪灾害调查评价的试点工作，试点范围覆盖了全省 16 个地（州、市）；②建设省级和 16 个地（州、市）级监测预警信息管理及共享系统的软硬件和网络通道，实现监测预警信息的有效管理和各级监测预警平台的互联互通、信息共享。开展 129 个县级计算机网络及会商系统完善，实现与省级、地（州、市）级防汛计算机网络和视频会商系统的互联互通。自此，省、市、县三级的信息传输和交流互动平台已基本构建完成；③在 16 个地（州、市）建立图像（视频）监测系统，在 42 个县建设图像站 142 个，视频站 136 个。完成 64 个县的预警设施设备，建设简易雨量（报警）器 4778 套，简易水位站 2510 处，配置无线预警广播 4648 套、手摇警报器 8308 套、锣和高频口哨 15736 套。对调查评价的 18 个县进行预案完善，在全省 129 个县持续开展群测群防体系建设，印制宣传册 44.84 万册，安放警示牌 5959 块、宣传栏 3145 个，发放宣传光碟 68319 张、明白卡 54.85 万张，培训 25800 人，在 129 个县各进行三次演练；④开展了江川县九溪河、施甸县官市河、宣威市文兴河等三条重点山洪沟防洪治理。

2014 年度山洪灾害防治项目的实施内容为：①在云南省 70 个县开展山洪灾害调查评价的工作，审核、汇集、共享剩余 10 个州市的调查评价数据，配置相应的软硬件。②进行 70 个县的县级预警能力升级和平台软件完善。③在 22 个县建设图像站 81 个，视频站 59 个。完成 25 个县的预警设施设备，建设简易雨量（报警）器 2826 套，简易水位站 83 处，配置无线预警广播Ⅰ型 901 套，无线预警广播Ⅱ型主站 71 个，无线预警广播Ⅱ型从站 128 个，手摇警报器 3304 套、锣和高频口哨 4133 套。对调查评价的 70 个县进行预案完善，在全省 129 个县持续开展群测群防体系建设，印制宣传册 44.84 万册，安放警示牌 5959 块、宣传栏 3154 个，发放宣传光碟 68319 张、明白卡 54.85 万张，培训 25800 人，在 129 个县各进行三次演练。④开展大关县高桥河、富宁县各甫河、漾濞县乌龟河、会泽县五星河等四条重点山洪沟防洪治理。

2015 年度山洪灾害防治项目的实施内容为：①在云南省开展剩余 41 个县的山洪灾害调查评价工作；②在 59 个县建设图像站 94 个，视频站 59 个；③完成 38 个县的预警设施设备，建设无线预警广播Ⅰ型 667 套、无线预警广播Ⅱ型主站 41 个，无线预警广播Ⅱ型从站 85 个，简易雨量（报警）器 950 套，手摇警报器 1182 套、锣和高频口哨 3179 套、简易水位站 130 处；④对调查评价的 41 个县进行预案完善，在全省 129 个县持续开展群测群防体系建设，印制宣传册 120.66 万册，安放警示牌 6679 块、宣传栏 4955 个，发放宣传光碟 65521 张、明白卡 116.69 万张，培训 25800 人，在 129 个县各进行三次演练；⑤开展华坪县柳溪河、金平县勐拉红岩河、腾冲县荃麻箐河、祥云县新村河、云县晓街河、滇中产业新区甘龙河、镇雄县刘家河等七条重点山洪沟防洪治理。

2016 年度山洪灾害防治项目的实施内容为：①在山洪灾害防治区持续、规范地组织开展山洪灾害群测群防体系建设；②对镇雄县、华坪县预警指标进行检验和复核，提高预警指标精准度；③省级组织专业单位开展山洪灾害防治项目总结评估；④对受洪灾的华坪县县级监测预警平台和监测预警设备进行更换和维修；⑤选择文山壮族苗族自治州西畴县莲花乡开展县级平台延伸至乡镇建设。

2017 年度山洪灾害防治项目的实施内容为：①在云南省 83 个县调整自动雨量站 34 个，新增建设自动雨量站 126 个，调整自动水位站 2 个，新增建设自动水位（雨量）站 28 个；在云南省 73 个县补充新建图像监测点 28 个，视频监测点 89 个；②在云南省 129 县进行预警设备实施建设，新建无线预警广播Ⅰ型 577 个，完善无线预警广播Ⅱ型主站 22 个，新建无线预警广播Ⅱ型从站 74 个，新建简易雨量（报警）器 532 个，新建简易水位站 60 个，配备手摇报警器 1215 个；新建学校监测预警系统 153 套，新建重点景区监测预警系统 16 套；③对云南省 57 个县进行县级监测预警平台巩固；对云南省 111 县 236 个乡镇进行县级监测预警平台延伸；④开展 16 个地（州、市）322 个沿河村落补充调查评价工作；开展 12 县（市、区）预警指标检验和复核；⑤在 129 个县开展宣传、培训、演练工作，共计新建警示牌 685 块，宣传栏 591 块，明白卡 27.64 万张，宣传手册 12.56 万册，宣传读本 129000 本，光盘、录音带 37758 个，培训 12900 人（每县 100 人），演练 258 场次（每县 2 场次）；⑥在保山市隆阳区开展山洪灾害防治项目示范县建设。

2018 年度山洪灾害防治项目的实施内容为：①在 66 个县新增建设自动雨量站 91 个，

新增建设自动水位（雨量）站44个；在41个县补充新建图像监测点21个，视频监测点61个；②在云南省129县进行预警设备实施建设，新建无线预警广播Ⅰ型196个，完善无线预警广播Ⅱ型主站47个，新建无线预警广播Ⅱ型从站78个，新建简易雨量（报警）器205个，新建简易水位站38个，配备手摇报警器291个；新建重点景区监测预警系统20套；③在云南省129县每县配置应急救援工具1套，共计129套；④对云南省22个县进行县级监测预警平台巩固；对云南省49县75个乡镇进行县级监测预警平台延伸；⑤开展5个县（市、区）预警指标检验和复核；⑥在129个县开展宣传、培训、演练工作，共计新建警示牌466块，宣传栏370块，明白卡11.41万张，宣传手册4.67万册，宣传读本64500本，光盘、录音带12042个，培训19350人（每县150人），演练129场次（每县1场次）；⑦在红河州弥勒市开展山洪灾害防治项目示范县建设，在鲁甸县水磨河、永胜县小箐河、双江县忙糯河、蒙自市北溪河、永仁县支那河、梁河县芒东小河、镇沅县南涧河、广南县甲坝沟和昌宁县比此凹河开展9条重点山洪沟防洪治理。

具体建设情况见表3.7。

表3.7 **云南省山洪灾害防治项目日前期建设情况表**

年份	（1）2010—2018年 新建监测站点					
	自动雨量站/个	自动水位站/个	简易雨量站/个	简易水位站/个	图像站/个	视频站/个
2010—2012	2277	719	19468	588		69
2013			4778	2510	142	136
2014	221	213	2826	83	81	59
2015	170	224	950	130	94	59
2016		2	46			
2017	126	28	532	60	28	89
2018	91	44	205	38	21	61
合计	2885	1230	28805	3409	366	473

年份	（2）2010—2018年 新建预警系统					
	无线预警广播（Ⅰ型）/个	无线预警广播（Ⅱ型）主站/个	无线预警广播（Ⅱ型）从站/个	手摇报警器/个	锣和高频口哨/套	
2010—2012	5746	279	1426	20312	20136	
2013	3735	250	663	8308	15736	
2014	901	71	128	3304	4133	
2015	667	41	85	1182	3179	
2016	18					
2017	577	22	74	1215	0	
2018	196	47	78	291	0	
合计	11840	710	2454	34612	43184	0

续表

(3) 2010—2018 年宣传工作					
年份	警示牌/块	宣传栏/个	光碟/万张	宣传手册/万册	明白卡/万张	县级平台延伸至乡镇/个
2010—2012	18972	11081	25.8	187.14	439	
2013	5959	3145	6.76	41.1	54.87	
2014	5959	3154	6.81	44.6	54.85	2
2015	6679	4955	6.48	105.32	116.49	530
2016	1026	2145		9.43	6.57	1
2017	685	591	3.78	12.56	27.64	236
2018	466	370	1.2	4.67	11.41	75
合计	39746	25441	50.83	404.82	710.83	844

3.2.1　项目建设成就

截至 2018 年年底，累计完成项目投资 19.6 亿元，其中中央财政补助资金 14.1 亿元，地方建设资金 5.44 亿元，为云南省水利史上投资最大的非工程项目。近年来的山洪灾害防治项目建设主要在以下几个方面取得显著成效。

(1) 基本建成各级监测预警平台。通过 2010—2018 年项目实施，建设完成云南省 129 个县的山洪灾害监测预警平台、16 个州（市）的山洪灾害监测预警信息管理系统，实现防汛抗旱指挥系统网络互联互通和监测预警信息的实时共享，实现了自动监测、实时监视、动态分析、统计查询、在线预警等功能，有效提高了山丘区暴雨山洪的监测预警水平，提高了预警信息发布的时效性、针对性、准确性，大幅减少了人员转移的难度和成本。

(2) 初步构建山洪灾害监测网络。建设完成自动雨量站 2885 个，自动水位站 1230 个，基本建成了山洪灾害防治区的监测网络，实现了对暴雨、山洪的及时准确监测，初步构建了云南省山洪灾害防御缺乏监测手段和设施的问题。

(3) 基本建成基层预警系统。构建山洪灾害防治技术体系，采取"因地制宜、土洋结合、互为补充"的原则，在山洪灾害防治县、乡、村配备简易雨量报警器 28805 个，简易水位监测站 3409 个，无线预警广播（Ⅰ型）11840 个，手摇警报器 34612 个，铜锣、号和口哨等简易报警设备 43184 套。初步实现了多途径、及时有效发布预警信息，解决了预警信息发布"最后一公里"问题。

(4) 完善了基层群测群防体系。编制修订完善了县、乡、村山洪灾害防御预案 33059 件，制作警示牌 39746 块、宣传栏 25441 块，发放明白卡 710.83 万张，组织演练 1290 次。增强了基层干部群众的防灾减灾意识，提高了防灾自救和互救能力。

(5) 全面开展山洪灾害调查评价。基本完成云南省山洪灾害调查评价任务，调查自然村数 124070 个，调查确定山洪灾害防治区自然村总数 41249 个，其中，一般防治区自然村总数 29480 个，重点防治区自然村总数 11769 个；调查危险区数 43899 处；调查山洪灾害自动监测站 5013 个，简易雨量站 20082 个，无线预警广播 10897 个；调查历时山洪灾害 4076 次，历史洪水 387 场；调查桥梁 7826 座，路涵 3206 座，塘（堰）坝 1838 座；测量河道断面 12098 组；提交多媒体文件 702236 个，10 个站点的实测水文数据。分析评价沿河村落数 11840 个，暴雨洪水分析小流域 7915 个，预警指标 18787 组，绘制危险区示意图 10038 幅。评价了防治区重点沿河村落的防洪现状，具体划定了山洪灾害危险区、明确转移路线和临时避险点，更加合理地确定了预警指标和阈值。

（6）开展重点山洪沟防洪治理。目前已完成 23 条重点山洪沟防洪治理，保护了 57 个行政村，240 个自然村，保护人口 12.83 万人，初步构建非工程措施与工程措施相结合的山洪灾害防治体系。

3.2.2　存在问题

近年通过山洪灾害防治项目的实施，取得了明显的社会效益，人民防灾避险意识增强，多地成功避险，但由于云南省山洪灾害威胁范围广，不确定性强，加之云南地处边疆，经济文化和基础设施较为落后，山洪灾害威胁仍然较大，目前还存在以下问题。

（1）监控预警设施设备覆盖不全。因投资原因，部分县区监控预警设施设备没有完全覆盖危险区的学校、景区、重要的小型水利设施、重要部位未设置视频图像站，无法实时监控山洪灾害的发展情况和人员转移避险情况。

（2）预警指标亟须检验和复核。2013—2016 年，在全省 129 个县开展了大规模的山洪灾害调查评价工作，完成了山洪灾害防治区 12.4 万个重点沿河村落的分析评价工作，对雨量和水位预警指标进行了具体的分析计算。但在分析评价中个预警指标主要是根据现场调查的成灾水位综合各因素确定的，属于理论成果，尚未根据新发生洪水的实际情况进行检验和复核。随着站点资料的累积，可逐步开展预警指标的检验和复核工作，根据实际降水、洪水资料对原有预警指标进行率定和复核，对复核后不合理的预警指标进行校正。

（3）监测预警设备损坏、老化。已建的县级非工程措施项目运行至今已有 5~8 年，由于前期建设的预警设备运行年限较长，加之云南省气候条件复杂、昼夜温差大、河道泥沙含量大，大部分监测站点在运行过程中因泥沙淤积、植物生长遮挡、漂浮物等导致监测值存在较大偏差，通信设备、监测设备、供电设备等均有不同程度的损毁和老化，站点信息无法实时准确地传送到县平台，预警信息不能及时播报，对山洪灾害发生时的决策和指挥造成了影响；县级、州级平台缺乏数据备份设备，一旦服务器损坏，历年数据容易丢失。因此，需要对县级监测、预警站点进行补充和完善，对已损坏和老化的设备进行更新替换，以满足站点的正常使用。

（4）预警和服务社会能力有待提升，社会公众信息平台联动未形成，山洪预警系统对公众的社会化服务能力不够。山洪灾害预警平台虽已部分延伸至乡镇，但覆盖面仍然不够，现场反馈能力不足。还有许多灾害区域内的学校、医院、景区等公共场合和人员聚集区未设置监测预警设施设备，山洪灾害防御能力相对不足。利用社会公众平台进行更广范围的预警覆盖联动尚未全面铺开。

（5）群测群防力度不够。山洪灾害防治项目已开展了七年，虽然已形成了群测群防的预案体系，但还是存在覆盖到县乡村组户的组织体系和纵向到底、横向到边的预案体系不健全，如预案可操作性不高、针对性不强、照抄照搬问题突出；各县制作的宣传栏、警示牌和明白卡格式没有完全统一，有些少数民族聚居区没有完全结合少数民族的文化、语言和文字进行综合考虑；各县开展了山洪灾害防治相关的培训，也取得了一定的效果，但因乡村群众的文化水平较其他省份要低，造成了宣传培训难度较大、加之培训时间较短等条件的限制，群测群防还有较大的提升空间。

（6）防汛体系亟待完善。山洪灾害防治项目的建设重点在县、乡，开展县级平台延伸至乡镇的工作非常有必要。乡距离村更近，通过平台延伸可更早掌握灾害情况，针对灾害情况采取相应的应急措施，使抢险救灾更及时、更有效。云南省地处中国西南，有 129 个县，约 1300 个乡镇处于山洪灾害危险区，由于云南省地形山高谷深，交通不便，县级平台延伸至乡镇对于信息传输非常重要，截至 2018 年年底，云南省县级平台延伸至 844 个乡镇，急需完成其余县级平台向乡镇延伸工作。

（7）许多重点山洪沟亟待治理。在 2013—2018 年的山洪灾害防治项目建设中，完成了 23 条重点山洪沟防洪治理，保护了 57 个行政村，240 个自然村，保护人口 12.83 万人，初步构建非工程措施与工程措施相结合的山洪灾害防治体系。但云南省属典型的以山地为主的低纬度高原山区省份，大部分村落沿河分布，溪河直接威胁城镇、集中居民点、重要基础设施等的安全，且难以实施搬迁避让。根据前期实施规划，云南省 129 个县有约 123 条重点山洪沟，前期仅开展了 23 条山洪沟治理，因此为实现山洪沟与山洪灾害监测预警系统和群测群防体系相结合，形成重点山洪沟所在小流域相对完善的山洪灾害防治体系，急需完成其余山洪沟治理工作。

3.3 山洪灾害调查成果

3.3.1 山洪灾害调查评价工作概况

近十多年来，云南省全面、系统地深入开展了山洪灾害防治规划、山洪灾害县级非工程措施项目建设、山洪灾害调查评价项目等相关工作，全省已基本建成山洪灾害综合防治体系。2013—2015 年度实施的山洪灾害调查评价项目，基本查清了山洪灾害防治区的范围、人员分布、社会经济和历史山洪灾害情况，具体划定了山洪灾害危险区，明确了转移路线和临时避险点等，为山洪灾害预警创造了条件。

云南省山洪灾害调查评价工作分 2013 年、2014 年、2015 年三个年度在全省的 129 个县（市、区）实施，分为山洪灾害调查和分析评价两部分。山洪灾害调查以县级行政区为单位、以小流域为单元，内业、外业调查相结合，采用资料收集、信息核对、现场调查、填表、标绘、拍照、测量等方法，以自然村为最小单位开展现场调查。编制行政区划代码，标绘行政村、自然村、企事业单位位置和居民区范围，调查人口、户数、房屋数，分类调查居民家庭财产和房屋类型；调查历史山洪灾害和历史洪水情况，划定村落的防治类型和危险区，确定成灾水位，标绘转移路线和临时安置点；调查主要监测预警设施设备情况，标绘具体位置；调查影响村落防洪安全的涉水工程情况，现场标绘拍照；调查需防洪工程治理的山洪沟情况；采用统一坐标系和高程系测量沿河村落所在河道断面和居民宅基高程；收集小流域设计暴雨洪水资料及实测水文资料。经过全省上下的共同努力，云南省累计调查了行政村 14183 个，自然村 123748 个；调查确定山洪灾害防治区行政村 8512 个，防治区自然村 41249 个（其中一般防治自然村 29480 个，重点防治区自然村 11769 个），人口 1495.6 万人，危险区 43899 个；完成了 4076 个历史山洪灾害点调查，387 个不同小流域的历史洪水调查；调查塘（堰）坝工程 1838 座、路涵工程 3206 座、桥梁工程 7826 座；初步确定需要治理的山洪沟有 2599 条；完成 12098 组沿河村落沟道断面测量；完成 129 套县级山洪灾害调查报告、山洪灾害分析评价报告、历史洪水调查报告、数据审核汇集报告等的编制工作。

山洪灾害分析评价的对象为重点沿河村落，以小流域为单元计算标准历时的典型频率设计暴雨洪水；通过计算控制断面的水位-流量-人口关系，分析沿河村落的现状防洪能力；分析成灾水位，计算临界流量和临界雨量；根据临界雨量和预警响应时间，综合确定准备转移和立即转移预警指标；利用历史洪水资料进行预警指标的合理性分析；绘制危险区图。全省共分析了 11518 个分析评价对象的小流域设计暴雨、控制断面设计洪水、现状防洪能力；计算了 11518 个控制断面的水位-流量-人口关系、临界雨量、预警指标；绘制了 10038 张危险区分布图。

云南省山洪灾害调查评价的丰富成果主要包括覆盖云南全省的山洪灾害防治数据，反映了云南省高原山地区水文气象特性、小流域下垫面水文特征、小流域暴雨山洪特性及历史山洪灾害、社会经济及危险区人口分布、人类活动影响等山洪灾害防治密切相关的基础、关键信息，可以为山洪灾害防御提供信息支撑。总体而言，所获得的基础信息可以从行政管理和流域两个角度进行梳理。

（1）行政管理角度：主要是指从行政管理角度出发对于山洪灾害防御所需的基础信息，侧重于数据成果的统计与汇总方面的管理，包括以下 8 个方面：

1）各级行政区内沿河村落、城（集）镇、企事业单位等防御分析对象的数量、名称、人口及其空间分布情况。

2）各级行政区内的危险区分布，各危险区内沿河村落、城（集）镇、企事业单位等防御分析对象的数量、名称、人口及其分布情况。

3）各级行政区内沿河村落、城（集）镇等防御分析对象的现状防洪能力。

4）各级行政区内山洪灾害监测预警设施的种类、数量、地点、运行状况。

5）各级行政区内历史山洪灾害发生的地点、规模及其损失情况。

6）各级行政区内可能对山洪产生影响的涉水工程种类、数量及分布情况。

7）各级行政区内沿河村落、城（集）镇、企事业单位等防御分析对象的山洪灾害预警指标。

8）各级行政区内沿河村落居民户的户数、家庭资产大致情况等。

（2）流域角度：关注沿河村落、城（集）镇、企事业单位等防御分析对象分布的小流域信息，偏重于自然属性，用于山洪的分析计算以及现状防洪能力评估、临界雨量、临界水位分析进而确定预警指标等，各类信息主要包括以下 12 个方面：

1）小流域的几何特征，如流域面积、形状。

2）小流域的地形特征，如坡面坡度、相对高差，影响暴雨洪水过程的产汇流。

3）小流域的河道/沟道特征：如河道长度、河道密度、坡度、卡口、展宽等。

4）小流域所在地区的短历时、强降雨的暴雨特征。

5）小流域的洪水特征。

6）沿河村落、城（集）镇等防御分析对象附近河道/沟道的河道地形，如纵断面、横断面、糙率等。

7）可能对山洪产生影响的涉水工程种类、数量及分布情况，如小型水库、塘坝、闸门、桥梁、涵洞等。

8）小流域的土地利用情况，影响暴雨洪水过程的产汇流。

9）小流域的植被覆盖情况，影响暴雨洪水过程的产汇流。

10）小流域的土壤质地，如土壤下渗能力等，影响暴雨洪水过程的产汇流。

11）小流域的历史洪水信息，如洪痕、淹没范围等，提供重要的山洪影响信息。

12）沿河村落的人口沿高程分布情况等。

云南省在调查评价中已初步获得了沿河村落、城（集）镇、企事业单位等防御分析对象的现状防洪能力计算、临界雨量、临界水位等信息，尤其是获得了小流域典型频率下标准历时及自定历时的暴雨特性（如 1 小时、3 小时、6 小时等短历时强降雨特性）以及设计洪水特性（不同频率设计洪水洪峰及其洪峰模数等），图 3.7 给出了云南省历史山洪灾

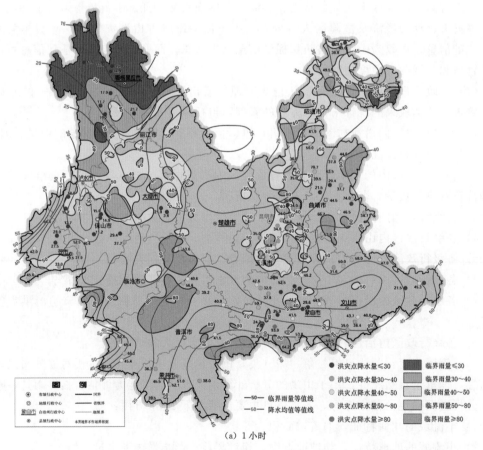

（a）1 小时

图 3.7（一）　云南省历史山洪灾害事件中短历时降雨与分析计算预警指标及多年平均降水量的对比关系

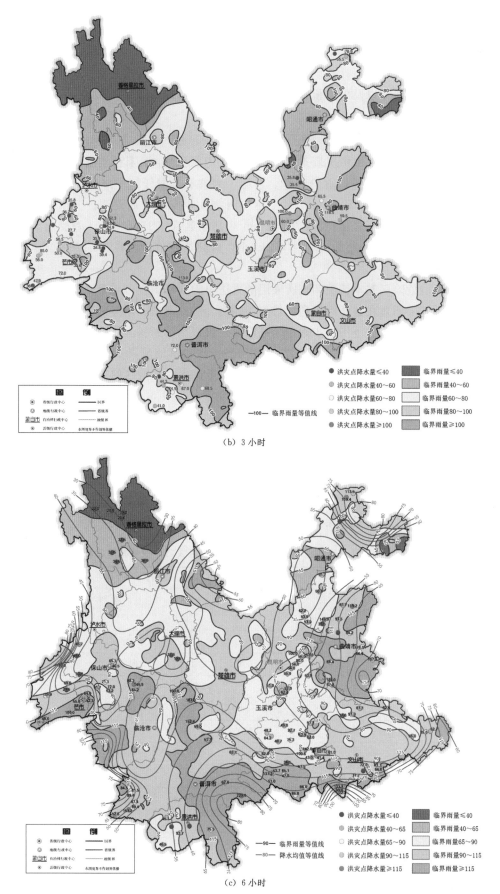

（b）3小时

（c）6小时

图 3.7（二） 云南省历史山洪灾害事件中短历时降雨与分析计算预警指标及多年平均降水量的对比关系

害事件中短历时降雨与分析计算预警指标及多年平均降雨量的对比关系。这为后期的山洪灾害预警指标分析研究以及山洪预警信息化建设提供了基础条件。

3.3.2 基本情况统计汇总

云南省开展防治区基本情况调查所采用的方法为现场调查,具体实施情况是在村里熟悉情况的工作人员带领下进行逐户调查、询问,力求不遗漏任何一户受山洪威胁的家庭户。通过 2013—2015 年对 129 个县(市、区)开展山洪灾害的调查评价工作,核实得到云南省的山洪灾害防治区总面积为 27.7 万 km²,防治区人口 1655.9 万人;受山洪威胁的行政村 8512 个,受山洪威胁的自然村 41249 个,威胁严重的沿河村落 11769 个(长江水利委员会水文局,2018)。

云南省开展危险区基本情况调查所采用的方法也为现场调查,对受威胁的住户所在的危险区进行详查。通过在各防治区现场目测、问询、洪痕调查、档案资料查阅,将调查到的历史最高洪水位的淹没范围初步确定为危险区,再根据沿河村落住户的分布情况,结合河道控制断面测量,采用 GNSS RTK 法,测得各沿河村落的成灾水位。经统计危险区的基本情况,核实得到云南省山洪灾害共有 43865 个危险区,危险区内总人口数约 306.2 万人,总户数约 73.4 万户,总房屋 76.5 万座,详细情况见表 3.8、图 3.8(长江水利委员会水文局,2018)。

在云南省防治区内共调查了 5682 家企事业单位,对云南省防治区内受威胁的常住人口超过 10 人的企事业单位现场标注洪痕、测量成灾水位。经调查,昆明市、保山市、昭通市、普洱市、大理白族自治州等地受山洪灾害威胁的企事业单位分布较多,特别是在这些受威胁企事业单位中,学校、医院人口分布最为密集,且有众多自我保护能力较差的老弱妇孺,在洪水发生时需重点保护。

表 3.8 云南省行政区、企事业单位、防治区及危险区人口户数分布情况表

州、市名称	行政区划代码	行政区总人口/人	企事业单位/个	防治区		危险区	
				总人口/万人	总户数/户	危险区/个	总人数/万人
全省合计	530000	4656.3	5682	1655.9	6243016	43865	3062267
昆明市	530100	622.2	601	207.5	635110	3025	182540
曲靖市	530300	622.9	339	126.4	335751	2443	192810
玉溪市	530400	209.7	50	72.5	216521	2025	166409
保山市	530500	257.2	559	169.2	1069183	2802	214903
昭通市	530600	593.3	445	172.8	425858	6334	544401
丽江市	530700	115.8	138	50.0	227531	1730	181686
普洱市	530800	262.3	449	74.6	489406	3760	290255
临沧市	530900	232.3	264	130.0	331877	1804	83689
楚雄州	532300	265.0	326	93.4	263376	2862	112788

续表

州、市名称	行政区划代码	行政区总人口/人	企事业单位/个	防治区		危险区	
				总人口/万人	总户数/户	危险区/个	总人数/万人
红河州	532500	454.2	713	139.2	1036104	3303	283057
文山州	532600	344.6	317	96.0	207858	3359	248760
西双版纳州	532800	97.8	346	48.6	113458	668	49948
大理州	532900	360.0	637	172.5	484539	5346	247788
德宏州	533100	127.5	294	56.0	281949	1712	174447
怒江州	533300	53.1	108	29.0	81421	1531	46534
迪庆州	533400	38.2	96	18.2	43074	1161	42252

（引自长江水利委员会水文局，2018）

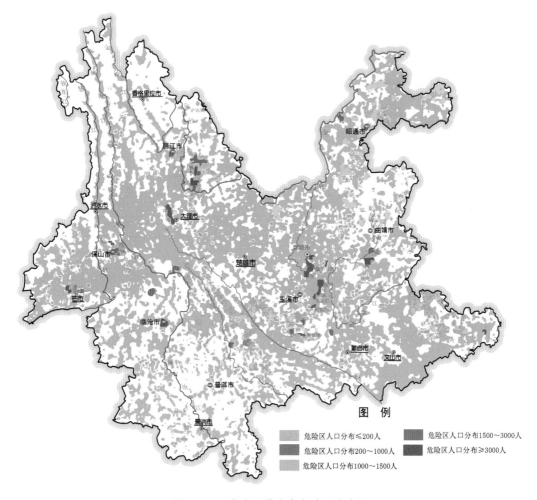

图 3.8 云南省山洪灾害危险区分布图
（引自长江水利委员会水文局，2018）

3.3.3　历史山洪灾害及山洪沟防洪治理的调查成果

根据云南省各县（市、区）的山洪灾害分析评价要求，在全省各县（市、区）完成的2013—2015 年度山洪灾害防治项目实施方案的基础上，结合当地的实际情况，对沿河村落、重要集镇受山洪灾害区域，按照《水文调查规范》（SL 196—1997）、《水文测量规范》（SL 58—2014）等有关规定，对 1949 年新中国成立以来发生的山洪灾害事件进行了历史洪水和山洪沟防洪治理的访问、现场调查。

经调查，云南全省自 1949 年以来共发生山洪灾害 4018 次，造成 8425 人死亡，565 人失踪，摧毁房屋 30.4 万间，直接经济损失约 225.6 亿元；全省需治理的山洪沟共计 2598 条，影响的行政村有 2445 个，影响的自然村有 6698 个，影响的人口 224.4 万人，影响的耕地198.4 万亩，影响的公共设施 8270 座，见表 3.9。

表 3.9　　　　　　　云南省历史山洪灾害及需治理山洪沟洪水调查成果表

州、市名称	行政区划代码	历史山洪灾害		需治理山洪沟洪水		
		发生次数	死亡人数	山洪沟/条	发生次数	死亡/失踪人数
全省合计	530000	4018	8425	2598	5203	565
昆明市	530100	282	754	282	418	135
曲靖市	530300	625	454	238	614	11
玉溪市	530400	410	124	133	300	8
保山市	530500	316	288	304	1513（存疑）	117
昭通市	530600	235	4424	91	364	57
丽江市	530700	80	66	217	286	63
普洱市	530800	268	503	172	243	7
临沧市	530900	183	197	98	34	13
楚雄州	532300	527	191	104	138	26
红河州	532500	247	340	180	203	23
文山州	532600	108	157	236	75	3
西双版纳州	532800	52	20	53	44	不详
大理州	532900	284	271	205	408	88
德宏州	533100	122	229	118	244	不详
怒江州	533300	198	191	45	99	9
迪庆州	533400	81	216	122	220	5

（引自长江水利委员会水文局，2018）

3.3.4　山洪灾害监测预警设施调查成果

自 2012 年开展山洪灾害防治项目非工程措施以来，云南省已完成了三期非工程措施建设，根据下达的资金和目标任务，三期非工程措施建设项目已基本完成，监测预警设施也基本安装到位，详见表 3.10。

表 3.10 云南省监测预警设施分布情况汇总表

州、市名称	行政区划代码	自动监测站			无线预警广播/个	简易雨量站/个	简易水位站/个
		水文站/个	水位站/个	雨量站/个			
全省合计	530000	540	605	3762	10876	20080	1384
昆明市	530100	86	60	456	992	1827	101
曲靖市	530300	48	54	360	605	1103	44
玉溪市	530400	64	28	177	519	1192	49
保山市	530500	16	19	130	987	1747	387
昭通市	530600	19	38	215	1012	1628	232
丽江市	530700	8	35	210	502	1122	55
普洱市	530800	31	37	306	755	1951	128
临沧市	530900	22	50	278	590	1187	30
楚雄州	532300	40	40	309	830	1297	74
红河州	532500	56	79	290	727	1571	71
文山州	532600	60	49	190	913	1415	52
西双版纳州	532800	13	7	57	366	155	16
大理州	532900	52	49	440	980	1990	44
德宏州	533100	11	36	130	542	1058	58
怒江州	533300	10	18	116	403	498	25
迪庆州	533400	4	6	98	153	339	18

3.3.5 涉水工程调查成果

针对云南省境内的水库、水闸、堤防等水利工程，根据《山洪灾害调查技术要求》等指导性文件，复核了云南省在全国水利普查中有关水利工程的调查表格，调查与山洪灾害防治密切相关的工程。具体调查成果见表 3.11。

表 3.11 云南省涉水工程调查成果汇总表

州、市名称	行政区划代码	塘坝/座	涵洞/个	桥梁/座	水库/座	水闸/座	堤防/段
全省合计	530000	1845	3207	7722	5660	1554	1386
昆明市	530100	257	1049	660	818	230	63
曲靖市	530300	193	158	891	708	224	188
玉溪市	530400	231	254	381	503	120	171
保山市	530500	161	153	402	301	56	180
昭通市	530600	35	208	438	165	86	107
丽江市	530700	42	48	438	92	81	35
普洱市	530800	90	121	387	286	30	73
临沧市	530900	43	77	306	241	18	104

续表

州、市名称	行政区划代码	塘坝/座	涵洞/个	桥梁/座	水库/座	水闸/座	堤防/段
楚雄州	532300	171	305	711	1086	312	58
红河州	532500	158	139	394	474	162	77
文山州	532600	224	56	539	156	50	50
西双版纳州	532800	25	98	370	190	22	7
大理州	532900	149	400	1224	549	129	209
德宏州	533100	56	47	218	65	27	45
怒江州	533300	4	47	219	21	4	10
迪庆州	533400	6	47	144	5	3	9

（引自长江水利委员会水文局，2018）

3.3.6　沿河村落、城集镇调查成果

在危险区调查的基础上进行沿河村落、城集镇现场更详细的调查。经调查发现：云南省内的山洪灾害防治区沿河村落调查户数 177366 户，人口 843093 人，住房面积 3210.1 万 m^2。其中各州（市）沿河村落人口分布比例如图 3.9 所示。从图 3.9 中可以看出，大理、昭通、曲靖、昆明等州（市）的沿河村落人口分布较多，它们各自占该州（市）总人口的 10%～12.8%；怒江、迪庆、普洱、丽江等州（市）的沿河村落人口分布较少，它们各自仅占该州（市）总人口的 1.5%～3.8%。

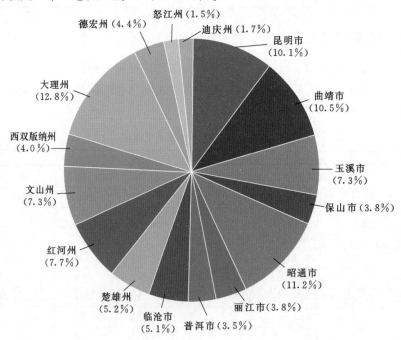

图 3.9　云南省各州（市）沿河村落人口分布比例图
（引自长江水利委员会水文局，2018；数据存在四舍五入误差）

3.3.7　滑坡泥石流调查成果

在国家"九五"期间，唐川（2003）开展了云南省滑坡、泥石流灾害的调查分析工作，查明全省范围滑坡、泥石流灾害点有 5039 个，分布密度为 13.17 个/1000km²，其中滑坡灾害点 2018 处，大、中、小型滑坡分别为 285 处、1079 处、654 处；泥石流沟 2496 条，大、中、小型泥石流沟分别为 361 条、1236 条、899 条；崩塌 525 处，其中大型崩塌 144 处、中型崩塌 202 处、小型崩塌 179 处。上述还不包括未构成危害或威胁的灾害点和约 10 万处较小规模的滑坡和坡面泥石流。这些滑坡、泥石流灾害点在各州（市）的分布情况见表 3.12。

表 3.12　　　　　　云南省各地州滑坡泥石流灾害点分布情况表

州、市名称	面积/km²	泥石流/处					滑坡/处					崩塌/处					总灾害点/处	
		总数	大型	中型	小型	分布密度	总数	大型	中型	小型	分布密度	总数	大型	中型	小型	分布密度	灾害总数	分布密度
迪庆州	23155	227	23	118	86	9.80	38	6	25	7	1.64	73	62	10	1	3.15	338	14.60
昭通市	22445	151	10	127	14	6.73	191	24	134	33	8.51	121	16	47	58	5.39	463	20.63
怒江州	14556	251	67	128	56	17.24	74	10	48	16	5.08	5	0	0	5	0.34	330	22.67
丽江市	20530	235	22	112	101	11.45	63	24	31	8	3.07	44	22	11	11	2.14	342	16.66
曲靖市	28901	47	5	19	23	1.63	67	8	31	28	2.32	43	1	27	15	1.49	157	5.43
大理州	28282	487	105	243	139	17.22	241	15	132	94	8.52	33	0	15	18	1.17	761	26.91
昆明市	20964	108	24	52	32	5.15	86	15	45	26	4.10	72	11	35	26	3.43	266	12.69
楚雄州	28365	160	12	103	45	5.64	346	76	166	104	12.20	32	12	6	14	1.13	538	18.97
保山市	18990	131	24	50	57	6.9	95	16	25	54	5.00	9	2	1	6	0.47	235	12.37
德宏州	11115	190	19	94	77	17.09	104	20	56	28	9.36	0	0	0	0	0.00	294	26.45
临沧市	23564	167	31	82	54	7.09	144	9	99	36	6.11	44	10	31	3	1.87	355	15.06
玉溪市	14882	79	2	35	42	5.31	82	9	42	31	5.51	10	4	3	3	0.67	171	11.49
普洱市	44216	117	10	48	59	2.65	289	38	152	99	6.54	9	0	5	4	0.2	415	9.39
红河州	32142	132	7	21	104	4.11	136	4	85	47	4.23	6	0	3	3	0.19	274	8.52
文山州	31375	7	0	2	5	0.22	49	11	7	31	1.56	21	3	8	10	0.67	77	2.45
西双版纳州	19159	7	0	2	5	0.37	13	0	1	12	0.68	3	1	0	2	0.16	23	1.20
全省总计	382650	2496	361	1236	899	6.52	2018	285	1079	654	5.27	525	144	202	179	1.37	5039	13.17

（引自唐川等，2003）

3.4　山洪灾害评价成果

3.4.1　沿河村落现状防洪能力评价

云南省防洪能力评价分析是根据各州（市）山洪灾害防治点现状防洪能力分析成果，

分别针对全省各沿河村落河段具有 5 年一遇及以下、5～20 年一遇、20～100 年一遇，100 年以上一遇等不同的防洪能力，进行统计汇总，并分析各占的比例。

经过分析统计发现：云南省需要进行现状防洪能力评价的 11589 个沿河村落当中，现状防洪能力小于 5 年一遇的有 1964 个，达到 5～20 年一遇的有 3523 个，达到 20～100 年一遇的有 3807 个，大于 100 年一遇的有 2313 个。各州（市）详情参见表 3.13。

表 3.13 云南省各州（市）防治区现状防洪能力调查统计成果表

州（市）名称	评价对象沿河村落/个	现状防洪能力评价/个			
		≤5 年一遇	5～20 年一遇	20～100 年一遇	>100 年一遇
昆明市	1092	425	169	114	334
曲靖市	895	35	228	373	259
玉溪市	687	92	392	203	0
保山市	551	11	114	218	208
昭通市	1250	212	492	495	36
丽江市	544	57	172	197	118
普洱市	658	204	125	271	58
临沧市	725	32	142	303	182
楚雄州	839	111	229	159	340
红河州	985	48	335	482	120
文山州	831	92	186	259	294
西双版纳州	320	113	93	92	24
大理州	1427	249	488	449	241
德宏州	366	167	116	39	44
怒江州	275	39	157	24	55
迪庆州	324	77	85	129	0

（引自长江水利委员会水文局，2018）

由以上各项的统计数据可知，全省有 53% 的重点沿河村落防洪能力大于 20 年一遇，处于危险区。还有 47% 的重点沿河村落防洪能力小于 20 年一遇，处于高危险区或极高危险区，山洪灾害防治形势非常严峻。特别是昆明市、昭通市和大理州，还有很多沿河村落现状防洪能力小于 5 年一遇，是全省山洪灾害防治应重点关注的区域。

3.4.2 沿河村落危险区等级划分

根据云南省各州（市）的山洪灾害防治点危险区等级划分成果，统计分析出全省评价对象的危险区等级划分情况，再按极高危险区、高危险区、危险区等类型进行人口和住房的分类统计，分析其所占比例。

经统计分析，云南省共有 11769 个分析评价对象，其中现状防洪能力低于 100 年一遇的有12072个防治点，高于100年一遇的有2313个防治点（同一个分析评价对象可能分布有多个防治点）。对现状防洪能力低于100年一遇的防治点统计分析可知：全省极高危险区有1793个防治点，分布最多的是昆明市有466个；全省高危险区有4162个，分布最多的是昭通市有588个；全省危险区有6117个，分布最多的是昭通市有1096个。显然，昆明市和昭通市应作为全省山洪灾害防治的重点工作区域。统计成果见表3.14。

表3.14　　　　　　　　　云南省危险区等级划分总体情况统计表

州（市）名称	危险区人口/人								
	极高危			高危			危险		
	防治点/个	人口/人	住房/户	防治点/个	人口/人	住房/户	防治点/个	人口/人	住房/户
全省合计	1793	74026	16056	4162	97109	18936	6117	134444	26228
昆明市	466	25501	5707	243	8181	1704	176	7062	1418
曲靖市	30	208	46	259	2946	612	501	5446	1149
玉溪市	92	5802	1282	392	23619	3939	203	7469	1531
保山市	10	122	25	133	1423	300	281	7647	832
昭通市	170	8310	1625	588	15776	3008	1096	42499	8663
丽江市	55	839	174	194	4873	847	305	8089	1105
普洱市	192	5105	1205	164	3079	724	250	3540	813
临沧市	30	354	81	164	1650	336	389	4449	830
楚雄州	108	1460	337	306	6396	1175	342	7675	946
红河州	43	283	71	352	3121	736	725	7874	2003
文山州	94	1004	207	232	3132	642	397	6907	1181
西双版纳州	115	3102	713	172	3416	795	227	5457	1211
大理州	49	1159	251	528	8685	1924	849	13667	3093
德宏州	258	18748	3979	209	6633	1352	188	3907	819
怒江州	1	5	1	154	3335	685	146	2348	554
迪庆州	80	2024	352	72	844	157	42	408	80

（引自长江水利委员会水文局，2018）

3.4.3　滑坡泥石流风险评价

3.4.3.1　区域图层迭代综合评价

唐川等（2003）利用ARC/INFO地理信息系统的地图空间叠加功能，进行了云南全省范围的泥石流危险评价，结果是：全省泥石流高度危险区面积约占全省土地面积的

9.54%；中度危险区占 37.82%；低度危险区面积占 43.02%；无危险区面积占 9.62%。云南省滑坡、泥石流危险区在各州（市）的分布情况如图 3.10 所示。受财力、人力等因素的影响，且泥石流形成条件的复杂性，各评价因子的影响程度也不尽相同；同时开展大范围泥石流危险性评价的标志和界级还不分明，成果有待进一步完善。

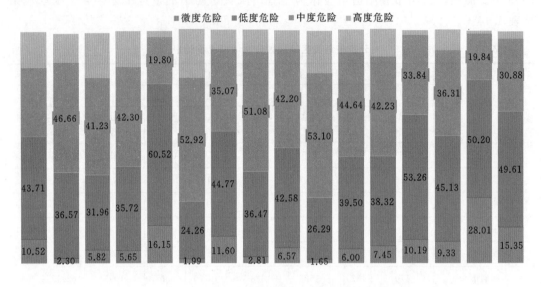

图 3.10　云南省各州（市）滑坡、泥石流危险区分布情况

(引自唐川等，2003)

3.4.3.2　灾害易损性分析

唐川等（2003）采用人口密度、耕地百分比、单位面积工农业产值等作为滑坡、泥石流灾害的社会经济相对易损性指标，其计算方法如下：

$$社会经济易损性指标值＝A＋B＋C＋D \qquad (3.2)$$

式中：A 为各县（市、区）人口/全省总人口；B 为各县（市、区）房屋资产/全省房屋资产；C 为各县（市、区）GDP/全省 GDP；D 为各县（市、区）耕地面积/全省耕地面积。

并将易损性计算结果分别按不小于 0.7、0.69～0.50、0.49～0.30 和不大于 0.29 作为划分极高、高、中和低等四种易损性的限界限值，其分析结果如图 3.11 所示。

3.4.4　预警指标分析

根据云南省各州（市）山洪灾害预警指标分析结果，重点防治区雨量预警指标初步确定采用水位流量反推法。经统计分析，云南省 1 小时准备转移的雨量阈值平均为 44mm，1 小时立即转移雨量阈值平均为 55mm；全省 3 小时准备转移雨量阈值平均为 59mm，3 小时立即转移雨量阈值平均为 73mm；全省 6 小时准备转移雨量阈值平均为 71mm，6 小时立即转移雨量阈值平均为 89mm。

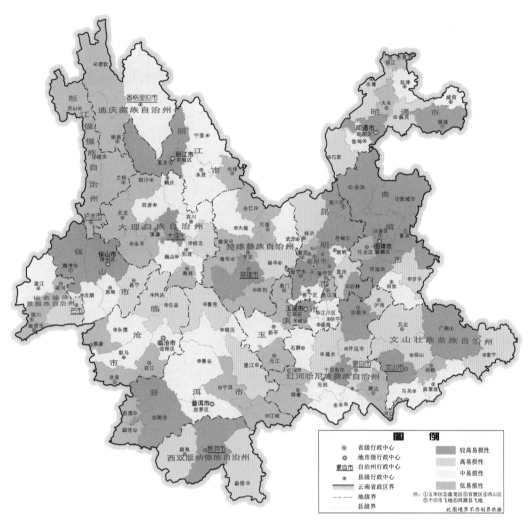

图 3.11　云南省社会经济易损性分析结果

(引自唐川等，2003)

3.5　本章小结

本章探讨了山洪灾害防治区划原则、方法和依据，分析了全省降水、地形地质及滑坡泥石流等与山洪灾害的关系。

（1）针对降水地域性差异大的特点提出以临界水量系数作为降水区划的重要指标。

（2）结合地形、地层岩性、地质构造等地形地质条件，综合考虑集中性降雨和地震等诱发性因素，提出了地形地质区划标准。

（3）在云南省区域地形坡度分区的基础上，结合地质环境差异性，利用以往的研究成果和实例资料，将滑坡、泥石流现象结合一起进行分析，确定了全省的区域滑坡、泥石流发生的降雨临界指标综合分析分区，在此基础上提出了全省易发程度分布图，为山洪灾害防治区划提供了重要技术支撑。

此外，运用普查、详查、外业测量、分析计算等多种手段获得了云南省山洪灾害危险区分布、沿河村落、城集镇人员分布、社会经济、历史山洪灾害、山洪灾害监测预警、涉水工程等基本情况，科学分析评价了现状防洪能力和滑坡泥石流风险，计算了预警指标，划分了沿河村落危险等级，归纳出调查评价成果要素类型，为山洪灾害预警预报和应急救援决策提供了基础信息支撑。

第4章

现有山洪灾害预警指标
确定方法比选

山洪灾害预警指标分析是山洪灾害调查评价的主要内容。我国当前山洪灾害预警指标分析工作主要是针对面积在 200km² 以下的山丘区，在现状小流域下垫面条件、山洪灾害调查和河道地形测量的基础上，深入分析山洪灾害防治区的暴雨特性、小流域特征和社会经济情况。基于小流域暴雨洪水规律，综合分析评价防治区的自然村落、集镇和城镇的防洪能力现状，确定预警指标和阈值，为山洪灾害预警、预案编制等工作提供了科学、全面、详细的信息支撑。山洪灾害预警指标是预测山洪灾害发生的时空分布、定性与定量相结合的衡量指数或参考值，包括雨量预警与水位预警两大类。

雨量预警通过分析不同预警时段的临界雨量得到。临界雨量是导致一个流域或区域发生山溪洪水可能致灾，即达到成灾水位时相应的降雨达到或超过的最小量级和强度。降雨总量和雨强、土壤含水量、下垫面条件是临界雨量分析的关键因素。基本分析思路是根据成灾水位，采用比降面积法、曼宁公式或水位流量关系等方法，推算出成灾水位对应的流量值；再根据设计暴雨洪水计算方法和典型暴雨时程分布，反算设计洪水洪峰达到该流量值时各个预警时段设计暴雨的雨量。临界雨量指标是面平均雨量，单站与多站情况下的雨量预警指标应按代表雨量的方法确定。

关于雨量预警指标，根据国内外研究进展，第2章分别从数据驱动及暴雨径流机理角度介绍了雨量预警指标确定方法的研究现状，从临界雨量计算所依据和关注的核心信息角度，可以分为以雨量信息为主分析统计、基于水位/流量信息反推降雨等两类分析方法。第一类方法，即以历史山洪灾害雨量信息为主的雨量预警指标分析法，主要在具有多次山洪灾害事件且对应雨量信息丰富的情形下采用，通过一定数量的样本分析得出临界雨量，进而分析得到雨量预警指标；第二类方法，即基于水位/流量信息的雨量预警指标反推法，主要是根据沿河村落等分析对象的成灾水位/流量信息，基于降雨径流机理与过程，溯向分析得到临界雨量，进而得到雨量预警指标。

水位预警则根据预警对象控制断面成灾水位，推算上游水位站的相应水位，作为临界水位进行预警。山洪从水位站演进至下游预警对象的时间不应小于 30 分钟。临界水位通过洪水演进方法和上下游水位相关法进行分析。

本章先总结各种预警指标分析方法原理、步骤及成果的主要表现形式；再从资料需求、适用范围、支撑平台、推广价值等方面进行评估；最后，选择主要的典型方法进行比较，推荐相应的方法。

4.1　以雨量信息为主的雨量预警指标分析法

以雨量信息为主的雨量预警指标分析法主要包括实测雨量统计法、降雨驱动指标法等。这类方法在技术操作上较为简单，只需要样本资料足够，以统计分析为主，再加上适当的图形点绘获取临界线，即可得到预警指标的分析结果。各种方法原理及适用条件简要分析如下。

4.1.1　实测雨量统计法

4.1.1.1　方法介绍

在全国山洪灾害防治规划领导小组办公室 2003 年 12 月下发的《山洪灾害临界雨量分析计算细则》中，详细推荐和介绍了实测雨量统计法。

该方法思路是首先根据区域内历次山洪灾害发生的时间表，收集区域及周边邻近地区各雨量站对应的雨量资料（区域内有的地方可能未发生山洪，但雨量资料也应一并收集），确定对应的降雨过程开始和结束时间。降雨过程的开始时间是以连续 3 日每日雨量不大于 1mm 后出现日雨量大于 1mm 的时间；降雨过程的结束时间是山洪灾害发生的时间（这里确定的是降雨过程统计时间，如灾害发生后降雨仍在持续，灾害会加重）。过程时间确定后，在每次过程中依次查找并统计 10 分钟、30 分钟、1 小时、3 小时、6 小时、12 小时、24 小时等的最大雨量，过程总雨量及其每项对应的起止时间。若过程时间长度小于对应项的时段跨度，则不统计（如降雨过程小于 12 小时，则不统计 12 小时、24 小时最大雨量及其起止时间），但过程雨量必须统计。当降雨过程时间较长时（例如过程时间超过 3 天），降雨强度可能会出现 2 个或以上的峰值，则应当统计最靠近灾害发生时刻各时间段最大雨量。若收集的资料中已包含了各时段雨量统计值，则可直接进行临界雨量分析工作。

假设区域内共有 S 个雨量站，共发生山洪灾害 N 次，共统计 T 个时间段的雨量，R_{tij} 为 t 时段第 i 个雨量站第 j 次山洪灾害的最大雨量，则各站每个时间段 N 次统计值中，最小的一个为临界雨量初值，即初步认为这个值是临界雨量，计算公式如下：

$$R_{ti临界} = \min(R_{tij}) \quad (j = 1, \cdots, N) \tag{4.1}$$

同一站点不同时段的临界雨量能反映该站点对于不同时间段最大降雨的敏感程度，因此需要对各时段的临界雨量进行综合分析，并结合山洪灾害调查资料，确定影响山洪灾害发生的重要时段。可以将区域内各站同一时段的临界雨量进行统计分析，计算平均值、统计最小值和最大值。

（1）平均值：

$$\overline{R_t} = \frac{\sum\limits_{i=1}^{s}(R_{ti临界})}{S} \quad (t = 10, 30, \cdots, 过程雨量) \tag{4.2}$$

$\overline{R_t}$ 可视为区域内大范围的平均情况，即当面降雨量超过 $\overline{R_t}$ 时，区域内有可能发生山洪灾害。

（2）统计最小值：

$$R_{t\min} = \min(R_{ti}) \quad (i=1,2,\cdots,S) \tag{4.3}$$

$R_{t\min}$ 可视为区域内致灾降雨强度的必要条件，即只有当区域内至少有一个站雨强超过 $R_{t\min}$ 时，区域内才有可能发生山洪灾害。

（3）统计最大值：

$$R_{t\max} = \max(R_{ti}) \quad (i=1,2,\cdots,S) \tag{4.4}$$

$R_{t\max}$ 可视为区域内发生山洪灾害的充分条件，即当区域内每个站点雨强都超过 $R_{t\max}$ 时，区域内将会有大范围的山洪灾害发生。

影响临界雨量的因素多，且各种因素的定量关系难以区分，各次激发灾害发生的雨量也不完全同，因此区域内各站的临界雨量都不尽相同。根据分析计算出的区域内各单站临界雨量初值来确定区域临界雨量，这种方法称为单站临界雨量法。区域临界雨量的取值不是一个常数，而是有一个变幅，变幅一般在 $R_{t\min}$ 及 $\overline{R_t}$ 之间，也可适当外延，在该变幅内区域中达到临界雨量的站点相对较多，但不是全部。只要降雨量在该变幅内，区域内就有可能发生山洪灾害。临界雨量变幅不能过大，否则对山洪灾害防治意义不大。

4.1.1.2 方法评估

（1）该方法需要较为复杂和全面的资料。需要具备研究区域的自然地理、水文气象、水文监测网站分布、历史山洪灾害水文气象调查等资料。

1）自然地理概况资料主要包括流域的地理位置、地形地貌特征、支流（沟）水系分布情况等。

2）水文气象资料是这种方法需要的最为核心的资料，具体包括现有气象台（站）、雨量站、水文站（包括水文实验站和水位站）的分布情况，具体信息如历年气象、雨量及水文资料观测方法、资料整编、有关系数（如浮标系数）取用情况等，最新暴雨等值线图、暴雨统计参数等值线图。具体为最大 10 分钟、30 分钟、1 小时、3 小时、6 小时、12 小时、24 小时的暴雨等值线图和对应的统计参数（均值、偏态系数 C_v、离差系数 C_s）等值线图，山洪灾害多发期的逐日降水资料、历年分时段最大降雨量的特征值（包括 10 分钟、30 分钟、1 小时、3 小时、6 小时、12 小时、24 小时最大降雨系列）及降雨过程，暴雨中心位置及笼罩面积等。

3）水文监测网站资料包括全省范围内的站网水系分布图，并将站点标注在图上，以全面了解区域内的气象、雨量及水文（水位）站点分布情况。

4）历史山洪灾害水文气象调查资料，包括：山洪灾害区域内及邻近区域降雨持续时间、降雨强度、山洪灾害发生过程总雨量和强降水发生前的异常天气特征等；历史山洪发生时间、暴雨历时和历史成果的可靠程度评价、山洪灾害发生过程、暴雨开始至灾害发生的时间间隔、各地方志中有关山洪灾害的记载等；溪河洪水灾害分析有关的水文资料，主要有水位、流量、河道比降、纵横断面、已有的历史暴雨洪水调查资料及有关山洪记载的历史文献资料等。其中，水位资料为山洪灾害发生期洪水位要素摘录表；流量资料为山洪灾害发生期的洪水要素摘录表；搜集实测洪水比降、根据实测资料率定的河道糙率等。

其他相关资料，包括水土流失、泥沙、地质、遥感、遥测及雷达测雨资料等。

（2）该方法具有较为广泛的适用范围。在具备上述主要的气象数据、水文数据、地形数据以及网站数据和实际山洪事件资料的地区，这种方法均可适用。

（3）该方法无须专门的支撑平台。不需要专门的支撑平台，只要关键的数据资料齐全，借助日常的办公软件，如 Excel 等即可完成。

（4）该方法因资料条件要求高，并缺乏物理基础，推广价值有限。如前所述，这种方法以统计出来的区域山洪灾害临界雨量作为判别区域内有无山洪灾害发生的定量指标，在统计山洪灾害次数时，只要区域内有 1 个站或某局地发生了山洪灾害，就认为整个区域内有山洪灾害发生。因此，在实时预警时，无法确定区域内可能发生山洪的具体地点、受灾面积的大小及灾害严重程度，无法对具体保护对象实施山洪预警。加上我国山洪调查的资料较少，这种方法还有以下局限性。

1）由于水文测站多布设在大江大河附近，针对小流域山洪的监测考虑较少，目前多数小流域的水文资料很缺乏，按照"统计归纳法"来计算临界雨量难度较大、精度不高。

2）该方法只考虑了降雨，未考虑土壤含水条件。

3）该方法隐含的假定：①对下垫面的假定，认为下垫面空间分布是均匀的，也就是说，同样的降雨过程或时段雨强，如果在某一地方形成了山洪，那么在其他地方也会形成山洪；②对降雨的假定，主要是对降雨空间分布的假定，一次降雨过程中，整个流域或区域都在同一个小天气系统控制下，并不会出现有的地方有降雨，而其他地方没有降雨的情况；不同降雨过程的同一个控制时段雨量的空间分布模式是相同的，也就是说时段最大雨量与最小雨量一一对应，只是不同降雨过程的最大值、最小值的位置不同而已。

4）基于我国实际情况，大部分地区都很难较全面和系统地收集到历史山洪事件的主要和关键性资料，因而推广价值受到限制。

5）这种方法主要是根据资料进行统计分析得到成果，缺乏对流域暴雨特征、产流、汇流特性的深入分析，因而推广价值也受到限制。

4.1.2　降雨驱动指标法

4.1.2.1　方法介绍

降雨驱动指标法是以降雨量和降雨强度等关键的降雨信息进行搭配、寻求山洪暴发的暴雨临界曲线的分析方法。此法仅需雨量资料，较为全面地考虑了降雨强度、降雨量、前期雨量的影响，以及降雨强度与前期降雨量复合指标的影响等。分析方法是对以上资料进行统计，点绘成图，简单易行，且成果表现形式较为直观形象，易于理解。

降雨驱动指标为一次降雨某时刻的小时降雨强度和该时刻之前的有效累积雨量的乘积；而有效累积雨量的定义为本场次累积雨量及前期雨量之和。该方法依据过去区域降雨事件的雨量资料，得到降雨驱动指标统计值，建立山洪发生降雨预警的下缘线及上缘线，以此确定降雨事件导致山洪不同程度的发生可能性，并将降雨预警图划分为低可能发生、中可能发生、高可能发生等三个区域进行预警。

此方法可通过降雨强度（PI）统计、前期降雨（P_a）计算、降雨驱动指标（RTI）计算、临界区确定、阈值分析等分析计算步骤，获得雨量临界区域，进而得到预警指标。方法流程如图 4.1 所示。

（1）降雨强度（PI）统计。短历时暴雨是导致山洪暴发的重要信息雨量，为此，需要统计实际山洪灾害事件中 0.5 小时、1 小时等典型时段的降雨强度。

（2）前期降雨（P_a）计算。即使同一条山洪沟，各次山洪发生所需要的降雨强度也可能不一样，因为山洪发生所需要的短历时降雨量还取决于小流域内当时的土体含水状况。一般来说，山洪发生之前的降雨量越多，土体越接近饱和，所需要短历时降雨量也就越小。可以采取如下方法计算：

$$P_a = \sum_{i=1}^{n} \alpha^i R_i = \sum_{i=0}^{n} \alpha^i R_i \qquad (4.5)$$

式中：P_a 为前期降雨，$P_a \leqslant W_m$；i 为计算天数；α 为日雨量加权系数。

对于湿润、半湿润地区，蒸发量较小，$i \geqslant 10$，$\alpha = 0.8 \sim 0.9$；对于干旱、半干旱地区，蒸发量较大，$i \geqslant 5$，$\alpha = 0.6 \sim 0.8$。

（3）降雨驱动指标（RTI）计算。降雨驱动指标（RTI）（A 类）为有效累积雨量（R）和降雨强度（PI）之积。有效累积雨量（R）为场次累积雨量（R_0）和前期降雨（P_a）之和。即

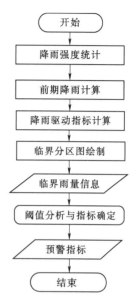

图 4.1　降雨驱动指标法流程

$$RTI = PI \cdot R \qquad (4.6)$$
$$R = R_0 + P_a \qquad (4.7)$$

计算时，应当分析出每次山洪事件中山洪发生时的相应时段的降雨强度（PI）及该时刻之前的有效累积雨量（R），最后计算出该次山洪事件的降雨驱动指标（RTI）值；若不知道该次山洪发生的时刻，则以该场降雨事件的最大相应时段降雨强度（PI）及其之前的有效累积雨量（R）的乘积，计算出该次山洪事件的降雨驱动指标（RTI）值。

这种方法可以只展现单个沿河村落、集镇、城镇等分析对象的临界雨量信息，既可以表现为表格形式，也可以表现为图形形式。我国台湾省的研究人员根据 2004—2007 年 9 场山洪泥石流发生事件，针对每一场山洪泥石流的实际降雨数据，按照前面的方法，进行了降雨强度统计、前期降雨计算、降雨驱动指标计算等步骤，并据此绘制了相应的"降雨强度-累积雨量关系图"（图 4.2），即临界分析区。

4.1.2.2　方法评估

（1）资料需求。

1）一定数量的山洪事件资料样本。这种方法是基于拥有一定数量的山洪灾害事件资料样本的情况下进行，要求各样本具有与事件对应的流域典型雨量站点的完整、连续的降雨过程；样本的数量应该在五个以上。

实际山洪灾害事件数据应具有洪水位、流量、洪量、峰现时间、典型雨量站点的降雨过程等信息；此外，还要特别注意确定山丘区小流域发生山洪灾害的时间，时间精度至少应当精确到小时，以便于确定时段累积雨量（R_{at}）、场次累积雨量（R_0）以及降雨强度（PI）的起算时间。

2）基础资料。需要现势性很强的暴雨图集、水文手册，以及沿河村落、城集镇等分

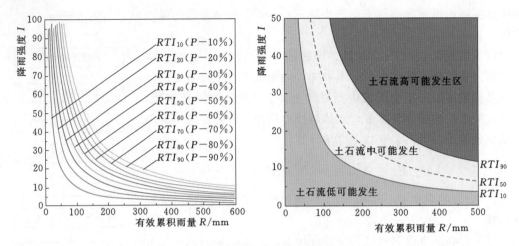

图 4.2　降雨驱动指标法成果

析对象所在河道的比降、纵断面与横断面信息；分析对象以上汇水面积等信息；流域汇流时间分析所需地形资料。

（2）适用范围较广。具备上述山洪事件资料的地区，这种方法均可适用。未考虑下垫面条件，RTI 的分析思路认为形成山洪的下垫面相对于降雨来说是稳定的，主要考虑不稳定的降雨的影响，忽略了下垫面条件如人口分布、地形地貌等条件，其中人口分布是成灾的重要条件。

（3）无须专门的支撑平台。不需要专门的支撑平台，只要关键的数据资料齐全，借助日常的办公软件，如 Excel 等即可完成。

（4）因资料需要较高，缺乏物理基础而推广价值有限。这种方法是根据资料进行统计分析得到的成果，缺乏对流域暴雨特征、产流、汇流特性的深入分析，但资料要求不高，方法简洁，考虑了降雨量和雨强的关系，且有一定的统计规律，成果表现形式直观形象。此外，降雨是最为基础和关键的资料和信息，随着全国山洪灾害调查与分析评价工作的深入，绝大部分地区都会逐渐积累一批相应的资料，具备使用这种方法所需要的资料条件。这种方法在目前还存在一定的限制，但今后会因资料积聚而具有一定的推广价值。

4.2　基于水位/流量信息的雨量预警指标反推法

4.2.1　雨量临界曲线法

4.2.1.1　方法介绍

雨量临界曲线法从河道安全泄洪流量出发，根据水量平衡方程，当某时段的降雨量达到某一量级时，所形成的山洪刚好为河道的安全泄洪能力，如果大于这一降雨量将可能引发山洪灾害，则该降雨量称为临界雨量。位于曲线下方的降雨引发的山洪流量在河道安全泄洪能力以内，为非预警区；位于曲线上或上方的降雨引发的山洪流量超出了河道的安全泄洪能力，为山洪预警雨量区。

该方法的主要步骤包括确定特征水位流量、计算临界雨力、计算特征雨力、确定暴雨临界曲线参数等。通过以上步骤得到雨量临界区域，进而得到临界雨量预警指标。各个步骤主要内容如下：

（1）确定特征水位流量（$Q_特$）。根据沿河村落、集镇和城镇控制断面的成灾害水位，进行特征洪水计算，获得相应的特征流量。可采用曼宁公式、谢才公式等计算水位流量。

（2）计算临界雨力（S_c）。特征临界雨力（S_c）定义为在设计条件下，由设计暴雨计算得到的设计洪水洪峰流量与沟（河）道特征流量相等时对应的雨力。由水量平衡方程原理推导可得特征临界雨力（S_c）：

$$S_c = C_t \tau_c Q_特 / F \tag{4.8}$$

式中：S_c 为特征临界雨力，mm；τ_c 为流域汇流时间，h；$Q_特$ 为沟（河）道相应断面的特征流量，m^3/s；F 为沟（河）道断面以上的集雨面积，km^2；C_t 为单位换算系数。

C_t 在计算时的取值，若特征雨力的时间段为 $t_特$，则 $C_\tau = t_特 \times 3.6$，例如，如果特征临界雨力的时间 $t_特$ 为 1 小时，那么 $C_t = 3.6$，如果特征临界雨力的时间 $t_特$ 为 0.5 小时，那么 $C_t = 1.8$。

（3）计算特征雨力（$S_特$）。特征雨力（$S_特$）定义为在设计条件下，某频率和特征时段（$t_特$）内的设计暴雨。计算时，需要先计算基准特征雨力。

基准特征雨力（S_p）表示次降雨过程历时为 1 小时的最大降雨量。

$$S_p = H_{24,p} 24^{n-1} \tag{4.9}$$

式中：S_p 为相应频率为 P 的基准特征雨力，mm；$H_{24,p}$ 为年最大 24 小时相应频率为 P 的设计暴雨，mm；n 为暴雨衰减指数。

由雨量站观测资料进行频率计算，即可获得设计年最大 24 小时雨量 $H_{24,p}$。如无雨量站系列观测资料，可由水文手册或暴雨图集等基础资料，查算出沟（河）道特定断面以上集水区域年最大 24 小时平均面雨量 H_{24} 和 C_v、C_s、n 等统计参数，对不同的设计标准可由 P-Ⅲ型曲线模比系数（K_p）计算得到年最大 24 小时设计雨量 $H_{24,p}$。

当河道特征流量（$Q_特$）为设计工况下某频率 P 暴雨对应的设计洪峰流量时，则 $H_{24,p}$ 就是 24 小时的特征雨量（$H_{24,特}$）。当由典型断面推求河道特征流量，无法判定对应的设计暴雨时，则可计算出若干个频率的年最大 24 小时设计雨量相对应的设计洪峰流量，并得出 24 小时设计暴雨与设计洪峰流量关系曲线，河道特征流量（$Q_特$）对应的 24 小时设计暴雨即为所求的特征雨量（$H_{24,特}$）。

基于特征雨量（$H_{24,特}$），按式（4.9）可求出历时为 1 小时最大降雨量，即基准特征雨力（S_p）。

在确定基准特征雨力（S_p）的基础上，可以根据暴雨公式（$i = S/t^n$），确定不同时段的特征雨力（$S_特$）。在我国，一般情况下雨力公式参数 n 分为 n_1、n_2 两个值，转折点发生在时间 $t = 1h$ 处，n_1 为时间 $t \leqslant 1h$ 段的参数，n_2 为时间 $t \geqslant 1h$ 段的参数。故不同时段的特征雨力（$S_特$）计算公式如下：

$$S_特 = S_{t,p} = \begin{cases} S_p \cdot t^{1 \cdot n_1}, & t \leqslant 1h \\ S_p \cdot t^{1-n_2}, & t > 1h \end{cases} \tag{4.10}$$

（4）参数确定。暴雨临界曲线是指不同时段降雨强度（PI）与有效累积雨量（R）

的关系曲线。山洪流量是降雨强度（PI）和有效累积雨量（R）共同作用的结果，在山洪流量到达一定规模的条件下，可以将二者理解为反比关系。在进行这一步工作时，有效累积雨量（R）是场次累积雨量（R_0）及前期降雨（P_a）的综合作用。

对于引发山洪灾害的降雨过程，在降雨临界曲线上必然存在其引发山洪流量恰好与沟（河）道特征流量（$Q_特$）相对应的临界点。由于降雨过程不同，引发山洪到达沟（河）道特征流量（$Q_特$）的降雨过程有不同的临界点，由不同临界点连接而成的曲线即为降雨临界曲线。降雨强度和有效累积雨量的点一旦跨越降雨临界曲线，山洪水位就会发生质的变化。

由于特征雨力是暴雨过程中历时（$t_特$）的最大降雨量，可将特征雨力（$S_特$）作为降雨临界曲线上的起始点，此时场次累积雨量（R_0）最小。随着时间增长，场次累积雨量（R_0）增大，所需雨量会逐步递减，当累积降雨量足够大时，所需雨量会接近特征临界雨量（S_c）。

推荐采用下列函数表示暴雨临界曲线，其表达式为

$$I = a + b/R \tag{4.11}$$

式中：I 为特征雨量，mm；R 为次降雨过程对应 I 的场次累积雨量（R_0），mm；a、b 为参数。参数 a、b 的确定方法如下：

对于特征雨力点有 $R = S_特$，$I = S_特$；

对于最小特征雨量点有 $R \to \infty$，$I = S_c$。

代入式（4.11）可求出参数 a、b：

$$a = S_c$$
$$b = S_特(S_特 - S_c) \tag{4.12}$$

求出 a、b 参数后，可在以场次累积雨量（R_0）为横坐标和特征时段的降雨量为纵坐标的坐标图上作暴雨临界曲线。

4.2.1.2 方法评估

（1）资料条件较低。雨量临界区域法从沟（河）道特征流量出发，根据水量平衡方程，当某时段降雨量达到某一量级时，所形成的山洪刚好为沟（河）道的特征流量。因此，需要指定典型地点的河道比降、纵横断面等信息。另外，还需要当地的暴雨图集、水文手册等基础资料。

（2）适用范围较大。具有以上资料的地区均可使用。

（3）无须专门的支撑平台。不需要专门的支撑平台，只要关键的数据资料齐全，借助日常办公软件，如 Excel 等即可完成。

（4）具有一定推广价值。这种方法由于对资料条件的要求低，且具有一定的物理基础，无须专门的支撑平台，便于地方人员采用，具有一定的推广价值。

4.2.2 水位流量反推法

4.2.2.1 方法介绍

水位流量反推法假定降雨与洪水同频率，在这样的假设条件下，所需资料仅是山洪灾害预警地点的河沟断面地形资料、设计暴雨或设计洪水。河沟断面地形资料按水文方法测

量即可获得，设计暴雨或设计洪水通过水文手册或者暴雨图集等基础性资料即可获得。

假定断面处有一洪峰流量 Q_m，则有一个 1 小时的时段降雨 X_{1h}，经过产汇流后形成的洪水过程的洪峰等于 Q_m；同样有一个 3 小时的时段降雨 X_{3h}，经过产汇流后形成的洪水过程的洪峰也等于 Q_m，则 X_{1h} 和 X_{3h} 的频率相同，均等于 Q_m 的频率，依此类推，会有许多个时段的降雨，经过产汇流后形成的洪水过程的洪峰均等于 Q_m，且频率都与 Q_m 的频率相同。在此假定的基础上，首先确定预警分析对象处的临界洪水位，然后根据断面特征、水位流量关系确定对应的流量，且认为该流量为临界流量为 Q_m，同时确定其对应的频率 P_m，最后计算出频率为 P_m 的各时段降雨量，即为各时段的临界雨量。

水位流量反推法的出发点假定降雨与洪水同频率，根据河道控制断面成灾水位等特征指标，由水位流量关系计算对应的流量，再由流量频率曲线关系，确定特征水位流量洪水频率，从降雨频率曲线上确定临界雨量，但该方法的弊端是没有考虑前期影响雨量。

4.2.2.2　方法评估

（1）资料条件相对较低。需要指定沿河村落、集镇、城镇等控制断面所在地的河道比降、纵断面、横断面、糙率系数等信息以及当地的暴雨图集、水文手册等基础资料。

（2）适用范围。具有以上资料的地区均可使用。

（3）无须专门的支撑平台。不需要专门的支撑平台，只要关键的数据资料齐全，借助于日常的办公软件，如 Excel 等即可完成。

（4）推广价值。这种方法具有以下局限性，即在整个降雨过程中，同一个计算时段的预警雨量值是固定不变的，没有考虑前期降雨条件对临界雨量的影响；方法假定降雨与流量具有相同的频率。但是，由于资料要求低，无须专门的支撑平台，便于地方人员采用，因而还是具有一定的推广价值。

4.2.3　FFG 推算方法

4.2.3.1　方法介绍

美国水文研究中心（HRC）研发的山洪指导系统［flash flood guidance（FFG）system］已经广泛应用于中美洲、韩国、南非、罗马尼亚、东南亚湄公河流域等地，其思路是以小流域上已发生的降雨量，通过水文模型计算分析，得到流域实时的土壤含水量，并反推出流域出口断面洪峰流量要达到设定预警流量值所需的降雨量，该降雨量即称为"山洪指南值"（FFG）或动态的"临界雨量值"。当实时或预报降雨量达到"山洪指南值"时，即发布山洪预警或警示，技术流程如图 4.3 所示。

该方法较为全面地考虑了降雨、土层含水以及下垫面特性等三大因素。根据下垫面的剖面地形、地形地貌等确定各个地方的临界流量，并考虑了土层含水量的动态变化，根据设计雨量、实测雨量或者预报雨量等关系，基于典型的降雨、产流、汇流、演进、预警指标反推等环节，进行预警指标的计算，并且能提供动态的变化结果，其结果由相应不同等级的平台进行分析和发布等工作。FFG 方法由于考虑的因素较全，覆盖地区类型和气候类型均较广，算法具有物理机理，方法较为成熟且提供预警指标的动态信息，故其方法和成果在欧洲、非洲、亚洲等很多国家和地区得到了广泛的参考和运用，现在仍在不断改进和完善之中。

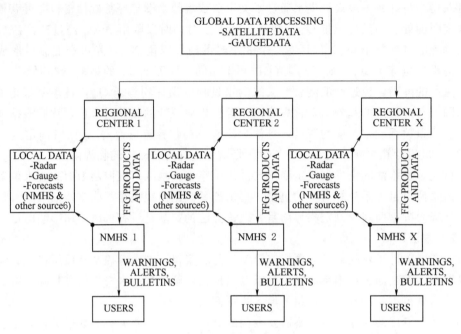

图 4.3 FFG 系统技术流程图

（1）模型原理。flash flood guidance（FFG）system，意思直译为"山洪指示系统"，实际上是指"山洪早期预警临界雨量指标系统"或"基于动态临界雨量的山洪早期预警系统"，其组成部分包括连接远程和当地站点数据、山洪预警技术系统、通信和产品推介、对用户的培训和合作等。

FFG 只是用于山洪早期预警的措施之一，必须要结合其他手段和当地信息、实时数据等一起使用，如卫星遥感或雷达资料、预报降水、系统输入数据、降水、河流和最近发生的洪水情况等当地信息，以及对（历史上）山洪易发生地区的了解等。FFG 系统中暴雨事件的计算时段为 1～6h，流域面积不超过 2000km²，离散的子流域面积不超过 5km²，FFG 系统模拟组成如图 4.4 所示。

（2）模型思路。FFG 是在流域出口处形成山洪灾害的历时为 t_d 的实际降雨量。FFG 法的核心是确定流域的临界雨量值 R_c，即在流域面积为 A 的流域内，在流域出口引起洪涝灾害（水流通常要达到漫滩状态）的历时为 t_r 的有效降雨。通常 t_d 大于 t_r，但在实际操作中假定两者相等。FFG 是临界雨量 R_c 和当前时刻的土湿状况的函数，土壤湿度可采用水文模型实时计算得到。R_c 是根据流域初始条件确定的，而 FFG 是随下垫面条件实时变化的。当水文模型计算的产流量达到临界雨量 R_c 时，从降雨-径流相关图中，由 R_c 和相应的初始土湿状态反推出相应的实际降雨量。如果实际或预报降雨量大于山洪预警指标（FFG），则很有可能发生洪水，将发布预警信息；如果实际或预报降雨量小于 FFG，则不发布预警信息。简化的 FFG 系统图如图 4.5 所示。

（3）模型算法。

1）基本公式。该方法是降雨径流模型的反运算，其基本思路是根据流域出口断面的

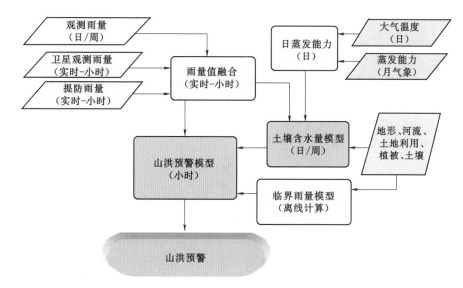

图 4.4　FFG 系统模拟组成与数据

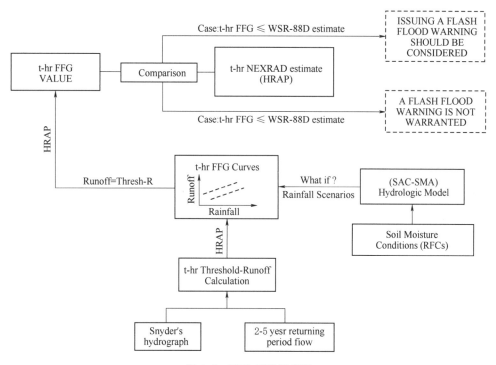

图 4.5　FFG 系统示意图

临界流量反推出一定历时内的降雨量。首先，计算得到流域出口断面处的临界流量（通常为平滩流量）；再根据实时降雨，滚动计算该降雨在流域出口处的径流深，计算公式如下：

$$FFG = f(R) \tag{4.13}$$

式中：FFG 为山洪预警指标；R 为径流深。

考虑到流域内存在不透水面积，上述方程变为

$$FFG = R \cdot I + f[R \cdot (1-I)] \qquad (4.14)$$

式中：I 为不透水面积占流域面积的百分比。

2）临界径流深动态计算。临界径流深是反推实际降雨过程的关键输入因子，Carpenter et al.（1999）分析了临界径流深的计算方法。假设流域内降雨径流过程呈线性响应关系，临界径流深 R_c 可由流域出口处的洪峰流量所对应的净雨量求得。基于线性单位线理论，计算公式如下：

$$R_c = \frac{Q_p}{q_{pR}A} \qquad (4.15)$$

式中：Q_p 为峰值流量；q_{pR} 为单位线的峰值（单位线峰值流量除以流域面积）；A 为流域面积；R_c 为临界径流深。

因此，R_c 的确定主要依赖于峰值流量 Q_p 和单位线的峰值 q_{pR}。目前，共有两种方法计算峰值流量，有两种方法计算单位线峰值，基于上述公式共有四种方法可求得临界径流深 R_c。

a. 单位线的峰值 q_{pR}。第一种方法为斯奈德综合单位线。选择滞时 t_p、洪峰流量 U_p 以及单位线底宽作为单位线的特征值，如图 4.6 所示。

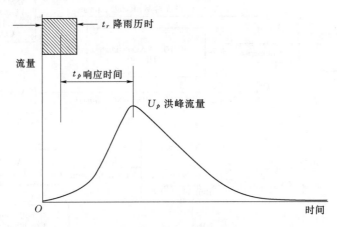

图 4.6　斯奈德单位线示意图

当降雨历时 t_r 已知时，响应时间 t_p 计算如下：

$$t_p = 5.5 t_r \qquad (4.16)$$

如果指定流域单位线的总历时与以上方程条件下的总历时相差很大，则根据响应时间 t_p 和单位线的洪峰系数 C_p，可根据单位面积的洪峰流量与响应时间的关系求得单位线洪峰流量：

$$\frac{U_p}{A} = C \frac{C_p}{t_p} \qquad (4.17)$$

式中：U_p 为单位线洪峰；A 为流域集水面积；C_p 为单位线洪峰系数；C 为单位转换系数（国际单位制为 2.75，英制为 640）。

斯奈德单位线的经验系数需要用相似流域的野外数据进行校准。然而，中小流域一般

缺少"实测"单位线，故该方法经验参数的确定具有较大不确定性。

第二种方法为地貌单位线（Geomorphologic unit hydrograph，GUH）。该方法需要河道断面资料。GUH 是基于流域地貌结构，能够尽量消除传统综合单位线法中经验系数的不确定性。根据流域 DEM 数据，提取相应的不同等级河道的分岔比、长度比、坡度比、面积比等基本信息推导得出。基于 Rodiguez - Iturbe 和 Valdez 等（1979、1982）提出的方法，瞬时地貌单位线（IGUH）峰值 Q_p、R_s 计算方法如下：

$$Q_p = 2.42 R_s A / \prod{}^{0.4} (1 - 0.218 t_r / \prod{}^{0.4}) \tag{4.18}$$

$$t_{PR} = 0.585 \prod{}^{0.4} + 0.75 t_r \tag{4.19}$$

式中：$\prod = L^{2.5} / (iAR_L \alpha^{1.5})$；$\alpha = S_0^{1/2} / nB_b^{2/3}$；$A$ 为流域面积；L 为河长；i 为净雨强度；R_L 为霍顿河长比率；t_r 为有效降雨历时；R_s、Q_p 为峰值流量。

由于 $R_c = i \cdot t_r$，可进一步推导得

$$Q_p = 2.42 R_c A / \prod{}^{0.4} (1 - 0.218 t_r / \prod{}^{0.4}) \tag{4.20}$$

已知峰值流量 Q_p（Q_{bf} 或 Q_2）时，可代入式（4.18），求解得到临界径流深 R_c。在计算河道处于平滩流量时，需要基于区域相关关系估计 GUH 计算中所采用的河道参数。

b. 峰值流量 Q_p。第一种方法是采用某种重现期的流量作为峰值流量。该法具有统计意义，包含了与洪水相关的风险和不确定性。统计数据表明，重现期为 1～2 年的流量与平滩流量之间具有较好的统计相关关系（Henderson，1966）。因此，常采用重现期为 2 年的流量作为峰值流量，该值一般大于平滩流量。

$$Q_p = Q_2 \tag{4.21}$$

式中：Q_2 为重现期为 2 年的流量。

一般基于长期历史流量资料得到重现期为 2 年的流量。对于无资料地区，可由流域、河流和面降雨等其他特点建立与流量间的区域相关关系。

第二种方法为采用平滩流量作为峰值流量，即当河道水流漫过堤岸，就认为发生了洪水。该方法具有一定的物理基础，然而，引起洪涝灾害的流量一般都大于平滩流量，该值较为保守，美国平滩流量洪水的重现期一般约为 2～5 年。基于河道形态以及糙率等，可采用曼宁公式计算：

$$Q_p = Q_{df} = B_b D_b^{5/3} S_0^{1/2} / n \tag{4.22}$$

式中：B_b 为河水平滩时的最大河宽；D_b 为河水平滩时的水深；S_0 为河床比降；n 为糙率系数；Q_{bf} 为平滩流量。

上述公式是假设河道断面为宽浅的矩形形态，由河道断面宽近似得到河道湿周。

当 $n > 0.035$ 时，Georgakakos 等（1991）建立了如下相关关系：

$$n = \frac{0.43 S_0^{0.37}}{D_b^{0.15}} \tag{4.23}$$

上述计算方法需要详尽的河道参数，对于无测量资料的河道而言，需要建立河道断面参数与其他流域河道（如流域面积、河长）见的区域相关关系，以得到上述经验参数。

c. 区域相关关系。Carpenter et al.（1999）基于美国 USGS 调查数据，建立了流域

面积、河长和河道平均坡度等与因变量间的相关关系：

$$X = \alpha A^{\beta} L^{\gamma} S^{\delta} P^{\rho} \tag{4.24}$$

式中：X 可表示为河水平滩时的最大河宽（B_b）、河水平滩时的水深（D_b）、河床比降（S_0）以及重现期为 2 年的河道流量（Q_2）；A 为流域面积；L 为河长；S 为河道平均坡度；P 为流域平均面雨量。

计算临界径流深的方法见表 4.1。

表 4.1 临界径流深计算方法

项目	洪峰流量 Q_p		单位线峰值 q_{pR}	
选项	重现期为 2 年的流量 Q_2	平滩流量 Q_{bf}	斯奈德综合单位线	地貌单位线
数据需求	历史流量序列，或与 Q_2 相关的区域关系	河道断面参数，或与河道断面参数间的区域相关关系	经验参数的区域估计	R_L 的区域估计，或与河道断面参数间的区域相关关系

3）土壤水计算模型。土壤水模型是 FFG 系统中的重要组成部分，常采用 SACSMA 模型计算各小流域的土壤湿度和下产流量。SACSMA 模型是一个概念性的、能连续模拟的集总式水文模型，模型输入为小时尺度面均降雨和蒸散发量，可模拟 1 小时、3 小时和 6 小时（有时为 12 小时和 24 小时）的土壤湿度，输出为流域内小时尺度的河道总入流，作为河道汇流模型的输入。适用于面积为 $260 \sim 4000 \mathrm{km^2}$ 的流域单元。对于面积小于 $260 \mathrm{km^2}$ 的流域，可采用小时或分钟尺度的降雨来评估山洪灾害。

SACSMA 模型将土壤层分为上层土（$10 \sim 20 \mathrm{cm}$）和下层土，分别对应于自由水和张力水。张力水含量与土壤颗粒有关，受蒸散发的影响，自由水含量可转化为河道入流、地下水和下渗水量而减少。模型的详细介绍见文献 Bae and Georgakakos（1992、1994）。

4）FFG 推求。在 "what - if" 情景模式下，由不同时段长降雨量（1 小时、3 小时、6 小时、12 小时、24 小时等）和蒸发量，以及流域初始土壤湿度条件，驱动 SACSMA 等水文模型连续演算，可得到该初始土湿条件下的降雨-径流（FFG - R_c）关系图，如图 4.7 所示。

计算得到流域的临界径流深 R_c 后，可基于流域初始土湿条件和降雨-径流（FFG - R_c）关系图，插值得到山洪预警指标（FFG），如图 4.8 所示。

如果实际或预报降雨量大于山洪预警指标（FFG），则很有可能发生洪水，将发布预警信息；如果实际或预报降雨量小于 FFG，则不发布预警信息。

5）降雨-径流中采用的典型算法。

a. 降雨计算。降雨计算包括雨量计算与雨型计算两个方面。对于雨量计算而言，可采用设计暴雨、典型暴雨、最大可能降雨（PMP）等三种方法。

将点暴雨插值到面暴雨，可采用算术平均法、泰森多边形法、等雨量线法、距离平方倒数法等典型算法。

设计雨型是水文设计过程所需的输入数据，将设计暴雨过程输入到流域降雨径流演算中，可得到流域出口断面的流量，即设计洪水。

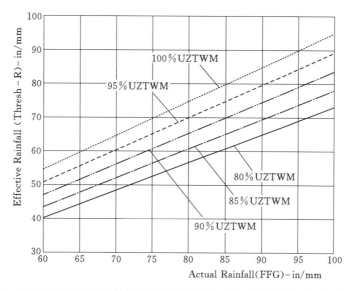

图 4.7　SACSMA 模型连续计算得到的流域降水-径流深关系图（降雨历时为 3h）

　　典型暴雨过程主要采用雨量测站和雷达测雨等方式测得。

　　雨型确定主要包括百分比法和交替组合法两种方法。

　　b. 径流量计算。径流量计算主要是进行扣损计算。由于 FFG 进行动态连续计算，径流量计算主要采用连续土壤水计算模型。此外，常见的算法还有 SCS - CN 模型、格林-安普特模型、初相恒定扣损模型、亏损恒定扣损模型等。

　　c. 直接径流计算。FFG 分析计算方法中，主要采用了斯奈德单位线模型和 SCS 单位线模型两种方法计算直接径流。其他的常见方法包括用户自定义单位线（经验单位线）、克拉克单位线模型和修正克拉克单位线模型等。

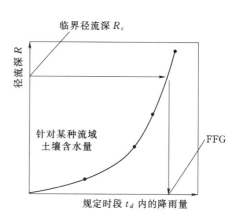

图 4.8　由规定时段降雨量和径流深确定
FFG 示意图

　　d. 基流计算。基流计算主要有指数退水模型和线性水库模型两种方法。

　　e. 河道洪水演进计算。河道洪水演进计算方法主要包括动力波、扩散波、运动波、马斯京根、马斯京根-康吉和平移法等。

4.2.3.2　方法评估

　　（1）资料条件要求较高。FFG 计算需要的资料条件主要包括三个方面：①小流域的基本属性特征，包括地理位置、地形地貌特征、支流（沟）水系分布情况、流域面积、坡面坡度、土壤类型、植被类型及覆盖情况等；②小流域沟（河）道长度、河道比降、糙率等；③居民集中居住地、工矿企业和基础设施附近典型的河道断面等。

　　该方法需要小流域集水面积、各等级集水区平均面积、集水区平均高程、集水区主流长度、集水区出口沿主流至重心距离、各等级河道的平均长度、各等级河流数目、各等级河流平均坡度、各等级漫地流的平均坡度、集水区平均坡度、集水区主流平均坡度、集水区河流的最高等级、土地利用分块信息、指定的典型地点的河道比降、纵横断面信息等。

（2）适用于中观和宏观区域范围。通常将 FFG 值作为流域或行政区域的平均值。该方法适用于所有受山洪灾害威胁的地区，但主要是针对较为中观和宏观的区域进行较大范围内的山洪预警，针对具体沿河村落、城集镇尚需进一步的信息。

（3）要求功能全面和系统的支撑平台。支撑平台应当包括持续降雨信息、径流深计算、地表汇流计算、洪水演进计算等较为全面和系统的信息获取与处理及计算与分析功能。目前，美国、中美洲等地区已建立了基于雷达降雨预报的县级 FFG 预报系统。此外，东南亚一些发展中国家，如泰国、马来西亚、菲律宾、越南等，也都采用了 FFG 的思路，正在准备建立相应的支撑预警平台。

（4）具有较大的推广价值。FFG 允许决策者考虑不同时限的山洪风险。山洪预警的依据是降雨量，易于人们理解和接受，因此，这种方法具有较大的推广价值。

（5）具有一定局限性，正在改进和完善中。该方法较适合于中观和宏观区域的山洪预警，但需进一步研究沿河村落、集镇、城镇等小区域的山洪预警；临界径流深具有不确定性，其随流域和河貌形态的差异变化显著（Carpenter 等，1999）。使用重现期 1～2 年的洪峰流量确定临界径流深是不现实的；该法侧重于土壤含水量对山洪暴发的影响，未区分受地形、植被覆盖、土壤类型、地质条件、土地利用影响较大的山洪；FFG 法需要多个模型运行来反推超过临界径流深所需的降雨，算法较为费时、复杂。

4.2.4　分布式流域水文模型法

4.2.4.1　方法介绍

采用分布式水文模型，计算小流域内居民集中居住地、工矿企业和基础设施等附近的洪水过程，根据洪峰出现时间与雨峰出现时间确定响应时间，进而推导得到各种关于临界雨量的信息。在这种方法中，首先需要建立流域模型。模型构建时需要参考居民集中居住地、工矿企业、基础设施等预警地点，适当划分子流域，确定子流域、河段、源点、汇点、交汇、分汉、断面等计算对象，断面布设应当尽可能与预警地点接近。其次需要进行流域特征参数、断面地形等各单元基本信息的输入，分别计算预警地点的洪水过程和特征流量，并确定响应时间，进一步可得到临界雨量信息。最后进行阈值分析，确定预警指标。其计算思路如图 4.9 所示。

在计算预警地点的洪水过程中，针对每个子流域单元，要考虑降雨、产流、汇流环节的计算；针对河道，考虑洪水演进的计算，在每个环节的计算中，要根据资料基础以及计算单元的地形、植被覆盖、土壤类型、地质条件、土地利用以及河道特征，选择合适的算法并合理设置参数，建立模型；采用试算法计算临界雨量，先假定一个初始雨量，并按雨量及设计雨型分析得到相应的降雨过程系列作为最初的输入，计算预警地点的洪水过程；比较计算所得的洪峰流量与预警地点的预警流量，如果二者接近，该雨量即为该时段的临界雨量，如果差异较大，需重新设定初始雨量，反复进行试算，直至计算所得的洪峰流量与防灾对象的预警流量差值小于预定的允许值为止。

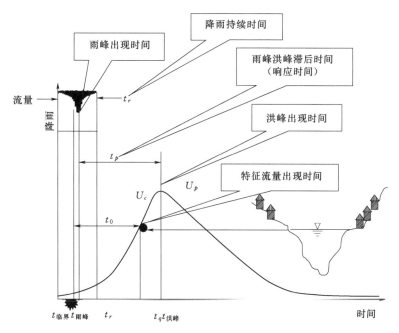

图 4.9　分布式流域水文模型法控制断面临界雨量计算示意图

4.2.4.2　方法评估

（1）资料条件要求较高。该方法模型需要有雨量资料、地形资料以及水文资料。

1）雨量资料主要包括当地暴雨图集或水文手册等基础资料，已有的最新暴雨等值线图、暴雨统计参数等值线图，以及流域汇流时间历时降雨雨型时间序列。

2）地形资料主要包括全流域及其子流域集水区的面积、各集水区平均坡度、各等级河道的平均长度、平均坡度、集水区主流平均坡度、土地利用信息、植被覆盖信息、土壤类型及分布信息、保护对象所在地点的河道比降、纵断面、横断面信息等。

3）水文资料主要包括山丘区小流域沟（河）道的特征水位和特征流量等信息，具体为水位、流量、已有的历史暴雨洪水调查资料及有关山洪记载的历史文献资料等。其中，水位资料是山洪灾害发生期洪水位要素，流量资料为山洪灾害发生期洪水要素，实测洪水比降、根据实测资料率定的河道糙率等。

（2）适用范围较大。具有以上资料的地区，均可使用。

（3）需要技术含量较高的支撑平台。需要专门的支撑平台，既可以采用现有商业化软件，或者免费软件，也可以自主开发相应的支撑平台。

（4）计算模型与参数均较多，计算较为复杂。计算涉及降雨、产流、汇流、演进环节，各环节算法众多，各种算法针对的具体物理机制又有所差别，算法选择和参数设置都对使用人员具有较高要求；一般而言，还需要采用试算法计算，计算工作量较大。

（5）推广价值很大，具有重要前景。这种方法适用于所有受山洪威胁的地区，可进行中观和微观区域的山洪预警，可以具体到沿河村落、城集镇的洪水信息。这种方法允许决策者考虑不同时限的山洪风险（例如，1 小时、3 小时、6 小时等）。输出成果可以变为（可视化）易于理解的方式；可以通过平均降雨量确定一定区域和洪水风险地区；预警的依据是降雨量，便于人们理解。此外，通过此轮山洪灾害调查工作，资料基础进一步得到夯实，分析计算平台也有飞跃性提升。因此，这种方法是山洪预警发展的重要方向，具有很大的推广价值，具有重要前景。

4.2.5　水动力学计算方法

4.2.5.1　方法介绍

针对沿河村落、城集镇、企事业单位等对象的成灾水位及其对应流量，水动力学计算方法考虑了降雨和下渗，以坡面汇流为输入条件，基于二维浅水方程，对山洪的形成与演化过程进行更细致的描述，具有较强的物理机制，理论先进，也有实际可操作性。

4.2.5.2　方法评估

（1）资料条件。这种方法对资料的要求更高，除了实测雨量法中所需资料外，还要有水动力学方法中所必需的、较为复杂的参数。此外，流域地质、地貌等数据以及典型山洪观测资料等也是必不可少的。

（2）适用范围。具有以上基础资料，且具有一定计算技术实力的地区可以采用这种方法。

（3）支撑平台。需要专门的数据处理、水动力学计算分析以及后期成果处理功能的支撑平台。

（4）推广价值。某些计算参数，如阻力系数和下渗变量等，增加了模型的不确定性因素；此外，计算条件要求高，目前还难以大范围推广。

4.3　其他雨量预警指标确定方法

4.3.1　土壤雨量指数法

4.3.1.1　方法介绍

这种方法以土壤含水量为重要参考，以流域土壤含水量饱和程度为主要信息来探讨临界雨量，进而分析得到雨量预警指标。这种方法是日本用于提供泥石流和滑坡预警时采用的。日本气象厅以 1 小时、3 小时和 24 小时降雨量，以及土壤雨量指数作为判断是否发布大雨警报的标准，同时还增加了流域雨量指数作为判断是否发布洪水警报的标准。

土壤雨量指数是采用三层水箱模型，使用精度为 5km 的雷达测雨数据，分析得到市、县、村范围内山洪泥石流爆发的可能性，模型以土壤含水量为指标。经过各层水箱模型得到的蓄水量合计值作为土壤含水量，以此表示降雨导致的土壤湿润程度。指数值越高，可解释为发生山体滑坡和崩塌的危险性越高，如图 4.10 所示。

4.3.1.2　方法特点

土壤雨量指数具有以下特点：

（1）考虑了前期影响雨量 P_a、设计暴雨的雨强和雨量。

（2）简单地考虑了下垫面因素，采用三层水箱模型，但未考虑都具体流域的汇流特征及人口分布特征。

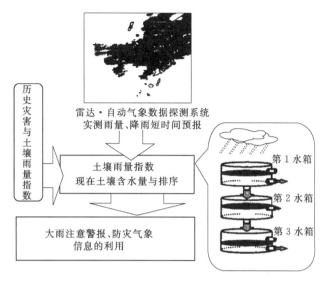

图 4.10 土壤雨量指数示意图

（3）重点考虑的是降雨、前期影响雨量 P_a 和预报的时间。

（4）简单、快速、网格化处理，采用 5km 栅格数据进行预警。

4.3.1.3 方法适用性

土壤雨量指数是利用水箱模型，以计算山洪灾害发生的危险性为目的，故土壤中存蓄的降雨并不能正确估算。需要注意的地方有以下几方面：

（1）水箱模型计算基于全国统一的参数，并未考虑不同区域坡面的植被状况、地质条件、风化因素的空间差异性。

（2）将浅层地下以模型概化，但深层的崩塌、大规模滑坡等地下深层状况并未考虑。

（3）由于降雨与雨雪过程无关，将其作为第 1 个水箱的流入。因此，因降雪导致的积雪覆盖地表的过程以及融雪的过程并未考虑。

4.3.2 比拟法

4.3.2.1 方法介绍

基本思路为，对无资料区域或山洪沟，当这些区域的降雨条件、地质条件（地质构造、地形、地貌、植被情况等）、气象条件（地理位置、气候特征、年均雨量等）、水文条件（流域面积、年均流量、河道长度、河道比降等）等条件与典型区域某山洪沟较相似时，可视为二者的临界雨量基本相同。

比拟法是指将某一流域或山洪沟的临界雨量或预警阈值雨量直接移用到另外一个条件相似的流域或山洪沟的一种方法。可以直接移用各时段的临界雨量，也可以移用临界雨量与时段间的相关关系曲线。

4.3.2.2 方法评估

（1）对宏观及微观尺度资料要求较高。需要目标区和参考区流域的地质构造、地形、微地貌、河道长度、河道比降、河道纵断面、横断面、过流能力等资料。

（2）适用范围较大。具有以上资料的地区，均可使用。

（3）无须专门的支撑平台。不需要专门的支撑平台，只要关键的数据资料齐全，借助经验分析即可完成。

（4）推广时应慎重。由于很难严格保证目标区和参考区的相似性，这种方法应当慎重使用。

4.4　水位预警指标分析方法

根据预警对象控制断面的成灾水位，推算上游水位站的相应水位，作为临界水位进行预警。山洪从水位站演进至下游预警对象的时间应不小于 30 分钟。

4.4.1　上下游相应水位法

4.4.1.1　方法介绍

上下游相应水位法是根据天然河道里的洪水波运动原理，分析洪水波在运动过程中，波的任一位相水位（相当于水位过程线上任一时刻的水位）自上站传播到下站时的相应水位及传播速度的变化规律，即研究河段上下游断面相应水位间和水位与传播速度之间的定量规律，建立相应水位间的关系，据此进行山洪预报的一种简便方法。在山洪灾害预警中，利用上下游水位相关分析，找到与下游村落的成灾水位相应的上游水文站的水位作为预警指标，从而可以实现以两站间洪水传播时间为预见期的山洪预警。

在河段同次洪水过程线上，处于同一位相点上、下站的水位称为相应水位。图 4.11 所示为某次洪水过程线上的各个特征点，例如，上游 2 点洪峰水位经过河段传播时间 τ，在下游站 2′点的洪峰水位，就是同位相的水位。相应水位法的基本方程如下：

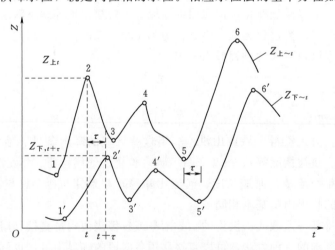

图 4.11　上、下游站相应水位过程线图

（1）河段无区间入流，设河段上游站流量为 $Q_{上,t}$，经过时间 τ 的传播，下游站的相应流量为 $Q_{下,t+\tau}$，两者的关系为

$$Q_{下,t+\tau}=Q_{上,t}-\Delta QL \tag{4.25}$$

式中：ΔQL 为洪水波展开量，与附加比降有关。

（2）河段有区间入流 q，两者的关系为

$$Q_{\text{下},t+\tau} = Q_{\text{上},t} - \Delta QL + q \tag{4.26}$$

当上下游水文站之间的洪水波传播时间足够长，在下游水文站附近的山洪预警村落有足够时间进行人员防御山洪转移时，上下游相应水位法可用来进行山洪灾害水位预警指标分析。以山洪预警村落成灾水位作为下游水位，通过上下游水位相关图反推当村落遭遇成灾水位时，上游站的水位值及上下游水文站之间的洪水传播时间，此时上游站的水位即为该村落进行防灾转移的水位预警值，洪水传播时间即为进行人员转移的最大响应时间。

4.4.1.2 方法评估

（1）资料需求。

1）预警村落相关数据：邻近的沟（河）道的成灾水位与成灾流量（或有满足水位流量关系曲线分析计算的邻近河道的控制性横断面测量数据、河道糙率信息、历史洪水水面比降信息）。当无历史洪水水面比降信息时，应提供邻近河道的控制性横断面河道比降信息。

2）水文记录资料：无支流汇入时，至少需要有上游站和下游站的同场次实测水位过程线；此外尽量提供长系列上下游水位连续记录资料（有重合时段）；有支流汇入时，应至少需要有上游干流站、上游支流站、下游站的同场次实测水位过程线；此外尽量提供长系列上游干流站、上游支流站、下游水位连续记录资料（有重合时段）。

（2）应用条件。需要进行山洪预警的村落附近有水文站，同时在其上游足够远的距离上有上游水文站；当上游有支流汇入时，应同时具有上游干流水文站及上游支流水文站。

（3）支撑平台。不需要专门的支撑平台，只要关键的数据资料齐全，借助日常的办公软件如 Excel 等，即可完成。

（4）推广价值。计算要求不高，且洪水到达时间、洪峰流量等较为可靠，对于水位预警有很大的推广价值。

4.4.2 上下游洪水演进分析法

4.4.2.1 方法介绍

常用的洪水演进方法有水文学方法和水力学方法。由于山丘区小流域河沟缺乏水文地形等资料，山丘区小流域河道演进计算难度较大。另外，山丘区河道洪水演进的影响因素较多，不仅涉及河道本身的特征，还受陆面地形下垫面等特征的影响，故分析计算时需要考虑多方面影响因素的共同作用。

采用水文学方法对山洪上下游洪水演进分析时主要包括特征河长法、马斯京根法（Muskingum routing method）和马斯京根-康吉法（Muskingum - Cunge routing mehtod）等，应充分考虑各种方法中的参数跟山丘区地形、地貌特征（流域范围内坡度、比降、土地利用类型和植被类型），河道特征（河长、河宽、底坡、断面形态）的关系，在一些具体情况下，还应考虑各种方法中如何处理河道两边有无旁侧入流、河底渗漏等的影响。

山丘区河道一般都比较弯曲，容易出现突然缩窄或扩宽等现象，且比降大，滩槽糙率较大。因此，水力学方法中常用的方法包括运动波和扩散波两种模型。两种方法中，都应考虑山丘区地形、地貌特征（流域范围内的坡度、比降、土地利用类型和植被类型），河

道特征（河长、河宽、底坡、断面形态）的关系，还应考虑各种方法中如何处理河道两边有无旁侧入流、河底渗漏等的影响。

运动波模型考虑山洪的坡面过程和河道过程的综合作用，基础算法如下：

（1）坡面流运动方程：

$$\frac{\partial h}{\partial t} + \frac{\partial q}{\partial x} = r_e \quad (0 \leqslant x \leqslant L) \tag{4.27}$$

$$q = ah^m \tag{4.28}$$

式中：t 为时间；x 为距坡面源头的距离；h 为水深；q 为坡面单宽流量；r_e 为有效降雨量；L 为坡面长度；a、m 为坡面常数（由坡面流流态决定）。

（2）河道洪水演进过程。形成山洪的洪水波汇入河道后在河道内的演进过程仍然可以用运动波方程来描述，具体形式如下：

$$\frac{\partial A}{\partial t} + \frac{\partial Q}{\partial x} = q \quad (0 \leqslant x \leqslant L_c) \tag{4.29}$$

$$Q = GA^M \tag{4.30}$$

式中：A 为河道断面面积；Q 为河道流量；q 为河道坡面入流的单宽流量；L_c 为河道长度；G、M 为由流态决定的系数（也叫河道流量系数）。

当 $A \to h$，$Q \to q$，$q \to r_e$，$L_c \to L$，$G \to a$，$M \to m$ 时，式（4.29）、式（4.30）与式（4.27）、式（4.28）形式相同。

根据坡面和河道内山洪形成与运动控制方程，采用数值离散之后，即可根据研究区域的地形地貌特征、水文气象资料进行实际山洪的数值模拟。研究模型参数与小流域地形地貌、河道几何特征与河道断面之间的关系时，只要能够找出运动波模型参数与小流域地形地貌、河道几何特征与河道断面之间的关系，山丘区小流域河道洪水演进计算方法适用性问题就基本解决了。

在运动波分析中，洪水运动的主要动力为重力，下游任何扰动不可能上溯影响到上游断面的水流情况；不论波形传播过程中是否变形，其波峰保持不变，没有耗散现象；当波形发生变化时，不可避免地会发生运动激波。也就是说，这种方法比较适合于相对顺直的山丘区河道上下游洪水演进快速模拟。

对于河道相对弯曲、有卡口现象的山丘区河道上下游洪水模拟，可考虑扩散波模型。在圣维南方程中，忽略了惯性项即得到扩散波控制方程，扩散波是动力波的特殊情况，联立连续方程求解。

4.4.2.2 方法评估

（1）资料需求。山丘区上下游河道断面地形资料，河道比降，局地地形、地貌特征（即流域范围内的坡度、比降、土地利用类型和植被类型），河道特征（河长、河宽、底坡、断面形态等），以及河道两边旁侧入流、河底渗漏等资料。

（2）适用范围。山丘区河道上下游沿河村落、城（集）镇的水位预警。

（3）支撑平台。可采用免费、商业软件，也可以自行编制软件。

（4）推广价值。模型的计算条件要求高，但洪水到达时间、洪峰流量等较为准确，对于水位预警等有很大的推广价值。

4.5 预警指标确定方法比较分析

4.5.1 现有方法比选分析

表4.2所示为现有预警指标确定方法从资料需求、计算步骤、成果形式、适用情况等方面进行评估的成果。根据云南省现阶段的实际情况，考虑到山洪灾害防治工作的资料需求、技术力量、使用习惯等因素，推荐采用雨量临界线法、水位流量反推法、分布式流域水文模型法进行雨量预警指标及阈值推算，推荐采用上下游相应水位法进行临界水位分析方法。

4.5.2 调查评价成果挖据分析

云南省山洪灾害调查评价所取得的丰富成果主要包括覆盖云南省的山洪灾害防治基础数据，反映了云南省高原山区水文气象特性、小流域下垫面水文特征、小流域暴雨山洪特性及历史山洪灾害、社会经济及危险区人口分布、人类活动影响等基础而又关键的信息，可以为山洪灾害防御提供信息支撑。大体而言，所获得的基础信息可以从行政管理和流域两个角度进行梳理。

（1）管理角度：主要是从行政管理角度出发。对于山洪灾害防御所需的基础信息，侧重于数据成果的统计与汇总方面的管理，主要包括以下方面：

1）各级行政区内沿河村落、城（集）镇、企事业单位等防御保护对象的数量、名称、人口及其空间分布情况。

2）各级行政区内危险区分布，各危险区内沿河村落、城（集）镇、企事业单位等防御保护对象的数量、名称、人口及其分布情况。

3）各级行政区内沿河村落、城（集）镇等防御保护对象现状防洪能力。

4）各级行政区内山洪灾害监测预警设施种类、数量、地点、运行状况。

5）各级行政区内历史山洪灾害发生地点、规模及其损失情况。

6）各级行政区内可能对山洪产生影响的涉水工程的种类、数量及其分布情况。

7）各级行政区内沿河村落、城（集）镇、企事业单位等防御保护对象的山洪灾害预警指标。

8）各级行政区内沿河村落居民户的户数及其家庭资产大致情况。

（2）流域角度：关注沿河村落、城（集）镇、企事业单位等防御保护对象分布的小流域的信息。偏重于自然属性，用于山洪的分析计算，以及现状防洪能力计算，临界雨量、临界水位分析进而确定预警指标等，信息主要包括以下方面：

1）小流域的几何特征，如流域面积、形状。

2）小流域的地形特征，如坡面坡度、相对高差，影响暴雨洪水过程的产汇流。

3）小流域的河道/沟道特征：如河道长度、河道密度、坡度、卡口、展宽等。

4）小流域所在地区的短历时、强降雨的暴雨特征。

表4.2　现有预警指标确定方法评估成果

类型		方法名称	资料要求	适用范围	支撑平台	推广价值
雨量预警指标	以雨量信息为主	实测雨量统计法	相对较低，自然地理概况、水文气候特征、流域及河道特征资料	适用范围大	不需要专门的支撑平台，只要关键的数据资料齐全，借助日常的办公软件，如Excel等，即可完成	因资料需要高和缺乏物理基础而推广价值有限
		降雨驱动指标法	需要一定样本的实际山洪/泥石流事件流域内的雨量资料	较为广泛	不需要专门的支撑平台，只要关键的数据资料齐全，借助日常的办公软件，如Excel等，即可完成	资料要求不高、方法简洁，考虑了降雨量和雨强关系，且有一定统计规律，成果表现形式直观形象，因而具有一定推广价值
		雨量临界线法	较低，需要指定的典型地点的河道比降、纵横断面信息，以及当地的暴雨图集；以及当地水文手册等基础资料	适用范围较大，具有以上资料的地区，均可使用	不需要专门的支撑平台，只要关键的数据资料齐全，借助日常的办公软件，如Excel等，即可完成	由于资料要求低、且具有较好的物理基础，无须专门的支撑平台，便于地方人员采用，具有一定的推广价值
	基于水位/流量信息反推	水位流量反推法	相对较低，需要指定沿河村落、城镇等控制断面所在的河道比降、横断面、糙率系数等信息；以及当地水文手册等基础资料	具有以上资料的地区，均可使用	不需要专门的支撑平台，只要关键的数据资料齐全，借助日常的办公软件，如Excel等，即可完成	由于资料要求低，无须专门的支撑平台，便于地方人员采用，便于地方的支撑平台，因而，具有一定的推广价值
		FFG推算法	①小流域的基本属性特征，包括地理位置、地形地貌特征、支流（沟）水系分布情况、流域面积、坡面坡度、土壤类型、植被类型及覆盖情况等；②小流域沟（河）道长度、河道比降、糙率等；③居民集中居住地、工矿企业和基础设施附近典型的河道断面等	中观和宏观区域：主要是针对较大范围内的山洪预警，针对具体流域河村落、城镇等更进一步的信息	应当包括持续降雨信息、径流深计算，地表汇流计算、洪水演进计算等较为全面和系统的信息获取与处理，计算与分析功能	允许决策者考虑不同时限的山洪风险。山洪预警量的依据是降雨量，易于人们理解和接受。因此，这种方法具有较大的推广价值，具有一定局限性，正在改进和完善中
		分布式流域水文模型法	要求较高，主要需要雨量资料、地形资料以及水文资料	适用范围较大，具有以上资料的地区，均可使用	需要专门的支撑平台，计算较为复杂	是山洪预警发展的重要方向，具有很大的推广价值，在我国具有重要应用前景
		水动力学计算法	对资料所需的要求较高，除了实测雨量法中所需资料外，还需要水动力学方法中所需的较为复杂的参数。流域地质、地貌等数据以及典型山洪观测资料等必不可少	具有以上资料，且具有一定计算技术实力的地区可以采用这种方法	需要专门的数据处理、水动力学计算与分析以及后期成果处理功能的支撑平台	由于计算参数，如阻力系数和下渗变量等，增加了模型的不确定性因素；此外，计算要求高，目前要求大范围推广

续表

类型	方法名称	资料要求	适用范围	支撑平台	推广价值
雨量预警指标 其他方法	土壤雨量指数法	前期影响雨量 P_a、设计暴雨雨强和雨量、土壤特性、5km网格	主要针对泥石流、滑坡等类型，适用以上资料范围较大、均可使用	需要具有三层水箱模型计算的支撑平台	与雨量信息配合使用，在泥石流及滑坡预警方面具有参考价值
	比拟法	对宏观及微观尺度资料要求较高，需要目标区和参考区流域的地质构造、地貌、河道长度、河道比降、横断面、河道纵断面、过流能力等资料	适用范围较大，具有以上资料的地区，均可使用	不需要专门的支撑平台，只要关键的数据资料齐全，借助经验分析即可完成	由于很难严格保证目标区和参考区相似性，因此，这种方法应当慎用
水位预警指标	上下游洪水相关分析法	预警村落相关数据；水文记录资料	需要进行山洪预警的村落附近有足够近的距离上游有水文站；当上游有支流汇入时，应同时具有上游干流水文站及上游支流水文站	不需要专门的支撑平台，只要关键的数据资料齐全，借助日常的办公软件，如Excel等，即可完成	计算要求不高，且水到达时间、洪峰流量等为可靠，对于水位预警具有很大的推广价值
	上下游洪水演进分析法	山丘区上下游河道断面地形资料、河道比降、局地地貌特征、河道两边旁侧入流、河底渗漏等	山丘区河道上下游沿河村落、城镇集镇的水位预警	可采用免费、商业软件，也可以自行编制软件	计算要求较高，但洪水到达时间、洪峰流量等较为准确，对于水位预警有很大的推广价值

5）小流域的洪水特征。

6）沿河村落、城（集）镇等防御保护对象附近河道/沟道的河道地形，如纵断面、横断面、糙率等。

7）可能对山洪产生影响的涉水工程的种类、数量及其分布情况，如小型水库、塘坝、闸门、桥梁、涵洞等。

8）小流域土地利用情况，影响暴雨洪水过程的产汇流。

9）小流域植被覆盖情况，影响暴雨洪水过程的产汇流。

10）小流域土壤质地，如土壤下渗能力等，影响暴雨洪水过程的产汇流。

11）小流域历史洪水信息，如洪痕、淹没范围等，提供重要的山洪影响信息。

12）沿河村落人口沿高程分布等。

在山洪灾害调查评价工作中，已经初步获得了沿河村落、城（集）镇、企事业单位等防御保护对象的现状防洪能力计算、临界雨量、临界水位等信息，尤其是分析得到了小流域典型频率下标准历时及自定历时的暴雨特性（如1小时、3小时、6小时等短历时强降雨特性）以及设计洪水特性（不同频率设计洪水洪峰及其洪峰模数等）。图4.12所示为云南省历史山洪灾害事件中短历时降雨与分析计算预警指标及多年平均降雨量的对比关系。针对基层技

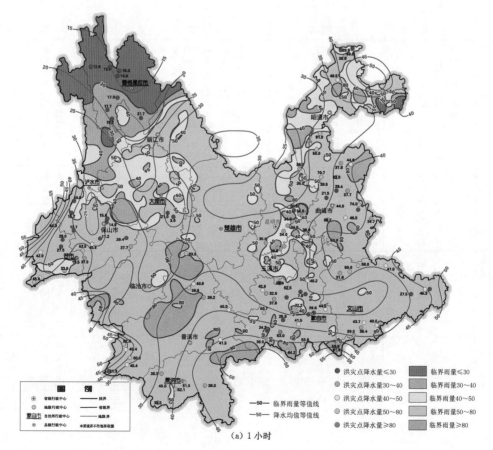

（a）1小时

图 4.12（一）　云南省历史山洪灾害事件中短历时降雨与分析计算预警指标及多年平均降雨量的对比关系

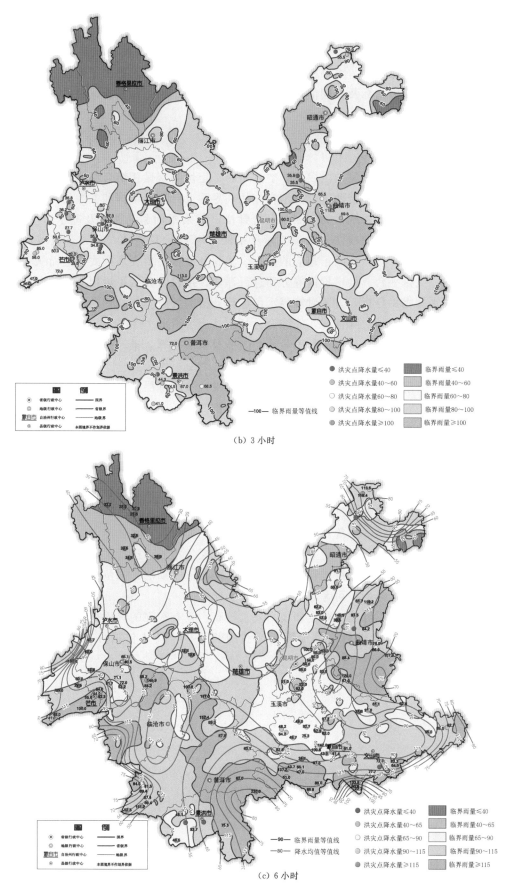

（b）3 小时

（c）6 小时

图 4.12（二）　云南省历史山洪灾害事件中短历时降雨与分析计算预警指标及多年平均降雨量的对比关系

术力量较为薄弱的具体情况，本书在比选分析推荐方法的基础上，提出了推理公式法和洪峰模数法估算雨量预警指标及其阈值，供基层技术人员确定雨量预警指标时参考使用。

4.6　本章小结

　　山洪灾害预警指标是预测山洪发生时空分布的、定性与定量相结合的衡量指数或参考值，包括雨量预警与水位预警两大类。本章先从临界雨量计算所依据和关注的核心信息角度，对以雨量信息为主分析统计的实测雨量统计法、降雨指标驱动法以及基于水位/流量信息反推降雨的雨量临界曲线法、水位流量反推法、FFG 推算方法、分布式流域水文模型法以及水动力学计算法，介绍了相应的原理、步骤及成果主要表现形式，进而从资料需求、适用范围、支撑平台、推广价值等方面进行评估；接着，介绍了运用上下游洪水演进分析、上下游水位相关分析等方法对临界水位进行分析的要点。

　　根据云南省现阶段的实际情况，经综合分析后推荐采用降雨指标驱动法、水位/流量反推法、分布式流域水文模型法进行雨量预警指标及阈值推算，推荐采用上下游相应水位法进行临界水位分析方法。

　　此外，基于云南省山洪灾害调查评价的丰富成果，针对基层技术力量较为薄弱的实际情况，提出推理公式法和洪峰模数法估算雨量预警指标及其阈值。

　　综上所述，本书中推荐和提出的云南省山洪灾害防治预警指标和阈值分析方法，可以归结为以下三种类型：

　　（1）简易估算类方法。难度很低，技术要求简单，只要基于《云南省暴雨洪水查算实用手册》提供的基础资料和方法以及调查评价成果，即可进行雨量预警指标及阈值的分析计算，具体包括推理公式法及洪峰模数法两种。

　　（2）简要计算类方法。中等难度，技术要求中等，要求具有《云南省暴雨洪水查算实用手册》提供的基础资料以及一定数量的样本资料，抓住本质，进行关键要点计算，即可进行雨量预警指标及阈值的分析计算，具体包括降雨指标驱动法、水位/流量反推法两种；若对水位预警指标进行分析，可考虑上下游相应水位法。

　　（3）模型计算分析类方法。难度和技术要求较高，具有很强的降雨径流机理，可以同时对多个流域、多个对象进行雨量预警指标和阈值分析，具体包括分布式流域水文模型法。

第5章

云南山洪灾害预警指标分析方法应用及研究

结合云南省各地的资料基础、技术力量等各种实际情况以及对国内外主要山洪预警指标分析方法的评估，对于云南省山洪预警指标确定和阈值方法，本书推荐采用分布式流域水文模型法、水位流量反推法、降雨驱动指标法三种方法，并提出推理公式法和洪峰模数法，可作为无存储预警平台系统情况下的简易估算方法。本章充分运用山洪灾害防治项目前期建设成果，从云南昭通、楚雄、保山、红河等山洪灾害严重的州（市），选择典型小流域及沿河村落、城（集）镇，对推荐和提出的方法运用实例进行检验，加强山洪预警指标确定的理论、技术与操作性难易程度研究。

5.1 推理公式法

5.1.1 方法原理

推理公式属于集总式概念性模型，是最早用暴雨推求洪峰的方法之一。推理公式结构简单、计算方便，在小流域设计暴雨洪水计算中得到广泛应用，但也因其"过于简单粗略"的概化，难以适应复杂多变的实时水雨情状况，故很少用于常规洪水预报。然而山洪预警指标分析与洪水预报思路不同，前者以洪水反求暴雨，且无暴雨过程和明确的预见期要求，因而结构简单的推理公式有其应用的可行性。针对山洪雨量预警实用需求，舍去部分汇流中对流域面积分配曲线的矩形概化，结合等流时线方法，推演得出各典型时段的临界雨量计算式，可供现行山洪预警雨量分析中使用。

推理公式假定在造峰历时内，流域损失强度、净雨强度在时间和空间上都是均匀的。

当产流时间 $t_c \geqslant \tau$ 时，称为全面汇流，计算时段取全流域汇流时间，推得：

$$Q_m = 0.278 \frac{h_\tau}{\tau} F \tag{5.1}$$

式中：h_τ 为流域回流时间 τ 历时所对应的最大净雨量，mm；F 为流域面积，km^2。

当产流时间 $t_c < \tau$ 时，称为部分汇流，计算时段取产流时间，推得：

$$Q_m = 0.278 \frac{h_R}{t_c} F_{t_c} \tag{5.2}$$

式中：h_R 为 t_c 历时所对应的净雨量，即总产流量，mm；F_{t_c} 为 t_c 历时所对应的最大部分汇流面积，km^2。

实践中，由于客观定量 $\dfrac{F_{t_c}}{t_c}$ 比较困难，为简化计，采用如下假定：

$$\frac{F_{t_c}}{t_c}=\frac{F}{\tau} \tag{5.3}$$

式（5.3）意味着在计算时段内，流域面积分配曲线被概化为矩形，于是式（5.2）可改写成：

$$Q_m=0.278\frac{h_R}{\tau}F \tag{5.4}$$

在式（5.1）和式（5.4）中，$\dfrac{h_\tau}{\tau}$ 和 $\dfrac{h_R}{t_c}$ 都可以粗略地视为以汇流时间 τ 为历时的净雨强度 I_τ，单位为 mm/h。其中，h_τ 为 τ 时段的净雨量，故由式（5.1）和式（5.4）知，设计洪水洪峰 Q_m 与以汇流时间 τ 为历时净雨强度 I_τ 和流域面积 F 相关，进而将推理公式概化为

$$Q_m=0.278I_\tau F \tag{5.5}$$

对于比汇流时间短的时段 t 的雨量 h_t，根据推理公式汇流的线性假设，有

$$\frac{h_t}{t}=\frac{h_\tau}{\tau}=I_\tau \tag{5.6}$$

由此，推得

$$h_t=3.6\frac{Q_m}{F}t \quad (t\leqslant\tau) \tag{5.7}$$

将推理公式用于推求雨量预警指标时，洪峰流量 Q_m 可视为沿河村落、城集镇等分析对象成灾水位对应的临界流量，流域面积 F 应视为保护对象以上汇水面积，净雨量 h_t 是总降雨量 H 扣除坡地填洼、植被截流以及土壤下渗等各种降雨损失 L 后的雨量，t 为预警时段，可以考虑取 1 小时、3 小时以及 6 小时等。因而，t 时段的降雨量 H 为临界雨量 H_c，可由下式推求。

$$H_c=H_t+L_t=3.6\frac{Q_m}{F}t+L_t \quad (t\leqslant\tau) \tag{5.8}$$

式（5.8）中，各参数的确定方法或来源如下：

（1）洪峰流量 Q_m：根据曼宁公式，基于沿河村落、城集镇等保护对象成灾水位推算得出。

（2）流域面积 F：评估对象所在河沟控制断面上游汇水面积，参考山洪灾害调查评价基础数据中小流域基础属性信息获得。

（3）预警时段 t：可以根据需要确定。

（4）汇流时间 τ：可以采用试算法和图解法确定，并结合洪水坡面流和沟道流的一般流速进行估算。一般而言，流域汇流时间可以视为最长的有效预警时段，即当 $t>\tau$ 时，式（5.8）用得很少或者基本上不用，预警时段 t 的临界雨量，可以参考当地雨量计算公式，将 Q_m 的频率假定与降雨频率相同，进而进行估算。

根据以上分析，基于山洪灾害调查评价成果，成灾水位对应洪峰流量 Q_m、集雨面积

F、预警时段 t 均为已知，只剩下确定降雨损失 L_t，成为解决雨量预警指标获取问题的关键，即问题转化为确定降雨损失 L_t。

众所周知，暴雨山洪因强降雨形成，山丘区沟（河）道比降一般较大，故山洪历时很短，陡涨陡落，一般仅持续数小时，即山丘区暴雨山洪具有短历时、强降雨、大比降、小面积等特点。针对暴雨山洪的这些特点，在进行降雨损失计算时，对暴雨洪水计算中的一些因素（如蒸散发、基流等），可以进行简化甚至省略，但对设计暴雨洪水计算中一些通常被简化的因素，如流域土壤含水量、前期降雨、土壤下渗动态变化等，又应当具有细化或者较为详细的考虑。

基于这样的考虑，降雨损失主要考虑洼地蓄水、植被截留和土壤下渗三个方面。

（1）洼地蓄水。地面洼地具有不同的大小与深度，自土壤颗粒大小的微穴至几百平方米的大坑不等。当降雨强度超过入渗率之后，超渗雨量首先填满坑洼，然后才能顺坡面流下。根据 H. H. 戚戈戴夫的研究，坡面上坑洼起伏所截流的水量损失可按表 5.1 提供的方法估计。

表 5.1　　　　　　　　　洼 地 蓄 水 估 算 方 法

洼地描述	蓄水量/mm	备　　注
非常不平的地面	15	当山坡坡度在 100‰ 以下时，可采用上述数值；当山坡坡度在 100‰～300‰ 之间时，上述截流水量应减少 30%；当山坡坡度大于 300‰ 时，上述截流水量应减少 50%
一般的地面、铺砌面	10	
极平坦的地面、沥青面	3	

注　资料来源：徐在庸，山洪及其防治［M］，北京：水利出版社，1981。

此外，耕作方式也能改变天然的洼坑，而代之以很多的耕作痕迹。人工改造微小地形，如修筑小池塘、鱼鳞坑、等高耕作等，都是增加坑洼蓄水量的措施，可以缓和与减少地面径流的作用。

（2）植被截留。应当考虑植被类型、郁闭度、覆盖程度等因素。根据有关研究，较差植被的截流量仅在 $0.25\sim1.25$ mm 之间，在山洪净雨分析中通常可以忽略；但对于森林覆盖较大的小流域而言，林冠层截持降雨作用与郁闭度、树种、林型以及地面枯枝落叶层等因素有关，低雨量时波动较大，高雨量时达到定值，一般截持量可达 $13\sim17$ mm。

（3）土壤下渗。应当考虑土壤类型、质地、松散程度等因素。按美国水土保持局的资料，典型类型的土壤下渗率可以参考表 5.2 考虑。如果有资料率定，也可以采用霍顿公式、菲利浦公式等方法进行更深入的估算。

表 5.2　　　　　　　　　土 壤 类 型 与 下 渗 率（SCS，1986）

土壤类型		描　　述	损失率范围/(mm/h)
砂土	A	较厚的沙地、黄土以及聚合的泥沙	7.62～11.43
砂壤土	B	较浅的砂质黄土、砂壤土、壤土	3.81～7.62
壤土、黏土	C	黏质壤土、浅砂质壤土、低有机物含量的土壤、高黏土含量的土壤	1.27～3.81
湿土、盐碱土	D	因湿润、高塑性黏土含量、或高含盐量而明显膨胀的土壤	0～1.27

（HMS用户手册，美国水土保持局，1986）

5.1.2 资料要求

这种方法需要以下资料：

（1）《云南省暴雨洪水查算实用手册》。

（2）流域或行政区内山洪灾害调查评价成果，主要为：小流域暴雨特性，沿河村落及城集镇等分析对象控制断面、成灾水位、河道及河岸糙率等，以及植被覆盖、土壤质地及类型、分布等。

（3）如有可能，有土壤下渗率曲线资料更好。

5.1.3 计算步骤

（1）根据沿河村落及城集镇等分析对象控制断面、成灾水位、河道及河岸糙率等，采用曼宁公式，推算临界流量，代替公式中的洪峰流量 Q_m。

（2）根据调查评价成果中的小流域属性数据资料，确定沿河村落及城集镇等分析对象的汇水面积 F 及汇流时间 τ，汇流时间 τ 也可以采用试算法和图解法等求得。

（3）根据式（5.7），估算各个预警时段所需的净雨量 h_t。

（4）根据汇水区域内植被覆盖和土壤质地及分布情况，估算各个预警时段的降雨损失 L_t。

（5）根据式（5.8），估算各个预警时段的临界雨量。

（6）考虑流域土壤含水量等因素，分析临界雨量变化阈值，获得预警指标。

5.1.4 实例应用及检验

详见本书下篇"第 11 章计算实例"中"11.1 推理公式法实例"。

5.2 洪峰模数法

在山洪灾害调查评价中，已经进行了设计暴雨和设计洪水的计算，并且还统一提取了丰富的小流域属性数据，如流域面积、河道长度及比降、流域下垫面信息，甚至直接得到了较稀遇洪水的洪峰模数等，运用这些信息，可以对预警指标进行大致估算，方法介绍如下。

5.2.1 方法原理

将式（5.5）变形，得到洪峰模数如下：

$$\frac{Q_m}{F}=M=0.278I_\tau \tag{5.9}$$

式中：M 为洪峰模数；I_τ 为以汇流时间为 τ 历时的降雨强度。

基于式（5.7）推得

$$h_t = 3.6Mt \quad (t \leqslant \tau) \tag{5.10}$$

由此得临界雨量估算公式为

$$H_c = h_t + L_t = 3.6Mt + L_t \quad (t \leqslant \tau) \tag{5.11}$$

式中：洪峰模数 M 可以参考山洪灾害调查评价数据中设计洪水的信息获得；t 为预警时段，可以根据需要确定；L_t 为降雨损失。

τ 为流域汇流时间，可以采用试算法和图解法确定，并结合洪水坡面流和沟道流的一般流速进行估算。一般而言，流域汇流时间可以视为最长的有效预警时段，即当 $t > \tau$ 时，预警时段 t 的临界雨量。可以参考当地雨量计算公式，将 Q_m 的频率假定为与降雨频率相同，对 τ 进行估算。

这样，洪峰模数 M、预警时段 t 均为已知，降雨损失 L_t 成为解决雨量预警指标获取问题的关键，即问题转化为确定降雨损失 L_t。后面的解决思路与方法与推理公式法相同，具体见 5.1.1 节。

5.2.2　资料要求

这种方法需要以下资料：

（1）《云南省暴雨洪水查算实用手册》。

（2）流域或行政区内的山洪灾害调查评价成果，主要为：小流域暴雨特性和设计洪水，沿河村落及城集镇等分析对象控制断面、成灾水位、河道及河岸糙率等，以及植被覆盖、土壤质地及类型、分布等。

（3）如有可能，有土壤下渗率曲线资料更好。

5.2.3　计算步骤

（1）确定沿河村落及城（集）镇等分析对象控制断面临界流量的洪峰模数 M：既可以运用河道断面资料、成灾水位、河道及河岸糙率以及小流域属性数据资料等，采用曼宁公式进行推算，也可以根据山洪灾害调查评价成果中的设计洪水成果和小流域属性数据资料，用插值法进行处理。

（2）根据式（5.10），估算各个预警时段所需的净雨量 h_t。

（3）根据汇水区域内的植被覆盖、土壤质地及分布情况，估算各个预警时段的降雨损失 L_t。

（4）根据式（5.11），估算流域汇流时间内各个预警时段的临界雨量；当预警时段大于流域汇流时间时，可以参考当地雨量计算公式，将 Q_m 的频率假定为与降雨频率相同，然后再进行估算。

（5）考虑流域土壤含水量等因素，分析临界雨量变化阈值，获得预警指标。

5.2.4　实例应用及检验

详见本书下篇"第 11 章计算实例"中"11.2 洪峰模数法实例"。

5.3　水位/流量反推法

5.3.1　方法原理

见 4.2.2 节。

5.3.2　资料要求

（1）基础资料。区域暴雨图集、水文手册等基础性资料，流域汇流时间历时对应的降雨雨型等时间序列及时间步长，判断资料是否满足暴雨山洪陡涨陡落、历时短暂等特性的要求。

（2）地形资料。沿河村落、城集镇等分析对象所在河道的水文特征包括比降、纵断面与横断面信息、河道断面演变情况；分析对象以上汇水面积等信息；分析对象集水区汇流时间分析所需的地形资料。

（3）水文资料。沿河村落、城集镇等分析对象附近沟（河）道的特征水位和特征流量等信息，主要包括水位及对应的流量、已有的历史暴雨洪水调查资料、有关山洪记载的历史文献资料等。其中，水位资料为山洪灾害发生期的洪水位要素；流量资料为山洪灾害发生期的洪水要素；实测洪水比降，根据实测资料率定的河道糙率等。

5.3.3　计算步骤

（1）分析确定沿河村落、城集镇控制断面成灾水位对应的临界流量 $Q_灾$，并参考流域汇流时间确定预警时段。

根据预警对象的具体情况，确定所在河流断面处发生山洪灾害时可能的临界水位值 $H_临$；进而根据断面特征，采用河道水力学方法，用曼宁公式确定水位-流量关系，然后根据断面成灾水位，借助于水位-流量关系确定成灾水位对应流量值 $Q_灾$。

（2）计算设计暴雨。即给定某一频率 P，计算 24 小时设计面雨量 $R_{24,p}$，运用暴雨图集或水文手册等基础资料，确定与频率 P 对应的 24 小时设计点雨量。如果断面上游的集雨面积较大（不小于 $10km^2$），根据点面折减系数，计算设计面雨量 $R_{24,p}$；反之，则不需要进行雨量的点面转换。

（3）计算设计洪峰 $Q_{m,p}$。设计洪峰流量计算时需要考虑各种降雨损失。可根据水文手册查得初损值和稳渗值，扣除初损和稳渗后得设计净雨过程，根据净雨过程计算设计主雨强。采用当地经验公式、推理公式或者瞬时单位线等方法，计算得到设计洪峰值 $Q_{m,p}$。

（4）确定 $Q_{m,p}$-P 关系。给定多个频率值（如 5%、10%、20%、50% 等），重复上述步骤（2）和步骤（3），可以得到多个设计洪峰值，然后点绘设计洪峰与对应频率的关系曲线 $Q_{m,p}$-P。

（5）确定临界雨量的频率 $P_灾$。利用临界流量，在 $Q_{m,p}$-P 上查出对应的频率 P，在临界雨量与临界流量同频率的假定下，认为该频率 P 就是临界雨量的频率 $P_灾$。

（6）指标初值确定。在得到成灾水位对应的临界雨量频率后，利用暴雨图集或水文手册，计算出与频率 $P_灾$ 对应的设计面雨量 $R_{24,p}$，然后，利用暴雨公式确定与各计算时段（t_1，t_2，…，t_n，其中最大时段 t_n 等于流域的汇流时间）对应的设计暴雨，即为临界时段雨量。根据不同时段对应的临界雨量，可以分析出临界雨量与预警时段之间的相关关系，并绘制成临界雨量-预警时段相关图。在图上读出不同时段的降雨量，作为雨量预警指标的初值。

（7）预警指标确定。按照流域土壤含水量的干旱、一般、较湿等三种典型情景，考虑相应的雨量扣损计算，根据计算的雨量临界值进行阈值分析，绘制出雨量临界分区图，合理确定临界雨量的变幅，即进行阈值分析。在此基础上，确定准备转移和立即转移预警指标的阈值范围。

5.3.4　实例应用及检验

详见本书下篇"第11章计算实例"中"11.3 水位流量反推法实例"。

5.4　降雨驱动指标法

5.4.1　方法原理

见 4.1.2.1 节。

5.4.2　资料要求

这种方法需要一定样本资料和基础资料，具体详见 4.1.2.2 节。

5.4.3　计算步骤

此方法经过降雨强度（PI）统计、前期降雨（P_a）计算、降雨驱动指标（RTI）计算、临界区确定、阈值分析等分析计算步骤完成，具体见 4.1.2.1 节。

5.4.4　实例应用及检验

详见本书下篇"第11章计算实例"中"11.4 降雨驱动指标法实例"。

5.5　分布式流域水文模型法

采用分布式流域水文模型方法，根据流域内多个子流域在地形地貌、河网特征、土地利用、植被覆盖、土壤类型、预警地点分布等具体情况，合理划分水文计算单元，并设置相应的参数，同时计算流域内多个居民集中居住地、工矿企业和基础设施等预警地点附近的洪水过程，根据预警地点的预警流量、洪峰出现时间、雨峰出现时间等确定响应时间，反推各个预警地点的临界雨量信息。

5.5.1 方法原理

具体参见 4.2.4.1。

5.5.2 资料要求

需要雨量、地形及水文等三个方面的配套资料，具体参见 4.2.4.2。

5.5.3 计算步骤

图 5.1 给出了本方法的思路示意图。本方法主要分为预警时段拟定、预警流量分析、土壤含水量考虑、雨量及雨型分析、模型建立、临界雨量计算六个主要步骤，各步骤的具体分析内容如下。

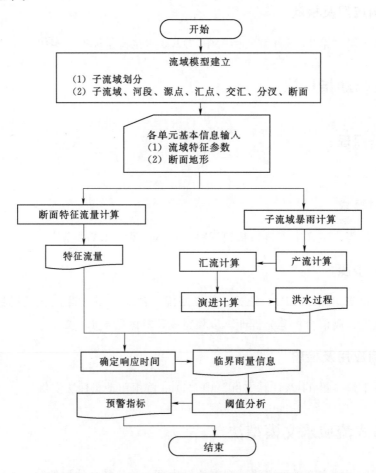

图 5.1 分布式流域水文模型山洪临界雨量确定方法的思路

（1）预警时段拟定。预警时段指临界雨量一系列的典型降雨历时。受分析对象上游集雨面积大小、降雨强度、流域形状及其地形地貌、植被、土壤等因素的影响，预警时段会发生变化，可以从 0.5 小时、1 小时至数小时、甚至十几小时不等。地形地貌及其水系特征对小流域汇流具有重要影响，流域汇流时间是非常重要的预警时段之一，可以理解为预警的最长时段。此外，还应根据预警对象所在地区的暴雨特性、流域面积大小、平均比降、形状系数、下垫面情况等因素，拟定比流域汇流时间小的其他更短历时的预警时段。

（2）预警流量分析。根据沿河村落、集镇、城镇等具体分析对象控制断面的成灾水位，综合考虑防治对象所处河段上下游附近的地形地貌、河谷形态、洪水上涨速率、预警和转移过程时间等因素，选择其典型断面地形，确定其相应的临界流量。临界流量的推求，通常采用一些简单方法进行，如用曼宁公式推算，根据历史实际洪水/洪水位推求等，分析确定预警流量。

（3）土壤含水量考虑。土壤含水量对流域产流具有重要影响，是临界雨量分析中的重要内容，分析的目的是科学地扣除雨量损失。

（4）雨量及雨型分析。雨量初值以 24 小时雨量给出，并按设计雨型或者实际场次降雨分布情况，确定各时段雨量，得到相应的降雨过程系列，作为模型最初的输入。

（5）模型建立。对流域建立分布式水文模型时，特别注意以下几点：①充分参考居民集中居住地、工矿企业、基础设施等预警地点地理位置，适当划分子流域，确定子流域、河段、源点、汇点、合流、分汊等计算对象和单元；②结合计算对象和单元的地形地貌特征、植被覆盖情况、土地利用、土壤类型、河道特征，输入各计算单元的基本信息；③采用流域典型降雨-径流事件的资料，进行参数率定和模型验证。

（6）临界雨量计算。计算时，首先假定一个初始雨量，并按雨型分布确定该雨量的各时段雨量，形成一个降雨过程系列，将该系列作为模型输入条件，计算预警地点的洪水过程；比较计算所得的洪峰流量与预警地点的预警流量，如果二者接近，该雨量即作为该时段的临界雨量，如果差异较大，需重新设定初始雨量，重复进行计算，直至计算所得的洪峰流量与预警地点的预警流量差值小于预定的允许误差。

计算中，输入的降雨信息（如雨强、累积雨量和前期雨量），可以通过相关的雨量观测站资料直接获得。延迟时间通过流域特征参数进行计算，临界流量是通过关注地点断面地形进行计算获得，这二者通过简单量测和计算即可得到。但为了得到临界流量出现时间，需要计算山洪流量过程，这项工作需要较多的分析和计算量。获得这些输入信息后，经过模型分析，可以得到相应降雨方面的预警指标，如典型土壤含水量情况下不同时段的雨量等。

这种方法可以同时展现多个沿河村落、集镇、城镇等分析对象的临界雨量信息，既可以表现为表格形式，也可以表现为图形等。

5.5.4　实例应用及检验

详见本书下篇"第 11 章计算实例"中"11.5 分布式流域水文模型法实例"。

5.6　上下游相应水位法

方法原理和资料要求见 4.4.1。实例应用及检验详见本书下篇"第 11 章计算实例"

中 "11.6 上下游相应水位法实例"。

5.7　不同方法对比分析

5.7.1　以双河小流域为例

本节以昭通市绥江县双河村双河 1 组为例,在 4.1.4 中已经用推理公式法求出了该评估对象的临界雨量和预警指标,分别见表 5.2、表 5.3 和图 5.6,本节以下部分将采用其他方法分析该评估对象的临界雨量和预警指标,以期对比分析各种方法的优缺点。

5.7.1.1　水科院推理公式法

(1) 临界流量计算。根据双河 1 组控制断面、成灾水位、河道及河岸糙率等,采用曼宁公式计算流速,进而推算临界流量 Q_m。

曼宁公式如下:

$$v = \frac{1}{n} R^{2}/3 J^{1/2} \tag{5.12}$$

式中: v 为过流断面平均流速,m/s; n 为糙率; R 为水力半径,m; J 为洪水水面线比降,小数。

根据流量为

$$Q = Av$$

式中: A 为过水断面面积,m^2。

相应水位下的过水断面面积 A 和水力半径 R 由控制断面求得,比降 J 由纵断面求得,糙率 n 值由小流域下垫面条件确定。

根据实地调查及测量资料概化(图 5.2 和表 5.3)进行洪水推算,控制断面附近河道比降为 25.35‰,断面过水面积约为 $47m^2$,湿周约为 31m,计算得水力半径 1.44m。根据河床组成情况,取糙率 0.045,由此计算临界流量为 $201m^3/s$。具体计算参数及结果见表 5.4。

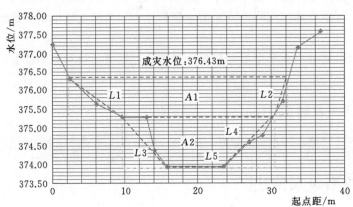

图 5.2　双河村双河 1 组控制断面概化

表 5.3 双河村双河 1 组控制断面概化参数表

过水面积 A			湿周					
A1	A2	A	L1	L2	L3	L4	L5	L
25	19.6	44.6	8.06	2.24	6.14	6.14	8	30.6

表 5.4 双河 1 组临界流量计算参数及成果

成灾水位 /m	过流面积 /m²	湿周 /m	水力半径 /m	糙率	比降 /‰	流速 /(m/s)	流量 /(m³/s)
376.43	44.6	31	1.44	0.045	25.35	4.51	201

（2）流域汇流时间分析。在临界流域分析计算基础上，利用推理公式及云南省汇流参数计算公式，初步估计双河片区用于预警的小流域汇流时间。计算公式如下：

$$\tau = 0.278 \frac{L}{mJ^{1/3}Q^{1/4}} \tag{5.13}$$

双河村小流域河长（L）为 24.09km，河流比降（J）为 25.35‰，临界流量为 201m³/s，m 值可采用下式计算（其中 $\theta = L/J^{1/3}$），可得双河片区汇流时间约为 5.2 小时，见表 5.5。

$$m = \begin{cases} 0.895\theta^{0.064} & (\theta < 100) \\ 0.380\theta^{0.28} & (\theta \geq 100) \end{cases} \tag{5.14}$$

表 5.5 双河 1 组汇流时间计算参数及成果

小流域	$Q_m/(m³/s)$	L/km	θ	m	$J/‰$	τ/h
双河片区 1 组	201	24.09	80	1.18	25.35	5.2

（3）预警时段净雨量估算。因流域汇流时间计算值约为 5.2 小时，为尽量包括临界流量推算过程中的不确定性，实际工作中流域汇流时间取得比计算值略长，这里取 6 小时。根据推理公式推导出的净雨计算公式，估算各个预警时段所需的净雨量 h（表 5.6）。

表 5.6 双河 1 组净雨计算结果（水科院推理公式法）

时段	$Q_m/(m³/s)$	$F/km²$	净雨值/mm
1h	201	89.12	8.1
3h	201	89.12	24.3
6h	201	89.12	48.6

（4）降雨损失估算。如前所述，降雨损失主要考虑洼地蓄水、植被截留、土壤下渗三部分。根据云南省产流特性分区以及前面双河小流域下垫面的实际情况，具体考虑如下。

关于洼地蓄水，由于双河 1 组所在流域绝大部分坡度在 30°左右，为非常不平整的地面，蓄水量考虑为 8mm；由于流域覆盖较大，截留量取 15mm；另外，尽管《云南省暴雨洪水查算实用手册》中提供该区稳定下渗率为 2.2mm/h，但由于流域以壤土、砂壤土、黏壤土以及壤黏土为主，而壤土、黏土的稳定下渗率为 1.27～3.81mm/h，参考《云南省暴雨洪水查算实用手册》以及小流域土壤类别及其面积权重，土壤稳定下渗率取 2.5mm/h，考虑下渗的非线性，一般 3 小时以后才达到稳定下渗。因此，降雨损失估算见表 5.7。

表 5.7 双河 1 组降雨损失估算结果

时段	洼地蓄水 /mm	植被截留 /mm	土壤下渗 /mm	损失量 /mm	备　注
1h	8	15	7.5	30.5	初期土壤下渗率7.5mm/h
3h	8	15	17.5	40.5	中间土壤下渗率5mm/h
6h	8	15	25	48.0	稳渗2.5mm/h

（5）临界雨量估算。将计算所得的净雨值与损失量相加，即为临界雨量（表 5.8 和图 5.3）。

表 5.8 双河 1 组临界雨量计算结果

时段	净雨值/mm	损失量/mm	临界雨量/mm
1h	8.1	30.5	38.6
3h	24.3	40.5	64.8
6h	48.6	48	96.6

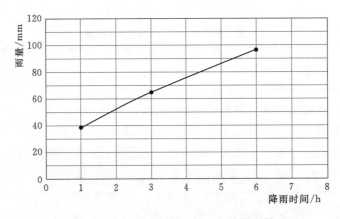

图 5.3　板栗乡双河村双河 1 组临界雨量

（6）预警指标确定。如前所述，在获得临界雨量的基础上，还应考虑流域土壤含水量等因素，分析临界雨量变化阈值，才能获得预警指标。前面分析中，主要是在流域土壤含水量较少、流域长时间未下雨的情景下进行的，因此，洼地蓄水、植被截留以及土壤下渗等环节基本上都是按照较大值进行估算的。考虑流域土壤含水量中等及较多情形，对洼地蓄水、植被截留以及土壤下渗进行估算，成果见表 5.9。

5.7.1.2　洪峰模数法

洪峰模数是流域内单位面积产生的洪峰流量，表示流域产洪的能力，与流域的高程、

表5.9　　　　　　　　　　　　双河1组预警指标计算结果

时段	情景	洼地蓄水 /mm	植被截留 /mm	土壤下渗 /mm	损失量 /mm	净雨量 /mm	临界雨量 /mm	预警指标 /mm	备　注
1h	较干	8	15	7.5	30.5	8.1	38.6	40	初期土壤下渗率7.5mm/h
	一般	7	14	5.0	26	8.1	34.1	35	中间土壤下渗率5mm/h
	较湿	6	12	2.5	20.5	8.1	28.6	30	稳渗2.5mm/h
3h	较干	8	15	17.5	40.5	24.3	64.8	65	初期土壤下渗率7.5mm/h
	一般	7	14	15.0	36	24.3	60.3	60	中间土壤下渗率5mm/h
	较湿	6	12	7.5	25.5	24.3	49.8	50	稳渗2.5mm/h
6h	较干	8	15	25.0	48	48.6	96.6	95	初期土壤下渗率7.5mm/h
	一般	7	14	22.5	43.5	48.6	92.1	90	中间土壤下渗率5mm/h
	较湿	6	12	15.0	33	48.6	81.6	80	稳渗2.5mm/h

坡降有密切的关系。将中国水利水电科学研究院（水科院）推理公式中流量与流域面积的比值用洪峰模数表示，以减少公式中参数的个数，进一步简化雨量预警计算公式。

与推理公式法相类似，洪峰模数法计算预警指标主要有临界流量计算、流域汇流时间分析、预警时段净雨量估算、降雨损失估算、临界雨量估算和预警指标确定六个步骤。与推理公式法的区别主要体现在预警时段净雨量估算环节，其余计算环节具体参见推理公式法，此处不再赘述。

洪峰模数法预警时段净雨量估算根据由推理公式推导出的净雨计算公式（5.10），估算各个预警时段所需的净雨量 h（表5.10）。

表5.10　　　　　　　　　双河1组净雨计算结果（洪峰模数法）

时段	$Q_m/(\mathrm{m^3/s})$	$F/\mathrm{km^2}$	$M/[\mathrm{m^3/(s \cdot km^2)}]$	净雨值/mm
1h	201	89.12	2.26	8.1
3h	201	89.12	2.26	24.3
6h	201	89.12	2.26	48.6

5.7.1.3　水位/流量反推法

水位流量反推法主要有以下六个计算步骤。

（1）临界流量及预警时段确定。根据水科院推理公式法计算结果，双河片区流域临界流量为201m³/s，流域汇流时间为5.2小时，考虑到临界流量推算过程中的不确定性和预警的安全性，确定预警时段为6小时。计算过程见4.1节相关内容。

（2）设计暴雨计算。小海子小流域设计暴雨计算主要依据暴雨图集和水文手册等基础资料分析计算。根据《云南省暴雨洪水查算实用手册》中云南省暴雨区划分图，双河片区小流域属于第14暴雨分区；查算《云南省短历时暴雨统计参数等值线图集》，使用线性插值方法，结合1小时、6小时、24小时均值和 C_v 值等值线图，获取1小时、6小时、24小时的 H 值、C_v 值、C_s/C_v 值以及相应的模比系数 K_p（表5.11）。

表 5.11　　　　　　　　　　　双河片区小流域设计暴雨参数成果

小流域	所在分区		第 14 区		
	时段/h		1	6	24
	H/mm		44	69	98
	C_v		0.41	0.47	0.44
	点面转换 α		0.845	0.915	0.975
双河片区	K_p	$P=1\%$	2.31	2.56	2.48
		$P=2\%$	2.08	2.28	2.21
		$P=5\%$	1.775	1.903	1.86
		$P=10\%$	1.535	1.611	1.586
		$P=20\%$	1.282	1.31	1.301

根据设计暴雨参数成果，计算小海子小流域设计暴雨。1 小时、6 小时、24 小时的均值乘以 5 种不同频率的 K_p 值，得到小流域设计点暴雨量，在此基础上，利用点面转化系数，将点暴雨量转换为面暴雨量，得到 1 小时、6 小时、24 小时小流域设计暴雨计算结果（表 5.12）。3 小时的点暴雨量根据暴雨公式可以计算得到，再根据点面系数（0.885）可以得到面暴雨量。在此基础上，绘制双河片区流域典型频率降雨分布曲线（图 5.4）。时段历时选择 1 小时、3 小时、6 小时、24 小时共计四种，其中 6 小时不仅是常用的降雨历时，也是双河小流域的汇流时间。降雨频率为 $P=1\%$、$P=2\%$、$P=5\%$、$P=10\%$、$P=20\%$ 5 种典型频率。

表 5.12　　　　　　　　　　　双河片区小流域设计暴雨成果

小流域	所在分区	第 14 区							
	时段	1h		3h		6h		24h	
		点	面	点	面	点	面	点	面
双河片区	$P=1\%$	101.6	85.9	142.6	126.2	176.6	161.6	243.0	237.0
	$P=2\%$	91.5	77.3	127.6	112.9	157.3	143.9	216.6	211.2
	$P=5\%$	78.1	66.0	107.4	95.0	131.3	120.1	182.3	177.7
	$P=10\%$	67.5	57.1	91.7	81.2	111.2	101.7	155.4	151.5
	$P=20\%$	56.4	47.7	75.3	66.6	90.4	82.7	127.5	124.3

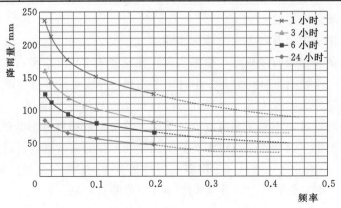

图 5.4　双河片区流域典型频率降雨分布曲线

　　进一步计算设计暴雨时程分配，首先计算出点设计暴雨量的递增指数值，而后，根据暴雨公式插算 2～5 小时，7～23 小时的各种时段设计点暴雨量。根据《云南省暴雨区划图》，双河片区流域在第十四区，由云南省分区综合时-面-$\alpha \cdot \beta$ 关系表进行集雨面积 89.12km^2 的、暴雨历时分别为 24 小时、18 小时、12 小时、6 小时、3 小时、1 小时的面积线性内插，得到各指定历时的 α_{Ft} 值。由此可以得到各历时的面雨量，相邻历时相减得到各个 1 小时时段的面雨量，并按照大小进行排序（表 5.13～表 5.17）。

表 5.13　　　　　　　　　　　　设计暴雨时程分配（$P＝20\%$）

历时 t /h	$H_{点t}$	α_{Ft}	$H_{面t}$ /mm	$H_{面1}$ /mm	按大小顺序	
					序号	$H_{面1}$/mm
1	56.402	0.86	48.5	48.5	1	48.5
2	67.694	0.878	59.4	10.9	2	10.9
3	75.320	0.896	67.5	8.1	3	8.1
4	81.246	0.905	73.5	6	4	6
5	86.162	0.914	78.8	5.3	5	5.3
6	90.399	0.923	83.4	4.6	6	4.6
7	93.923	0.927	87.1	3.7	7	3.7
8	97.086	0.931	90.4	3.3	8	3.3
9	99.965	0.935	93.5	3.1	9	3.1
10	102.612	0.939	96.4	2.9	10	2.9
11	105.066	0.943	99.1	2.7	11	2.7
12	107.359	0.947	101.7	2.6	12	2.6
13	109.512	0.95	104	2.3	13	2.3
14	111.544	0.952	106.2	2.2	14	2.2
15	113.469	0.955	108.4	2.2	15	2.2
16	115.300	0.958	110.5	2.1	16	2.1
17	117.047	0.96	112.4	1.9	17	1.9
18	118.718	0.963	114.3	1.9	18	1.9
19	120.321	0.965	116.1	1.8	19	1.9
20	121.862	0.968	118	1.9	20	1.8
21	123.346	0.97	119.6	1.7	21	1.7
22	124.778	0.972	121.3	1.7	22	1.7
23	126.161	0.975	123	1.7	23	1.6
24	127.5	0.977	124.6	1.6	24	1.6

表 5.14 设计暴雨时程分配（$P=10\%$）

历时 t/h	$H_{点t}$	α_{Ft}	$H_{面t}$/mm	$H_{面1}$/mm	按大小顺序	
					序号	$H_{面1}$/mm
1	67.502	0.86	58.1	58.1	1	58.1
2	81.881	0.878	71.9	13.8	2	13.8
3	91.672	0.896	82.1	10.2	3	10.2
4	99.322	0.905	89.9	7.8	4	7.8
5	105.692	0.914	96.6	6.7	5	6.7
6	111.199	0.923	102.6	6	6	6
7	115.415	0.927	107	4.4	7	4.4
8	119.197	0.931	111	4	8	4
9	122.635	0.935	114.7	3.7	9	3.7
10	125.794	0.939	118.1	3.4	10	3.4
11	128.722	0.943	121.4	3.3	11	3.3
12	131.455	0.947	124.5	3.1	12	3.1
13	134.020	0.95	127.3	2.8	13	2.8
14	136.439	0.952	129.9	2.6	14	2.6
15	138.731	0.955	132.5	2.6	15	2.6
16	140.909	0.958	135	2.5	16	2.5
17	142.987	0.96	137.3	2.3	17	2.3
18	144.973	0.963	139.6	2.3	18	2.3
19	146.878	0.965	141.7	2.1	19	2.2
20	148.708	0.968	143.9	2.2	20	2.1
21	150.470	0.97	146	2.1	21	2.1
22	152.170	0.972	147.9	2.1	22	1.9
23	153.811	0.975	150	1.9	23	2.1
24	155.4	0.977	151.8	1.8	24	1.8

表 5.15 设计暴雨时程分配（$P=5\%$）

历时 t/h	$H_{点t}$	α_{Ft}	$H_{面t}$/mm	$H_{面1}$/mm	按大小顺序	
					序号	$H_{面1}$/mm
1	78.103	0.86	67.2	67.2	1	67.2
2	95.486	0.878	83.8	16.6	2	16.6
3	107.396	0.896	96.2	12.4	3	12.4
4	116.738	0.905	105.6	9.4	4	9.4
5	124.539	0.914	113.8	8.2	5	8.2
6	131.299	0.923	121.2	7.4	6	7.4

续表

历时 t /h	$H_{点t}$	α_{Ft}	$H_{面t}$ /mm	$H_{面1}$ /mm	按大小顺序	
					序号	$H_{面1}$/mm
7	136.179	0.927	126.2	5	7	5
8	140.552	0.931	130.9	4.7	8	4.7
9	144.527	0.935	135.1	4.2	9	4.2
10	148.177	0.939	139.1	4	10	4
11	151.558	0.943	142.9	3.8	11	3.8
12	154.712	0.947	146.5	3.6	12	3.6
13	157.671	0.95	149.8	3.3	13	3.3
14	160.462	0.952	152.8	3	14	3
15	163.104	0.955	155.8	3	15	3
16	165.615	0.958	158.7	2.9	16	2.9
17	168.009	0.90	161.3	2.6	17	2.7
18	170.298	0.963	164	2.7	18	2.6
19	172.492	0.965	166.5	2.5	19	2.5
20	174.599	0.968	169	2.5	20	2.5
21	176.627	0.97	171.3	2.3	21	2.4
22	178.583	0.972	173.6	2.3	22	2.3
23	180.473	0.975	176	2.4	23	2.3
24	182.3	0.977	178.1	2.1	24	2.1

表 5.16 设计暴雨时程分配（$P=2\%$）

历时 t /h	$H_{点t}$	α_{Ft}	$H_{面t}$ /mm	$H_{面1}$ /mm	按大小顺序	
					序号	$H_{面1}$/mm
1	91.503	0.86	78.7	78.7	1	78.7
2	112.839	0.878	99.1	20.4	2	20.4
3	127.557	0.896	114.3	15.2	3	15.2
4	139.149	0.905	125.9	11.6	4	11.6
5	148.862	0.914	136.1	10.2	5	10.2
6	157.299	0.923	145.2	9.1	6	9.1
7	162.995	0.927	151.1	5.9	7	5.9
8	168.096	0.931	156.5	5.4	8	5.4
9	172.727	0.935	161.5	5	9	5
10	176.978	0.939	166.2	4.7	10	4.7
11	180.914	0.943	170.6	4.4	11	4.4

续表

历时 t /h	$H_{点t}$	α_{Ft}	$H_{面t}$ /mm	$H_{面1}$ /mm	按大小顺序 序号	按大小顺序 $H_{面1}$/mm
12	184.583	0.947	174.8	4.2	12	4.2
13	188.024	0.95	178.6	3.8	13	3.8
14	191.267	0.952	182.1	3.5	14	3.5
15	194.337	0.955	185.6	3.5	15	3.5
16	197.253	0.958	189	3.4	16	3.4
17	200.0318	0.96	192	3	17	3.2
18	202.688	0.963	195.2	3.2	18	3
19	205.232	0.965	198	2.8	19	3
20	207.676	0.968	201	3	20	2.8
21	210.027	0.97	203.7	2.7	21	2.7
22	212.294	0.972	206.4	2.7	22	2.7
23	214.483	0.975	209.1	2.7	23	2.7
24	216.6	0.977	211.6	2.5	24	2.5

表 5.17　　　　　　　　设计暴雨时程分配（$P=1\%$）

历时 t /h	$H_{点t}$	α_{Ft}	$H_{面t}$ /mm	$H_{面1}$ /mm	按大小顺序 序号	按大小顺序 $H_{面1}$/mm
1	101.604	0.86	87.4	87.4	1	87.4
2	125.830	0.878	110.5	23.1	2	23.1
3	142.598	0.896	127.8	17.3	3	17.3
4	155.833	0.905	141	13.2	4	13.2
5	166.939	0.914	152.6	11.6	5	11.6
6	176.599	0.923	163	10.4	6	10.4
7	182.979	0.927	169.6	6.6	7	6.6
8	188.692	0.931	175.7	6.1	8	6.1
9	193.879	0.935	181.3	5.6	9	5.6
10	198.640	0.939	186.5	5.2	10	5.2
11	203.047	0.943	191.5	5	11	5
12	207.156	0.947	196.2	4.7	12	4.7
13	211.009	0.95	200.5	4.3	13	4.3
14	214.640	0.952	204.3	3.8	14	4
15	218.077	0.955	208.3	4	15	3.8
16	221.342	0.958	212	3.7	16	3.7
17	224.453	0.96	215.5	3.5	17	3.5

续表

历时 t /h	$H_{点t}$	α_{Ft}	$H_{面t}$ /mm	$H_{面1}$ /mm	按大小顺序	
					序号	$H_{面1}$/mm
18	227.426	0.963	219	3.5	18	3.5
19	230.275	0.965	222.2	3.2	19	3.4
20	233.011	0.968	225.6	3.4	20	3.2
21	235.643	0.97	228.6	3	21	3.1
22	238.180	0.972	231.5	2.9	22	3
23	240.630	0.975	234.6	3.1	23	2.9
24	243	0.977	237.4	2.8	24	2.8

（3）设计洪水计算。设计洪水计算分为产流计算和汇流计算两个环节。按照《云南省暴雨洪水查算实用手册》，产流计算采用初损后损法，由设计暴雨成果计算得到设计净雨成果；汇流计算采用手册提供的瞬时单位线法，推算典型频率洪水的设计洪峰。

1）产流计算。降雨损失计算主要采用初损后损法，通过对设计暴雨进行产流计算，得到净雨量。双河片区小流域暴雨分区属于云南省第 14 分区，产流分区为第 1 分区，产流参数为：$W_m=100\text{mm}$，$W_t=85\text{mm}$，$f_c=2.2\text{mm/h}$，$\Delta R=10\text{mm}$。因此，初损量为 $W_0=W_m-W_t=100-85=15$（mm）。在净雨计算中，扣除初损量 15mm，稳渗 2.2mm/h，当降水量小于 2.2mm/h 时，按降水量扣除，最后剩余时段中每小时以 $\Delta R/t$ 值扣除，所剩的暴雨量为是设计洪水的设计净雨过程（表 5.18～表 5.22）。

表 5.18　　　　　　　　设计暴雨产流计算成果（$P=20\%$）

降雨时段/h	面雨量/mm	扣除 W_c	扣除 f_c	扣除 $\Delta R/t$	净雨/mm
1	4.6				
2	5.3				
3	6	0.9			
4	8.1	8.1	5.9	4.9	4.9
5	10.9	10.9	8.7	7.7	7.7
6	48.5	48.5	46.3	45.3	45.3
7	3.7	3.7	1.5	0.5	0.5
8	3.3	3.3	1.1	0.1	0.1
9	3.1	3.1	0.9		
10	2.9	2.9	0.7		
11	2.7	2.7	0.5		
12	2.6	2.6	0.4		
13	2.3	2.3	0.1		
14	2.2	2.2			
15	2.2	2.2			

续表

降雨时段/h	面雨量/mm	扣除 W_0	扣除 f_c	扣除 $\Delta R/t$	净雨/mm
16	2.1	2.1			
17	1.9	1.9			
18	1.9	1.9			
19	1.9	1.9			
20	1.8	1.8			
21	1.7	1.7			
22	1.7	1.7			
23	1.6	1.6			
24	1.6	1.6			

表 5.19　　　　　　　　设计暴雨产流计算成果（$P=10\%$）

降雨时段/h	面雨量/mm	扣除 W_0	扣除 f_c	扣除 $\Delta R/t$	净雨/mm
1	6				
2	6.7				
3	7.8	5.5	3.3	2.7	2.7
4	10.2	10.2	8	7.4	7.4
5	13.8	13.8	11.6	11	11
6	58.1	58.1	55.9	55.3	55.3
7	4.4	4.4	2.2	1.6	1.6
8	4	4	1.8	1.2	1.2
9	3.7	3.7	1.5	0.9	0.9
10	3.4	3.4	1.2	0.6	0.6
11	3.3	3.3	1.1	0.5	0.5
12	3.1	3.1	0.9	0.3	0.3
13	2.8	2.8	0.6		
14	2.6	2.6	0.4		
15	2.6	2.6	0.4		
16	2.5	2.5	0.3		
17	2.3	2.3	0.1		
18	2.3	2.3	0.1		
19	2.2	2.2			
20	2.1	2.1			
21	2.1	2.1			
22	1.9	2.1			
23	2.1	1.9			
24	1.8	1.8			

表 5.20 设计暴雨产流计算成果 （P＝5%）

降雨时段/h	面雨量/mm	扣除 W_0	扣除 f_c	扣除 $\Delta R/t$	净雨/mm
1	7.4				
2	8.2	0.6			
3	9.4	9.4	7.2	6.6	6.6
4	12.4	12.4	12.2	11.6	11.6
5	16.6	16.6	14.4	13.8	13.8
6	67.2	67.2	65	64.4	64.4
7	5	5	2.8	2.2	2.2
8	4.7	4.7	2.5	1.9	1.9
9	4.2	4.2	2	1.4	1.4
10	4	4	1.8	1.2	1.2
11	3.8	3.8	1.6	1	1
12	3.6	3.6	1.4	0.8	0.8
13	3.3	3.3	1.1	0.5	0.5
14	3	3	0.8	0.2	0.2
15	3	3	0.8	0.2	0.2
16	2.9	2.9	0.7	0.1	0.1
17	2.7	2.7	0.5		
18	2.6	2.6	0.4		
19	2.5	2.5	0.3		
20	2.5	2.5	0.3		
21	2.4	2.4	0.2		
22	2.3	2.3	0.1		
23	2.3	2.3	0.1		
24	2.1	2.1			

表 5.21 设计暴雨产流计算成果 （P＝2%）

降雨时段/h	面雨量/mm	扣除 W_0	扣除 f_c	扣除 $\Delta R/t$	净雨/mm
1	9.1				
2	10.2	4.3	2.1	1.7	1.7
3	11.6	11.6	9.4	9	9
4	15.2	15.2	13	12.6	12.6
5	20.4	20.4	18.2	17.8	17.8
6	78.7	78.7	76.5	76.1	76.1
7	5.9	5.9	3.7	3.3	3.3
8	5.4	5.4	3.2	2.8	2.8

降雨时段/h	面雨量/mm	扣除 W_0	扣除 f_c	扣除 $\Delta R/t$	净雨/mm
9	5	5	2.8	2.4	2.4
10	4.7	4.7	2.5	2.1	2.1
11	4.4	4.4	2.2	1.8	1.8
12	4.2	4.2	2	1.6	1.6
13	3.8	3.8	1.6	1.2	1.2
14	3.5	3.5	1.3	0.9	0.9
15	3.5	3.5	1.3	0.9	0.9
16	3.4	3.4	1.2	0.8	0.8
17	3.2	3.2	1	0.6	0.6
18	3	3	0.8	0.4	0.4
19	3	3	0.8	0.4	0.4
20	2.8	2.8	0.6	0.2	0.2
21	2.7	2.7	0.5	0.1	0.1
22	2.7	2.7	0.5	0.1	0.1
23	2.7	2.7	0.5	0.1	0.1
24	2.5	2.5	0.3		

表 5.22　　　　　　　　　　设计暴雨产流计算成果（P=1%）

降雨时段/h	面雨量/mm	扣除 W_0	扣除 f_c	扣除 $\Delta R/t$	净雨/mm
1	10.4				
2	11.6	7	4.8	4.4	4.4
3	13.2	13.2	11	10.6	10.6
4	17.3	17.3	15.1	14.7	14.7
5	23.1	23.1	20.9	20.5	20.5
6	87.4	87.4	85.2	84.8	84.8
7	6.6	6.6	4.4	4	4
8	6.1	6.1	3.9	3.5	3.5
9	5.6	5.6	3.4	3	3
10	5.2	5.2	3	2.6	2.6
11	5	5	2.8	2.4	2.4
12	4.7	4.7	2.5	2.1	2.1
13	4.3	4.3	2.1	1.7	1.7
14	4	4	1.8	1.4	1.4
15	3.8	3.8	1.6	1.2	1.2
16	3.7	3.7	1.5	1.1	1.1

降雨时段/h	面雨量/mm	扣除 W_0	扣除 f_c	扣除 $\Delta R/t$	净雨/mm
17	3.5	3.5	1.3	0.9	0.9
18	3.5	3.5	1.3	0.9	0.9
19	3.4	3.4	1.2	0.8	0.8
20	3.2	3.2	1	0.6	0.6
21	3.1	3.1	0.9	0.5	0.5
22	3	3	0.8	0.4	0.4
23	2.9	2.9	0.7	0.3	0.3
24	2.8	2.8	0.6	0.2	0.2

2）汇流计算。

a. 主雨强 i 主计算。根据产流计算过程中净雨深过程中选择连续 3 个时段（3 个小时）最大净雨总量之均值为设计洪水的设计主雨强，从双河片区小流域计算结果可知 $i_主$ 均大于 10mm。根据取值规定，当设计计算 $i_主 > 10$mm 时，采用 10mm；若设计计算 $i_主 < 10$mm，则采用计算值。综上，双河片区小流域径流面积 $F < 100$km²，且 $i_主 > 10$mm，所以主雨强采用 10mm。

b. 流域汇流参数 m_1、n、K、C 值的计算。根据《云南省汇流系数分区图》，双河片区小流域位于汇流第 1 分区，查得双河片区小流域汇流系数为：$C_m = 0.33$，$C_n = 0.70$。根据流域的特征值和主雨段的平均雨强，推求流域各断面汇流参数 m_1、n、K 的值。

$$m_1 = C_m F^{0.262} J^{-0.171} B^{-0.476} (i_主/10)^{-0.84F-0.109} \tag{5.15}$$

$$n = C_n F^{0.161} \tag{5.16}$$

$$K = m_1/n \tag{5.17}$$

式中：F 为流域面积；J 为干流河道坡度；B 为流域形态系数（$B = F/L^2$）。

双河流域面积 F 为 89.12km²，干流河道坡度 J 为 0.025，流域形态系数 B 为 0.318，由此可得到 m_1 为 3.47，n 为 1.44，K 为 2.41。

c. 时段单位线计算。由计算得到的 n、K 值查 $S(t)$ 曲线查用表，摘录 t/k、$S(t)$ 值。由 $K = 2.41$，计算 t 值（$= t/k \cdot k$）填入表 5.23 中，绘制 $S(t)$ 曲线（图 5.5）。

表 5.23　　　　　　　　　　　　　$S(t)$ 曲线计算表

t/k	0	0.3	0.5	1	2	3	4	5	6	7	8	9
$t(h)$	0	0.723	1.205	2.41	4.82	7.23	9.64	12.05	14.46	16.87	19.28	21.69
$S(t)$	0.000	0.126	0.230	0.466	0.766	0.903	0.961	0.984	0.994	0.998	0.999	0.999

根据 $S(t)$ 曲线图，从 $t = 0$ 起始每隔 1 小时读取 $S(t)$ 值，将 $S(t)$ 值错后 1 小时得到 $S(t-1)$ 值，两者相减即为无因次时段单位线 $u(1, t)$。根据式（5.18）计算得到 1 小时时段单位线 $q(1, t)$，见表 5.24。

$$q(1, t) = 10F/3.6 \times u(1, t) = 10 \times 89.12/3.6 \times u(1, t) = 247.6u(1, t) \tag{5.18}$$

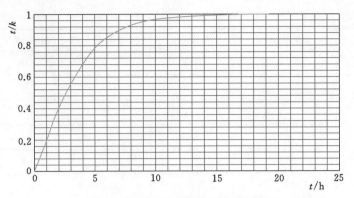

图 5.5　双河片区流域 $S(t)$ 曲线

表 5.24　　　　　　　　　　　　1 小时时段单位线计算表

时序 $\Delta t = 1h$	$S(t)$	$S(t-1)$	无因次单位线 $u(1,\ t)$	时段单位线 $q(1,\ t)/(m^3/s)$
0	0			
1	0.184	0		0
2	0.396	0.224	0.224	45.6
3	0.552	0.396	0.172	42.6
4	0.680	0.552	0.156	38.6
5	0.784	0.68	0.128	31.7
6	0.848	0.784	0.104	25.7
7	0.896	0.848	0.064	15.8
8	0.928	0.896	0.048	11.9
9	0.952	0.928	0.032	7.9
10	0.968	0.952	0.024	5.9
11	0.976	0.968	0.016	4
12	0.984	0.976	0.008	2
13	0.990	0.984	0.008	2
14	0.992	0.99	0.006	1.5
15	0.993	0.992	0.002	0.5
16	0.996	0.993	0.001	0.2
17	0.998	0.996	0.003	0.7
18	0.998	0.998	0.002	0.5
19	0.999	0.999	0.001	0.2
20	0.999	0.999	0	0
21	0.999			

3）设计洪峰流量计算。

a. 地表流量计算。由设计暴雨净雨和时段单位线推求设计洪水地表流量过程线。将

Q'_{1-i}，Q'_{2-i}，…，Q'_{m-i}错后 1h 同行相加，即为全部净雨所产生的地表流量过程。

$$Q'_{1-i} = q_i R_1 / 10$$
$$Q'_{2-i} = q_i R_2 / 10$$
$$\cdots$$
$$Q'_{m-i} = q_i R_m / 10$$

b. 基流流量计算。根据《最大基流量分布图》，双河流域为 100km^2 基流为 $1.0\text{m}^3/\text{s}$，再乘以 $F/100$，即得双河流域的基流 Q 基计算可得基流量为 $0.89\text{m}^3/\text{s}$。

$$Q_{\text{基}} = 1.0 F / 100$$

c. 潜流流量计算。潜流流量是采用等腰三角形回加法，地表洪水起涨点潜流流量 $Q_{\text{潜}m}$，此后递减。

$$Q_{qm} = \sum \overline{f_c} F / 3.6 t'$$
$$\Delta Q_q = Q_{qm} / (t' - 1)$$

将地表流量、基流流量和潜流流量相加即可得到设计洪水流量过程，选择最大值即为设计洪峰流量（表 5.25）。

表 5.25 双河片区设计洪峰流量成果

频率	地表流量 /（m^3/s）	基流流量 /（m^3/s）	潜流流量 /（m^3/s）	设计洪峰流量 /（m^3/s）
$P = 20\%$	258.3	0.9	6.9	266
$P = 10\%$	336.3	0.9	10	347
$P = 5\%$	418.2	0.9	10	429
$P = 2\%$	504.3	0.9	13.5	518
$P = 1\%$	575.6	0.9	13.5	590

（4）洪水频率及临界雨量频率确定。根据双河片区设计洪峰流量成果，绘制得到洪水流量频率分布图（图 5.6）。据此，查图得到临界流量对应的洪水频率。假定暴雨洪水同频，将临流量的频率作为临界雨量的频率 $P_{\text{灾}}$。

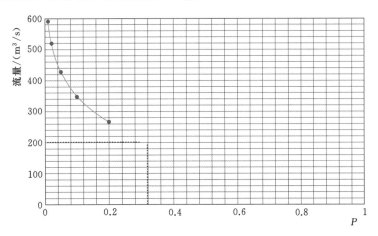

图 5.6 双河片区典型频率洪水

双河片区所在河段临界流量为 $201\text{m}^3/\text{s}$，根据典型频率洪水成果，洪水频率为 32%，约为 4 年一遇，临界雨量频率与之相同。

（5）预警指标初值确定。根据双河片区流域典型频率降雨分布曲线，读出不同时段下的临界雨量（图 5.7 和表 5.26）。

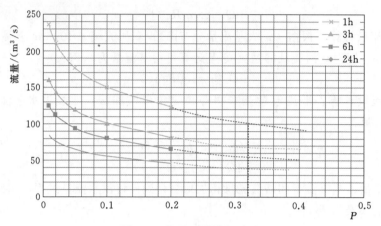

图 5.7　临界雨量确定过程

表 5.26　　　　　　　　　　　　　　双河片区临界雨量成果

时段	临界雨量/mm	时段	临界雨量/mm
1h	43	6h	72
3h	56		

（6）预警指标确定。如前所述，在获得临界雨量的基础上，还应考虑流域土壤含水量等因素，分析临界雨量变化阈值，才能获得预警指标。前面分析中，主要是在流域土壤含水量较少、流域长时间未下雨的情景下进行的，因此，洼地蓄水、植被截留以及土壤下渗等环节基本上都是按照较大值进行估算的。考虑流域土壤含水量中等及较多情形，对洼地蓄水、植被截留以及土壤下渗进行估算，得到预警指标计算结果（表 5.27）。

表 5.27　　　　　　　　　　　　　　双河 1 组预警指标计算结果

时段	情景	临界雨量/mm	预警指标/mm	备　　注
1h	较干	43	40	初期土壤下渗率 7.5mm/h
	一般	38.5	35	中间土壤下渗率 5mm/h
	较湿	34	30	稳渗 2.5mm/h
3h	较干	56	55	初期土壤下渗率 7.5mm/h
	一般	51.5	50	中间土壤下渗率 5mm/h
	较湿	41	40	稳渗 2.5mm/h
6h	较干	72	70	初期土壤下渗率 7.5mm/h
	一般	67.5	65	中间土壤下渗率 5mm/h
	较湿	57	55	稳渗 2.5mm/h

5.7.1.4　降雨驱动指标法

降雨驱动指标法有两个主要环节：降雨强度（PI）统计和前期降雨（P_a）计算。将两者相乘得到降雨驱动指标（RTI），进而根据阈值确定预警指标。

（1）预警时段确定。根据双河片区流域汇流时间的估算，得汇流时间约为 6 小时，故预警时间取 1 小时、3 小时、6 小时。

（2）降雨强度（PI）分析。由于采用设计思路，故从设计暴雨计算中获取降雨强度信息。根据云南省暴雨图集中年最大 60 分钟、最大 6 小时、最大 24 小时点雨量均值等值线图、相应点雨量 C_v 等值线图和及《云南省暴雨洪水查算实用手册》计算双河片区流域的设计暴雨。查算各历时的暴雨均值、C_v 等值线图，得到双河片区小流域不同时段的暴雨特征参数值。

根据双河片区设计暴雨计算成果，运用百分比法计算 6 小时、12 小时、24 小时不同重现期的暴雨时程分配，得到对应的降雨强度。由此可得，6 小时 5 种典型频率的最大降雨强度分别为 108.4mm/h、96.6mm/h、80.6mm/h、68.2mm/h、55.5mm/h，12 小时 5 种典型频率的最大降雨强度分别为 110.7mm/h、98.6mm/h、82.6mm/h、70.2mm/h、57.4mm/h，24 小时 5 种典型频率的最大降雨强度分别为 114.4mm/h、102mm/h、85.8mm/h、73.2mm/h、60mm/h（表 5.28～表 5.30）。

表 5.28　　　　　　　　双河流域 6 小时时段设计暴雨成果表

时段长	时段序号	重现期时段雨量值/mm				
		$P=1\%$	$P=2\%$	$P=5\%$	$P=10\%$	$P=20\%$
1h	1	17.8	15.8	13.2	11.2	9.1
	2	108.4	96.6	80.6	68.2	55.5
	3	12.7	11.3	9.5	8	6.5
	4	9.5	8.4	7	6	4.8
	5	8	7.1	5.9	5	4.1
	6	6.7	6	5	4.2	3.4

表 5.29　　　　　　　　双河流域 12 小时时段设计暴雨成果表

时段长	时段序号	重现期时段雨量值/mm				
		$P=1\%$	$P=2\%$	$P=5\%$	$P=10\%$	$P=20\%$
1h	1	12.2	10.8	9.1	7.7	6.3
	2	19.8	17.7	14.8	12.6	10.3
	3	110.7	98.6	82.6	70.2	57.4
	4	9.2	8.2	6.9	5.9	4.8
	5	8.4	7.5	6.3	5.4	4.4
	6	6.9	6.1	5.1	4.4	3.6
	7	5.7	5.1	4.2	3.6	2.9
	8	5.7	5.1	4.2	3.6	2.9
	9	5.1	4.5	3.8	3.2	2.6
	10	4.5	4	3.4	2.9	2.3
	11	4.3	3.8	3.2	2.7	2.2
	12	3.7	3.3	2.8	2.4	1.9

表 5.30　　　　　　　　　　　**双河流域 24 小时时段设计暴雨成果表**

时段长	时段序号	重现期时段雨量值/mm				
		$P=1\%$	$P=2\%$	$P=5\%$	$P=10\%$	$P=20\%$
1h	1	6.4	5.7	4.8	4.1	3.4
	2	8.3	7.4	6.2	5.3	4.4
	3	10.7	9.5	8	6.8	5.6
	4	13.3	11.8	10	8.5	7
	5	19.5	17.4	14.6	12.4	10.2
	6	114.4	102	85.8	73.2	60
	7	5.7	5.1	4.3	3.6	3
	8	5.5	4.9	4.1	3.5	2.9
	9	5.2	4.7	3.9	3.3	2.7
	10	5	4.4	3.7	3.2	2.6
	11	4.3	3.8	3.2	2.7	2.2
	12	4	3.6	3	2.6	2.1
	13	3.3	3	2.5	2.1	1.7
	14	3.6	3.2	2.7	2.3	1.9
	15	3.6	3.2	2.7	2.3	1.9
	16	3.3	3	2.5	2.1	1.7
	17	3.1	2.8	2.3	2	1.6
	18	3.1	2.8	2.3	2	1.6
	19	2.8	2.5	2.1	1.8	1.5
	20	2.6	2.3	2	1.7	1.4
	21	2.6	2.3	2	1.7	1.4
	22	2.6	2.3	2	1.7	1.4
	23	2.4	2.1	1.8	1.5	1.2
	24	2.1	1.9	1.6	1.4	1.1

（3）前期影响雨量 P_a 分析。由于采用了设计思路，前期影响雨量基于云南省暴雨图集进行的。根据查算云南省暴雨图集中的产流分区图可知双河流域在产流参数分区中属于第 1 分区，其中 $W_m=100\text{mm}$。根据以往经验和调查评价成果，流域山洪灾害事件多发生在夏季土壤缺水量很少的情况下，故假设山洪发生的前期影响雨量 $W_0=0.8W_m=80\text{mm}$，视为前期影响雨量 P_a。

（4）降雨驱动指标（RTI）计算。降雨驱动指标（RTI）为有效累积雨量（R）和降雨强度（PI）之积，有效累积雨量（R）为场次累积雨量（R_0）和前期降雨（P_a）之和。

计算时，应当分析出每次山洪事件中山洪发生时的相应时段的降雨强度（PI）及该时刻之前的有效累积雨量（R），然后计算出该次山洪事件的降雨驱动指标（RTI）值。如果不知道该次山洪发生的时刻，则以该场降雨事件的最大相应时段降雨强度（PI）及其之前的有效累积雨量（R）的乘积，计算出该次山洪事件的降雨驱动指标（RTI）值。

根据前面分析，本例前期雨量为80mm。最大雨强为5种标准频率6小时、12小时、24小时时段降雨量的最大值，共计15组，其对应的场次累积雨量为达到最大时段雨量前的累积雨量，前期雨量与场次累积雨量的和即为有效累积雨量，将有效累积雨量与降雨强度的求乘积即为降雨驱动指标值（表5.31）。

表 5.31　　　　　　　　　　　　降雨驱动指标计算表

流域	前期雨量 P_a /mm	降雨强度 PI	场次累积雨量 R_0 /mm	有效累积雨量 R /mm	降雨驱动指标 RTI
双河流域	80	108.4	17.8	97.8	10602
	80	96.6	15.8	95.8	9254
	80	80.6	13.2	93.2	7512
	80	68.2	11.2	91.2	6220
	80	55.5	9.1	89.1	4945
	80	110.7	32	112	12398
	80	98.6	28.5	108.5	10698
	80	82.6	23.9	103.9	8582
	80	70.2	20.3	100.3	7041
	80	57.4	16.6	96.6	5545
	80	114.4	58.2	138.2	15810
	80	102	51.8	131.8	13444
	80	85.8	43.6	123.6	10605
	80	73.2	37.1	117.1	8572
	80	60	30.6	110.6	6636

（5）预警指标值确定。把各流域的降雨驱动指标值用经验频率公式 $P = \dfrac{n_i}{m+1}$ 作频率分析（表5.32）。其中，n_i 为某流域驱动指标按照从小到大排序后，第 n 个指标位于第 i 个位置；m 为流域总指标个数。

表 5.32　　　　　　　　　　　　降雨驱动指标频率分析表

流域	降雨驱动指标	累积频率/%	流域	降雨驱动指标	累积频率/%
双河片区流域	4945	6	双河片区流域	9254	56
	5545	13		10602	63
	6220	19		10605	69
	6636	25		10698	75
	7041	31		12398	81
	7512	38		13444	88
	8572	44		15810	94
	8582	50			

参考 5 年一遇和 20 年一遇山丘区基本的防洪标准，选择 $RTI5$ 即 $RTI=4900$ 的降雨驱动指标值作为预警下临界线，$RTI20$ 即 $RTI=6300$ 的降雨驱动指标值作为预警下临界线（图 5.8）。由图 5.8 可以动态确定预警指标，该指标由小时降雨强度和有效累积雨量两项构成，以 $RTI=4900$ 和 $RTI=6300$ 为临界线，将预警平面图划分为低、中、高三个可能发生区。

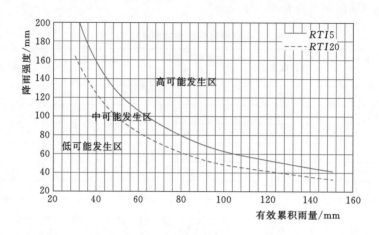

图 5.8　双河片区降雨驱动指标

5.7.1.5　不同方法对比

本节以昭通市绥江县双河小流域为例，分别应用水科院推理公式、洪峰模数法、水位/流量反推法，以及降雨驱动指标法计算了雨量预警指标。水科院推理公式法和洪峰模数法均是基于水科院推理公式，只是洪峰模数法通过引入洪峰模数的概念，减少了公式的参数，进一步简化了计算公式，因此这两种方法计算结果是相同的。而降雨驱动指标法基本思想是将雨量信息进行进复合计算，将降雨强度和有效累积雨量的乘积定义为降雨驱动指标，它与水科院推理公式法、洪峰模数法、水位/流量反推法计算得到的雨量预警指标量值是有所区别的，因此，以下仅分析水科院推理公式法和水位/流量反推法临界雨量计算结果的不同。

与水科院推理公式法计算结果相比，水位/流量反推法计算结果 1 小时差值为 4.4mm，3 小时差值为 −8.8mm，6 小时差值为 −24.6mm，整体看来，水位/流量反推法计算结果偏小。进一步计算两者的差值比，1 小时差值比为 11％，3 小时差值比为 −13.6％，6 小时差值比为 −24.6％，随着时段的增加差值比逐渐增大（表 5.33）。

表 5.33　　　　　　　　　双河 1 组临界雨量不同计算方法结果对比

时段	水科院推理公式法/mm	水位/流量反推法/mm	差值/mm	差值比
1h	38.6	43	4.4	11％
3h	64.8	56	−8.8	−13.6％
6h	96.6	72	−24.6	−25.5％

水位/流量反推法主要依据《云南省暴雨洪水查算实用手册》，基于设计暴雨洪水计算得到临界雨量，而云南省绥江县调查评价成果也是采用设计暴雨设计洪水的计算方法，因此两者结算结果也较为接近。而水科院推理公式法，除了对净雨计算外，重点分析了降雨损失，从计算结果来看降雨损失取值较大，因此与水位/流量反推法有所差异。

从整体上来说，两种方法都具备一定的合理性；从准确性来说，由于两种方法的限制，计算结果存有差异，而哪个与实际情况更为相符，需要与多起灾害的实测降雨进行对比分析才能得出结论；从易用性来说，水科院推理公式法更为简便、快捷，适合基层防汛人员使用。

5.7.2 以双龙湾流域为例

双龙湾流域位于云南省中部晋宁县晋城滇池西南岸，具体信息见本书第 11 章"11.3 水位流量反推法实例"。在前面已经采用水位反推法分析得到双龙湾流域南山村临界雨量、预警指标。以下将根据资料情况采取其他方法分析预警指标，以便对比。

5.7.2.1 水位流量反推法计算结果

双龙湾流域水位流量反推法计算得到的预警指标列于表 5.34。

表 5.34 双龙湾流域南山村预警指标计算结果

时段	情景	临界雨量/mm	预警指标/mm
1h	较干	42	40
	一般	39.5	38
	较湿	37	35
3h	较干	51	50
	一般	48.5	48
	较湿	46	45
5h	较干	70	68
	一般	67.5	65
	较湿	65	63

5.7.2.2 推理公式计算步骤与结果

（1）临界流量计算。根据山洪灾害调查中的调查数据，确定成灾水位后，根据曼宁公式计算成灾流量。

在曼宁公式计算中用水面比降代替河底比降。水面比降按下式计算：

$$\overline{L} = \frac{(h_0 + h_1)l_1 + (h_1 + h_2)l_2 + \cdots + [h_{(n-1)} + h_n]l_n - 2h_0 l}{l^2} \tag{5.19}$$

采用曼宁公式计算得成灾水位对应的临界流量见表 5.35。

表 5.35 双龙湾临界流量计算参数及成果

成灾水位 /m	过流面积 /m²	湿周 /m	水力半径 /m	糙率	比降 /‰	流速 /(m/s)	流量 /(m³/s)
1891	50	35	1.43	0.05	3.3	1.46	73

（2）汇流时间计算。利用如下推理公式及云南省汇流参数计算公式，估算双龙湾流域汇流时间：

$$\tau = 0.278 \frac{L}{m J^{1/3} Q^{1/4}} \tag{5.20}$$

双龙湾小流域河长（L）7.89km，河流比降（J）为 3.3‰，临界流量为 73m³/s，m 值可采用式（5.21）计算（其中 $\theta = L/J^{1/3}$），可得汇流时间约为 4.37 小时，见表 5.36。

$$m = \begin{cases} 0.895\theta^{0.064} & (\theta < 100) \\ 0.380\theta^{0.25} & (\theta \geqslant 100) \end{cases} \tag{5.21}$$

表 5.36 汇流时间计算参数及成果

$Q_m/(\text{m}^3/\text{s})$	L/km	θ	m	J/‰	τ/h
73	7.89	52	1.15	3.3	4.37

将流域汇流时间作为预警指标的最长时段。取双龙湾流域的最长汇流时段为 5 小时。

（3）预警时段净雨计算。因双龙湾流域最长汇流时段为 5 小时，预警时段取 1 小时、3 小时、5 小时。根据推理公式推导出的净雨计算公式（4.4.1-7），估算各个预警时段所需的净雨量 h（表 5.37）。

表 5.37 双龙湾流域净雨计算结果

时段	$Q_m/(\text{m}^3/\text{s})$	F/km²	净雨值/mm
1h	73	60	4.38
3h	73	60	13.14
5h	73	60	21.9

（4）降雨损失估算。如前所述，降雨损失主要考虑洼地蓄水、植被截留、土壤下渗三部分。根据云南省产流特性分区以及流域下垫面的实际情况，具体考虑如下。

关于洼地蓄水，由于流域所在流域绝大部分坡度在 20°左右，为非常不平整的地面，蓄水量考虑为 10mm；由于流域覆盖较大，截留量取 18mm；另外，尽管《云南省暴雨洪水查算实用手册》中提供该区稳定下渗率为 2.2mm/h，但由于流域以黏壤土和黏土为主，而壤土、黏土的稳定下渗率为 1.27~3.81mm/h，参考《云南省暴雨洪水查算实用手册》以及小流域土壤类别及其面积权重，土壤稳定下渗取 2.5mm/h。考虑下渗的非线性，3 小时以后才达到稳定下渗。因此，降雨损失估算见表 5.38。

表 5.38   双龙湾降雨损失估算结果

时段	洼地蓄水/mm	植被截留/mm	土壤下渗/mm	损失量/mm	备　　注
1h	10	18	7.5	35.5	初期土壤下渗率 7.5mm/h
3h	10	18	17.5	45.5	中间土壤下渗率 5mm/h
5h	10	18	22.5	50.5	稳渗 2.5mm/h

（5）临界雨量计算。将以上计算的净雨和降雨损失相加即得到不同时段临界雨量，见表 5.39。

表 5.39   双龙湾推理公式法临界雨量计算结果

时段	净雨值/mm	损失量/mm	临界雨量/mm
1h	4.38	35.5	39.88
3h	13.14	45.5	58.64
5h	21.9	50.5	72.4

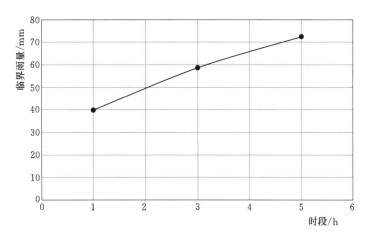

图 5.9　双龙湾不同时段临界雨量

（6）预警指标确定。在获得临界雨量的基础上，还应考虑流域土壤含水量等因素，分析临界雨量变化阈值，才能获得预警指标。前面分析中，主要是以流域土壤含水量较少、流域长时间未下雨的情景下进行的，因此，洼地蓄水、植被截留以及土壤下渗等环节基本上都是按照较大值进行估算的。考虑流域土壤含水量中等及较多情形，对洼地蓄水、植被截留以及土壤下渗进行估算，得表 5.40。

5.7.2.3　洪峰模数法计算步骤与结果

洪峰模数计算公式如下：

$$M = \frac{Q_m}{F}$$

(5.22)

式中：M 为洪峰模数。

表 5.40　　　　　　　　双龙湾流域南山村推理公式法预警指标计算结果

时段	情景	洼地蓄水/mm	植被截留/mm	土壤下渗/mm	损失量/mm	净雨量/mm	临界雨量/mm	预警指标/mm
1h	较干	10	18	7.5	35.5	4.4	39.9	38
	一般	9	16	7.5	32.5	4.4	36.9	35
	较湿	8	14	7.5	29.5	4.4	33.9	32
3h	较干	10	18	17.5	45.5	13.14	58.64	55
	一般	9	14	17.5	40.5	13.14	53.64	52
	较湿	8	12	17.5	37.5	13.14	50.64	50
5h	较干	10	18	22.5	50.5	21.9	72.4	70
	一般	9	14	22.5	45.5	21.9	67.4	65
	较湿	8	12	22.5	42.5	21.9	64.4	62

根据双龙湾流域的临界流量和流域面积，计算得到流域洪峰模数；基于式（5.23），计算得到净雨值。

$$h_t = 3.6Mt \tag{5.23}$$

由此得临界雨量估算公式（5.24）：

$$h_t = 3.6Mt \quad t \leqslant \tau \tag{5.24}$$

表 5.41　　　　　　　　双龙湾流域洪峰模数法净雨计算结果

时段	$Q_m/(\mathrm{m^3/s})$	$F/\mathrm{km^2}$	$M/[\mathrm{m^3/(s \cdot km^2)}]$	净雨值/mm
1h	73	60	1.22	4.38
3h	73	60	1.22	13.14
5h	73	60	1.22	21.9

降雨损失的估算与推理公式相同，不再复述。此方法得到的预警指标列于表 5.42。

表 5.42　　　　　　　　双龙湾流域南山村洪峰模数法预警指标计算结果

时段	情景	洪峰模数/[m³/(s·km²)]	净雨量/mm	损失量/mm	临界雨量/mm	预警指标/mm
1h	较干	1.22	4.4	35.5	39.9	38
	一般	1.22	4.4	32.5	36.9	35
	较湿	1.22	4.4	29.5	33.9	32
3h	较干	1.22	13.14	45.5	58.64	55
	一般	1.22	13.14	40.5	53.64	52
	较湿	1.22	13.14	37.5	50.64	50
5h	较干	1.22	21.9	50.5	72.4	70
	一般	1.22	21.9	45.5	67.4	65
	较湿	1.22	21.9	42.5	64.4	62

5.7.2.4　计算结果对比分析

对比表 5.40 和表 5.42 可知，推理公式法和洪峰模数法得到的临界雨量和预警指标相同。因为洪峰模数法和推理公式的计算公式相同，洪峰模数法只是推理公式的变形，但相比推理公式法，在流域洪峰模数已知的情况下，有更快的计算速度。在计算结果对比分析中，只对推理公式和水位流量反推两种方法计算得到的值进行分析。

水位流量反推法和推理公式法计算得到的不同时段的临界雨量如图 5.10 所示。从图 5.10 中可以看出。对于 1 小时的临界雨量，水位流量反推法的计算值大于推理公式法，而对于 3 小时和 5 小时时段的临界雨量，推理公式法的计算值大于水位流量反推法，且 5 小时时段计算的临界雨量最为接近。在综合分析雨量预警指标时，应综合分析两者得出的临界雨量，取最小值得到预警指标。综合分析两种方法的计算结果，得到双龙湾流域南山村的预警指标列于表 5.43。

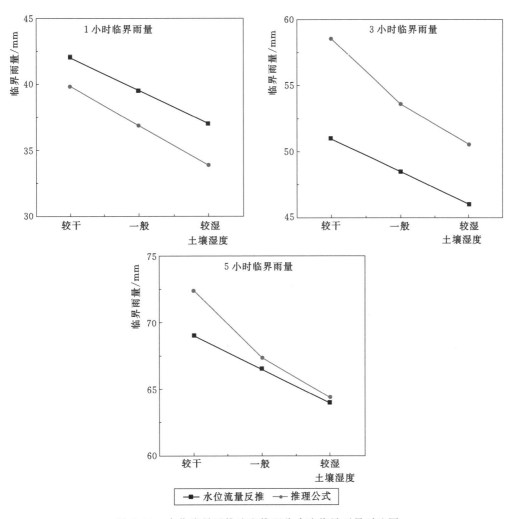

图 5.10　水位流量反推法和推理公式法临界雨量对比图

表 5.43　　　　　　　　双龙湾流域南山村综合分析雨量指标列表

时段	情景	临界雨量 1/mm	临界雨量 2/mm	预警指标/mm
1h	较干	42	39.9	35
	一般	39.5	36.9	32
	较湿	37	33.9	30
3h	较干	51	58.64	50
	一般	48.5	53.64	48
	较湿	46	50.64	45
5h	较干	69	72.4	68
	一般	66.5	67.4	65
	较湿	64	64.4	62

注　表中临界雨量 1 为水位流量反推法得到的临界雨量，临界雨量 2 为推理公式法计算得到的临界雨量。

5.8　本章小结

本章介绍了运用推理公式法、洪峰模数法、水位/流量反推法、降雨驱动指标法、分布式流域水文模型法、上下游相应水位法等多种方法进行山洪灾害预警指标和阈值分析的原理、资料要求和计算步骤，并在云南省典型小流域预警指标和阈值分析的实例中进行了应用及检验。这些方法大致可归纳为以下三个类型。

（1）简易估算类方法，具体包括推理公式法、洪峰模数法。这类方法要求的资料和数据少，难度低，技术要求简单，仅需根据熟悉的公式和当地情况，基于《云南省暴雨洪水查算实用手册》以及山洪灾害调查评价成果，经过大致估算，即可进行雨量预警指标及阈值的分析计算，并得到成果。目前，乡（镇）/村级已具有简易的自动雨量站点设备，县级具有山洪灾害防治平台，可以实现多个雨量站点数据的存储和分析，还有一定的分析计算模型对数据进行分析处理。因此，这类方法可供县、乡（镇）级技术人员和管理人员参考使用。

（2）简要计算类方法，具体包括降雨指标驱动法、水位/流量反推法两种。若对水位预警指标进行分析，可考虑采用上下游相应水位法。这类方法难度中等，技术要求也不高，只要求具有《云南省暴雨洪水查算实用手册》提供的基础资料，以及一定数量的样本资料，即可进行雨量预警指标及阈值的分析计算。目前乡（镇）/村级具有简易自动雨量站点报警设备和县级具有山洪灾害防治平台的，这类方法还可供设备和软件开发商将算法植入产品，根据实时监测雨量、水位等信息进行自动预警。

（3）模型计算分析类方法，具体包括分布式流域水文模型法。它具有很强的降雨径流的产汇流过程的物理机制，可以同时对多个流域、多个对象进行雨量预警指标和阈值分析，且可进行动态实时预报，但是难度和技术要求都较高。针对省、市、县都有相应山洪灾害监测预警平台的情况，可考虑将这种方法用于较大区域重要城集镇或者沿河村落的山洪灾害预警及其预警指标分析工作。

第6章

山洪灾害预警指标和阈值
分析技术指南编写

在对云南山洪灾害及其预警基本情况分析的基础上，本书进一步对国内外现有的山洪灾害预警指标确定方法进行比选，从资料需求、适用范围、支撑平台、推广价值等方面进行综合评估，推荐了降雨指标驱动法、水位/流量反推法、分布式流域水文模型法等进行雨量预警指标的临界雨量分析，以及上下游相应水位法进行临界水位分析；结合云南省山洪灾害防治及调查评价揭示的实际情况，针对县乡基层技术力量薄弱的现状，提出推理公式法和洪峰模数法估算雨量预警指标分析方法。此外，还从云南省昭通、楚雄、保山、红河等山洪灾害严重的州（市），选择典型小流域及沿河村落、城（集）镇作为实例，对推荐和提出的方法运用这些实例进行应用和检验。在以上工作的基础上，特地编写了《云南省山洪灾害预警指标和阈值分析技术指南》（具体内容见下篇），本章从指南的一般规定、雨量预警指标分析、水位预警指标分析、成果要求等方面，简要介绍编写指南时的一些考虑。

6.1 一般规定

针对山洪灾害预警的相关定义和分类等基础性内容进行约定，主要包括预警对象、指标的分类与分级、预警指标含义以及指标的应用与改进等方面的内容。这些规定对于指标的分析计算具有重要的导向作用。

（1）预警对象。预警对象是山洪灾害预警指标分析的重要前提和基础。明确了具体的预警对象，才能进一步收集和整理相应的基础资料和数据。因为山洪灾害预警指标分析是针对各个预警对象进行。对于地理位置非常接近且所在河段的河流地貌形态相似的多个分析对象，可以使用相同的预警指标。

（2）预警指标分类与分级。分级分类是预警指标分析的重要内容，明确了指标的类别才能有针对性地选择分析方法，进而基于分析成果进一步分级。《指南》规定，预警指标包括雨量预警指标与水位预警指标两类，分为准备转移和立即转移两级。这是基本要求与内容，同时，也给予了一定灵活性，即可以根据自身情况，基于气象预报或水文预报信息，增加相应一级或数级预警指标。

（3）预警指标含义。这部分是对雨量预警指标和水位预警指标的内涵和外延，包括基本定义、考虑因素、主要方法、典型成果等进行界定。

1）雨量预警指标。雨量预警通过分析不同预警时段的临界雨量得出。临界雨量是指导致一个流域或区域发生山溪洪水可能致灾，即达到成灾水位时，降雨达到或超过的最小量级和强度。

降雨总量和降雨强度、土壤含水量以及下垫面特性是临界雨量分析的关键因素；基本分析思路是根据成灾水位，采用比降面积法、曼宁公式或水位流量关系等方法，推算出成灾水位对应的流量，再根据暴雨洪水计算方法和典型暴雨时程分布，反算洪峰达到成灾流量的各个预警时段的对应降雨量。

临界雨量是指面平均雨量，单站与多站情况下的雨量预警指标应按代表雨量的方法确定。

雨量预警指标要素包括时段及其对应雨量两个要素，具体表现为各个预警时段的临界雨量，以及各预警时段的准备转移雨量和立即转移雨量。

2）水位预警指标。临界水位是水位预警方式的核心参数，指分析对象上游具有代表性和指示性地点（控制性断面）的水位；在临界水位时，洪水从水位代表性地点演进至下游沿河村落、集镇、城镇以及工矿企业和基础设施等预警对象的控制断面处，水位将会到达成灾水位，从而造成山洪灾害。水位预警指标借助于分析临界水位得出，临界水位可通过洪水演进方法和历史洪水分析方法分析得到。

（4）指标应用与改进的规定。预警指标分析成果是山洪灾害预警的重要依据，各州（市）应在分析成果的基础上，根据实际情况进行检验修正，在工作实践中运用和不断改进。

6.2　雨量预警指标分析

本部分主要针对雨量预警指标分析的步骤，以及各步骤的主要工作内容进行约定。雨量预警指标可以通过多种方法分析得到，各种方法的基本流程包括预警时段确定、流域土壤含水量计算、临界雨量计算、预警指标综合确定四个主要步骤。各个步骤的主要工作和方法如下。

（1）预警时段确定。预警时段指雨量预警指标中采用的典型降雨历时，是雨量预警指标的重要组成部分。受分析对象上游集雨面积大小、流域形状及其地形地貌、植被、场次降雨强度、土壤含水量等因素的影响，预警时段会发生变化，因此需要合理地分析确定，原则和方法如下：

1）最长时段确定。可以将流域汇流时间作为预警指标的最长时段，为了获得更长的预见期，也可以在流域汇流时间的基础上再适当延长。

2）典型时段确定。对小于最长时段典型时段的确定，即根据分析对象所在地区的暴雨特性、流域面积大小、平均比降、形状系数、下垫面情况等因素，确定比汇流时间小的短历时预警时段，如 60 分钟、3 小时、6 小时等，一般选取 2～3 个典型预警时段。

3）综合确定。充分参考前期基础工作成果，结合流域暴雨、下垫面特性以及历史山洪情况，综合分析分析对象所处河段的河谷形态、洪水上涨速率、转移时间及其影响人口等因素后，确定各分析对象的各个典型预警时段，从最小预警时段直至流域汇流时间。

（2）流域土壤含水量计算。

1）计算目的。流域土壤含水量对流域的产汇流有重要影响，是雨量预警的关键影响因素，主要用于净雨分析计算时考虑，进而用于分析临界雨量阈值。

2）分析方法。计算土壤含水量时，可直接采用水文部门的现有成果；若资料严重缺乏，可以采用前期降雨对流域土壤含水量进行估算，一般推荐采用流域最大蓄水量估算法。

流域水文模型通常用于计算流域径流，采用此类模型分析土壤含水量时，应注意要将其反向运用，即任务目标是计算土壤中存留的水量，而不是径流量，并且按时间逐时段计算。

3）流域土壤含水量情型概化。流域最大蓄水量估算法是根据不同流域实际情况确定流域最大蓄水量 W_m。根据云南省的具体情况，采用 $P_a=0.5W_m$ 以及两个临界值对前期降雨很少、中等、很多三种情况的前期降雨进行界定，代表流域土壤含水量有较干（$P_a<0.5W_m$）、一般（$0.5W_m<P_a<0.8W_m$）以及较湿（$P_a>0.8W_m$）等三种典型情况。

4）基于流域土壤含水量因素的雨量扣损考虑。考虑土壤含水量是为了计算临界雨量时的雨量扣损。有初损后损法、综合因子确定法等两种方法。

（3）临界雨量计算。在确定成灾水位、预警时段以及土壤含水量分析计算的基础上，考虑流域土壤含水量较干、一般以及较湿等情况，选用降雨分析及模型分析等方法计算分析对象的临界雨量。

临界雨量计算是一个不断试算直至满足要求的过程。在进行各个分析对象的各个预警时段临界雨量的具体计算时，先假定一个初始雨量，并按雨量及雨型分析得到相应的降雨过程系列，计算预警地点的洪水过程；进而比较计算所得的洪峰流量与预警地点的预警流量，如果二者接近，所输入过程的雨量即为该时段的临界雨量，如果差异较大，需重新设定初始雨量，反复进行试算，直至计算所得的洪峰流量与预警地点的成灾流量差值小于预定的允许误差为止。

（4）预警指标综合确定。由于分析对象所在河段的河谷形态不同，洪水上涨与淹没速度也会有很大差别，这些特性对山洪灾害预警、转移响应时间、危险区等级划分等都有一定影响。

综合确定预警指标时，应考虑分析对象所处河段的河谷形态、洪水上涨速率、预警响应时间和站点位置等因素，在临界雨量的基础上综合确定准备转移和立即转移的预警指标；并利用该预警指标进行暴雨洪水复核校正，以避免与成灾水位及相应的暴雨洪水频率差异过大。

通常情况下，临界雨量是从成灾水位对应流量的洪水推算得到的，故在数值上认为临界雨量即为立即转移的指标，这是从洪水反算到降雨得出的信息；对应于准备转移指标，为减少工作量考虑，可以在临界雨量基础上进行折减处理，但同时应当以该雨量的降雨过程进行暴雨洪水的复核，以避免与成灾水位及相应的暴雨洪水频率差异过大，提高成果的合理性。

在实际操作上，基于立即转移指标确定准备转移指标时，可以考虑以下两种方法：①在洪水过程线上，按成灾水位流量出现前 30 分钟左右所对应的流量，反算相应的时段雨量，将该雨量作为准备转移指标；②以控制断面的平滩流量反算相应的时段雨量，将该雨量作为准备转移指标。

（5）合理性分析。合理性分析是预警指标成果校核的重要内容，可采用以下方法，进行预警指标的合理性分析：

1）必须与当地山洪灾害历史事件等以往资料成果进行对比分析，即用实际事件的资料进行预警指标的合理性检查。

2）应将多种方法的计算结果进行对比分析，以尽量避免因某一种方法的不确定性而产生的较大偏差。

3）还要与流域大小、气候条件、地形地貌、植被覆盖、土壤类型、行洪能力等因素相近或相同分析对象的预警指标成果进行比较和分析，即采用比拟的方法，对预警指标的成果进行合理性检查。

此外，雨量预警指标分析是从洪水到降雨的反算过程，因此，应注意分析反算过程产生误差的主要因素及注意的问题，以保证成果的合理性。具体表现为：①分析对象成灾水位确定要具有代表性；②水位流量关系计算时应注意比降和糙率的确定；③降雨径流计算时要注意合理地选择产流、汇流、演进各个环节的算法与参数值。

6.3 水位预警指标分析

本部分主要针对水位预警指标分析的步骤以及各个步骤的主要内容进行约定。水位预警是通过分析所在地上游一定距离内典型地点（控制断面）的洪水位，并将该洪水位作为山洪预警指标的方式。根据预警对象控制断面的成灾水位，推算上游水位站的相应水位，作为临界水位进行预警。山洪从水位站演进至下游预警对象的时间不应小于 30 分钟。

由此可见，水位预警方式具有两个条件：①根据下游预警对象控制断面成灾水位推算上游某地的相应水位，该水位即是临界水位；②从时间上讲，山洪从水位站演进至下游预警点的时间应不小于 30 分钟，否则因时间太短失去了预警的意义。

临界水位采用常见的水面线推算和适合山洪的洪水演进方法，即可推算得到。临界水位可以通过上下游相应水位法进行分析。相应水位法是一种简易、实用的水文预报方法。在这种方法中，洪水波上同一位相点（如起涨点、洪峰、波谷）通过河段上下断面时表现出的水位称为相应水位，上断面至下断面所经历的时间称为传播时间。该方法根据河道洪水波运动原理，分析洪水波上任一位相的水位沿河道传播过程中在水位值与传播速度上的变化规律，即研究河段上、下游断面相应水位间和水位与传播速度之间的定量规律，建立相应关系，据此进行预报。

6.4 方法介绍

本部分针对前述各种预警指标分析方法，从资料要求、模型构建、指标计算、阈值分析等关键环节，分别介绍推理公式法、洪峰模数法、水位流量反推法、降雨驱动指标法、分布式流域水文模型法、上下游相应水位法等，并以实例形式，对各种方法的应用进行说明和介绍。

6.5　成果要求

本部分针对雨量预警和水位预警两种指标的成果进行约定。雨量预警应提供分析对象不同预警时段准备转移和立即转移两种指标的雨量信息。

水位预警应提供预警水位信息所在地点、具体水位值以及预警对象等信息。对于雨量预警指标成果，所有进行了相应分析的分析对象都应提交；但对于水位预警指标成果，应当是满足水位预警条件并且进行了相应分析的对象都应提交。

预警指标的成果以直观形象的图表或文字方式提供。由于乡村级和县级山洪灾害预警平台的性能、功能都有所差异，并且山洪灾害问题主要由乡村级面对，在成果形式中，对两部分的要求分别进行了约定。

6.5.1　乡村级预警平台预警指标要求

对于无监测预警平台的乡村，如果仅具有简易自动雨量站点设备，预警时需要充分考虑其有限的设备探测条件；县级具有山洪灾害防治平台，可以实现多个雨量站点数据的存储和分析，还有一定的数学模型对数据进行分析计算处理，进而得出预警指标的信息。针对以上不同预警条件的现状，应当根据乡村级和县级的实际条件，拟定其预警指标的要求。

当乡村级平台具有自动雨量站、自动水位站、简易雨量站和简易水位站等山洪灾害监测站点，拥有一定的数据存储和计算功能时，可以考虑将较为简单的临界雨量算法（如水位流量反推法、降雨指标驱动法等）植入到监测站点，再结合实际的降雨信息进行预警，服务于乡（镇/村）级群测群防情况的预警。

乡村级预警平台预警指标需要明确给出时间段及其雨量内容，总体而言是一种相对静态的指标。预警指标表现形式要求简明易懂、直观形象、便于宣传。

综上，乡村级预警平台预警指标应注意达到以下要求：

（1）雨量临界线法、水位流量反推法、降雨驱动指标法等方法，主要是针对乡村级山洪预警指标确定时采用的；当资料、平台、技术力量等各方面条件均较差时，适当考虑采用比拟法。

（2）明确给出预警的时间段及其对应雨量。

（3）预警指标是相对静态的指标。

（4）成果的图形化和简明化：应简明易懂、直观形象、便于宣传。

6.5.2　县级预警平台预警指标要求

对于县级行政区空间尺度级的中小河流，流域内部又包含多个子流域，具有大量数据存储、管理与分析功能，其预警指标的确定需要更为有力的方法与模型进行支撑。针对县级平台的山洪灾害预警，应重点考虑将分布式水文模型算法植入系统。结合气象部门提供的实时降雨信息，将降雨和土壤含水量按计算时段代入模型滚动运行，获得动态的雨量预警信息。

图 6.1 是县级平台动态预警应用示意图。

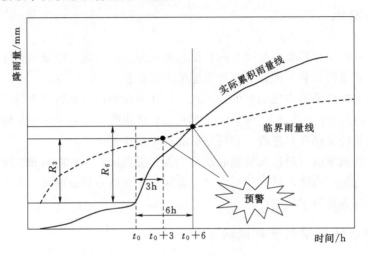

图 6.1　县级平台动态预警应用示意图

在图 6.1 中，粗实线表示县域中某沿河村落、城（集）镇等分析对象某场次的累积降雨过程，虚线表示临界雨量线，只要累积雨量过程线达到或超过临界雨量线，就应当发出预警。例如，在 t_0 时刻，若已知该防灾对象以上区域在未来 3 小时的平均降雨会达到 R_3 或者 6 小时平均降雨会达到 R_6，则由图查算可知道累积雨量过程线会处于与临界雨量线相交的情况，应当发出预警。如果通过天气预报或者其他途径进一步获知未来某一时段（如 1 小时、3 小时、6 小时等）的预报雨量，就可以判断延长后的累积雨量线是否超过临界雨量线，进而决定是否预警；这样的信息应间隔一定时间（如 1 小时、3 小时、6 小时等）更新一次，从而实现雨量的动态预警。同时，还要结合监测站点的信息，相互佐证，对山洪灾害进行更为可靠的预警。

县级预警平台预警指标的内容也是时间段及其雨量，但其表现形式可以是曲线图、面域图等，并且可以随着降雨输入信息的动态更新而变化，便于看到整个区域和其中关键地点的变化。

综上，县级预警平台预警指标应注意达到以下要求：

（1）分布式流域水文模型法是山洪预警发展的重要方向，具有重要的推广应用前景，在具有县级山洪预警平台条件的情况下都应当充分考虑。

（2）明确给出预警的时间段及其对应雨量。

（3）预警指标可以做成相对动态的指标。

（4）成果的图形化和简明化：对具体的沿河村落、集镇、城镇可以做成曲线图；对行政区域或流域对象，应做成面域图；可以随着降雨输入信息的动态更新而变化，便于掌握全区域和关键地点的变化。

6.6　本章小结

本章从一般规定、雨量预警指标分析、水位预警指标分析、成果要求等方面，简要介绍了"云南省山洪灾害预警指标和阈值分析技术指南"编写时的基本要求。

第7章

云南高原山洪灾害监测
预警信息化方案

云南省通过 2003—2009 年山洪灾害防治规划编制、2011—2015 年山洪灾害防治非工程措施项目建设以及山洪灾害调查评价等工作，基本查清了全省范围内社会经济和人口分布、历史山洪灾害和流域暴雨特性情况，划定了山洪灾害防治区和危险区，客观地评价出全省的沿河村庄防洪能力现状，提出了具体的避险转移路线和临时避险点；建设了覆盖全省范围的各级山洪灾害监测预警平台及相应的信息管理系统，基本实现与防汛抗旱指挥网络的互联互通和监测预警信息的共享，构造出云南省域范围的山洪灾害防治体系雏形。如何结合云南省气候条件、地形地貌、植被土壤、基础资料、技术水平等方面的具体情况，针对云南省典型暴雨与产流分区，从总体技术规定、基本资料收集与分析、预警指标计算与分析、成果要求等方面，提出云南省山洪灾害预警指标分析计算的技术指导手册，形成集实用性与易操作性为一体的云南省县级典型山洪灾害预警系统（以下简称"系统"），并使其具备深度学习功能，完成预警指标及阈值的自我反馈与优化，是本章研究的重点内容。

7.1 设计原则

资料基础及技术条件是预警指标确定方法的前提和基础。系统输入资料内容包括流量记录数据、历史山洪灾害事件文献及与之相应的雨量、水位、流量等资料，具体分为山洪灾害调查资料、感知层实时监测资料、气象及国土等部门的共享资料等。

为保证实用性与易操作性，系统采用简易估算、简要计算、模型分析三种流程确定山洪预警指标及阈值。其中，简易估算类方法具体包括推理公式法及洪峰模数法；简要计算类方法具体包括降雨指标驱动法、水位/流量反推法两种；模型计算分析类方法具体包括分布式流域水文模型法。

由于山洪灾害预警指标的时间尺度仅仅限于分钟、小时的短历时层面，为消除各种信息数据及预警指标在时间轴方向的信息采集传输、模型计算、预警预报、群防响应、行动转移等环节上的误差，时钟统一就显得极为重要。系统融合了北斗卫星和 GPS 两个对时标准，采用"双钟双源"的配置方案为全系统（含气象、国土等不同部门的共享数据）提供构建精准统一的时间维度系统，让所有需要共享的实时监测数据贴上统一、精准的时间标签，确保参与监测预警流程的各系统孤岛化、碎片化信息具有时效性。

系统采用 Linux 操作系统为基础系统平台，以 Tomcat 与 Geoserver 为应用平台，MySql 为数据平台，J2EE 为编程语言，Spring MCV 为基础架构。坚持安全开源、稳定实用、高并发、便于操作和推广等原则。

技术标准与国家防汛指挥系统的标准相衔接；数据标准以中国山洪灾害调查评价数据库表结构及标识符标准、实时雨情数据库表结构及标识符标准为主；共享数据接口服务与全国山洪灾害防治管理平台进行对接，坚持标准规范性、单一性、可扩展性、可读性、互联互通性等原则。

7.2 系统总体设计

7.2.1 系统设计技术路线

山洪灾害预警指标主要包括临界水位和临界雨量两种指标，依据前述第 5、第 6 章介绍的山洪灾害预警指标计算方法，系统平台设计首先将对涉及的雨量监测数据、水位监测数据、图像数据、国土资源共享数据、气象共享数据等进行数据收集，并将得到的山洪灾害调查数据和实时监测数据进行分类设计，以便于数据的规范管理、入库；然后构建山洪灾害预警算法的模型库，并进行封装，数据与山洪灾害预警算法模型之间建立自动匹配，获取预警指标、阈值，再对系统运算的结果与调查评价数据进行对比分析，得到一个具有参考价值和实际指导意义的结果，通过甄别之后形成相应的报警信息发布。采用北斗卫星和 GPS 两个系统构建的"双钟双源"对时系统，为系统提供了精准、统一的时间标准保障。除此之外，系统的每次运算都将与调查评价数据和实际现状进行智能比较分析，通过构建神经网络模型实现系统的自我修正、自我优化和深度学习，使系统平台实现自我完善功能。系统总体技术路线如图 7.1 所示。

7.2.2 系统设计框架

系统按照基础设施层、数据服务层、业务支持层、应用服务层等四层架构，以及安全保障体系、标准规范体系的双重体系进行设计，系统架构如图 7.2 所示。

（1）基础设施层：为系统平台运行提供硬件环境基础，为数据的采集、处理、备份提供安全保障的存储和运行环境，同时为终端数据采集提供设备和采集系统，并实行统一的数据采集标准和统一的时间标准。

（2）数据平台层：建立山洪基础数据库、属性数据库、空间数据库、动态数据库，实现统一数据中心，对数据进行标准化处理、分析。

（3）业务支持层：进行山洪预警指标技术方法的算法建模，深度学习神经网络建模，并实现与气象、国土等部门的外部数据信息接口服务。

（4）应用服务层：为用户单位提供预警信息发布、雨情数据查询、智能决策、深度学习自适应、视频监控等服务。

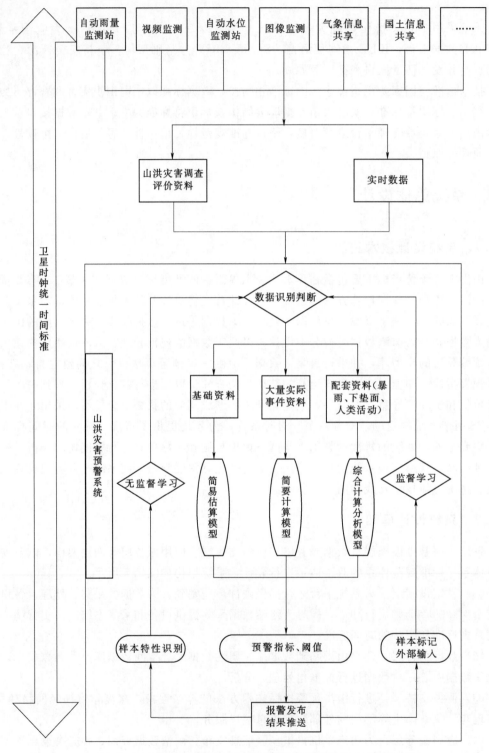

图 7.1　云南省县级典型山洪灾害预警系统总体技术路线图

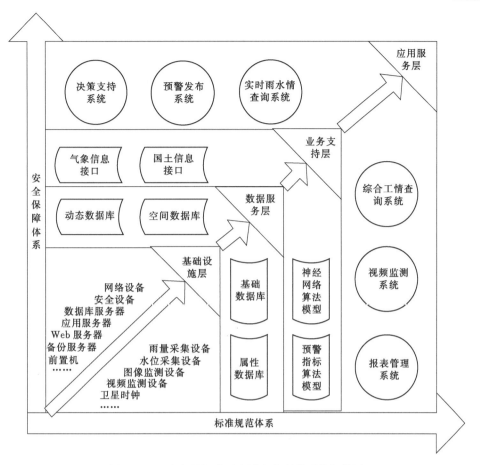

图 7.2 云南省县级典型山洪灾害预警系统架构图

7.3 数据服务设计

7.3.1 数据库分类设计

山洪灾害监测预警数据包括调查评价数据和实时数据。为了统一数据标准，加强科学管理，系统构建了统一的数据中心，进行数据分析、数据计算，提供实时、准确、全面的监测预警数据，并按照数据的特性将数据分为属性数据库、基础数据库、空间数据库、动态数据库等四大类来进行数据管理。

（1）属性数据库。主要指数据和系统的一些基本属性信息，例如，标准、定义、格式、类型、代码、单位等比较固定的国家或行业统一标准的数据信息。属性数据库数据表见表7.1。

（2）基础数据库。主要指历史观测的水雨工情数据和山洪灾害调查评价数据的一些统计数据、汇总数据、成果类数据、关系数据以及分析数据等，数据量比较大，将作为数据分析、深度学习的重要基础资料。基础数据库数据表见表7.2。

表 7.1 属性数据库数据表

序号	类型	表 名 称
1		表属性信息表
2		字段属性信息表
3		枚举代码与自然语言对照表
4		文档类型信息表
5	调查评价数据	照片类型信息表
6		行政区划名录
7		企事业单位名录
8		多媒体资料信息表
9		文档资料汇总表
10		测站基本属性表
11		常用水文要素计量单位和要素表
12		水文测站类型代码表
13		拍报项目各位含义表
14		报讯登记取值及含义表
15		站号对照表
16	实时雨情数据	库（湖）站关系表
17		出入库标志代码表
18		河道站防洪指标表
19		库（湖）站汛限水位表
20		洪水传播时间表
21		典型洪水水位流量关系表
22		综合水位流量关系表

表 7.2 基 础 数 据 库 数 据 表

序号	类型	表 名 称
1		库（湖）容曲线表
2		水位（流量）频率分析成果表
3		洪水频率分析参数表
4	实时雨情数据	多年平均蓄水量、降水量系列信息表
5		库（湖）蓄水量多年同期均值表
6		旬月降水量多年平均值表
7		断面测验成果表
8		基本情况统计汇总表
9	调查评价数据	行政区划总体情况表
10		社会经济情况表
11		居民家庭财产分类对照表

续表

序号	类型	表 名 称
12		农村住房情况定型户样本表
13		居民住房类型对照表
14		防治区基本情况调查成果汇总表
15		危险区基本情况调查成果汇总表
16		防治区行政区与小流域关系对照表
17		防治区企事业单位汇总表
18		小流域名称和出口位置汇总表
19		历史山洪灾害情况汇总表
20		历史山洪灾害现场调查记录表
21		重要沿河村落居民户调查成果表
22		重要城（集）镇居民调查成果表
23		需防洪治理山洪沟基本情况成果表
24		自动检测站点汇总表
25		无线预警广播站汇总表
26		简易雨量站汇总表
27		简易水位站汇总表
28		防治区水库工程汇总表
29	调查评价数据	防治区水闸工程汇总表
30		防治区堤防工程汇总表
31		塘（堰）坝工程调查成果汇总表
32		路涵工程调查成果汇总表
33		桥梁工程调查成果汇总表
34		沟道纵断面成果表
35		沟道纵断面测量点表
36		沟道历史洪痕测量点表
37		沟道横断面测量点表
38		测站一览表
39		降雨量摘录表
40		洪水水文要素摘录表
41		年流量表
42		日降水量表
43		日水面蒸发量表
44		暴雨统计参数表
45		洪峰流量统计参数表
46		分析评价名录表

序号	类型	表　名　称
47		设计暴雨成果表
48		小流域汇流时间设计暴雨时程分配表
49		控制断面设计洪水成果表
50		控制断面水位-流量-人口关系表
51		防洪现状评价成果表
52	调查评价数据	临界雨量经验估计法成果表
53		临界雨量降雨分析法成果表
54		临界雨量模型分析法成果表
55		预警指标时段雨量成果表
56		预警指标综合雨量成果表
57		预警指标水位成果表

（3）空间数据库。主要指山洪灾害预警区域、重点监测区域、工程区域等的基础地理和地图数据，图层数据的保存和处理，以及可以通过空间数据的管理来实现可视化的预警、预防、转移等工作。空间数据库数据表见表7.3。

表 7.3　　　　　　　　　　　　空 间 数 据 库 数 据 表

序号	类　型	表　名　称	序号	类　型	表　名　称
1		行政区划图层	13		塘（堰）坝工程图层
2		居民居住地轮廓图层	14		路涵工程图层
3		企事业单位图层	15		桥梁工程图层
4		危险区图层	16		水库工程图层
5		安置点图层	17		水闸工程图层
6	调查评价数据	转移路线图层	18	调查评价数据	堤防工程图层
7		历史山洪灾害图层	19		沿河村落居民户图层
8		需要防洪治理山洪沟图层	20		重要城（集）镇居民户图层
9		自动检测站图层			
10		无线预警广播站图层	21		沟道纵断面图层
11		简易雨量站图层	22		沟道横断面图层
12		简易水位站图层	23		历史洪痕测量点图层

（4）实时监测量动态数据库。主要指感知层实时采集的水雨工情监测数据，如降水量数据、地下水数据、水库水情等数据，以及与气象、国土等部门共享的接口实时数据。用于实时反映监测区域的水雨工情数据变化，并通过相应算法模型，结合调查评价数据来实现山洪灾害的预警计算。实时监测动态数据库数据表见表7.4。

表 7.4 实时监测量动态数据库数据表

序号	类型	表名称	序号	类型	表名称
1	实时雨情数据	降水量表	26	实时雨情数据	地下水情多日均值表
2		降雪表	27		蒸发量统计表
3		冰雹表	28		降水量统计表
4		日蒸发量表	29		引排水量统计表
5		河道水情表	30		输沙输水总量表
6		水库水情表	31		地下水开采量统计表
7		堰闸水情表	32		河道水情极值表
8		闸门启闭情况表	33		水库水情极值表
9		泵站水情表	34		堰闸水情极值表
10		潮汐水情表	35		泵站水情极值表
11		风浪信息表	36		潮汐水情极值表
12		含沙量表	37		气温水温极值表
13		气温水温表	38		地下水水情极值表
14		定性冰情表	39		降水量预报
15		定量冰情表	40		河道水情预报表
16		土壤墒情表	41		水库水情预报表
17		地下水情表	42		堰闸水情预报表
18		地下水开采量表	43		潮汐水情预报表
19		特殊水情表	44		含沙量预报表
20		暴雨加报表	45		水情预报表
21		河道水情多日均值表	46		土壤墒情预报表
22		水库水情多日均值表	47		地下水情预报表
23		堰闸水情多日均值表	48		时段径流总量预报表
24		潮汐水情多日均值表	49		输沙输水总量预报表
25		气温水温多日均值表			

7.3.2 共享数据接口服务

县级山洪灾害数据共享涉及面广，部门较多、信息共享流程复杂，数据格式不统一，系统数据不能实时共享，部门之间形成信息孤岛，不能实现完全意义上的互联互通，这已成为云南省县级山洪灾害防治工作急需解决的重要问题之一。因此，依托数据接口服务，进行数据共享设计，对山洪信息做出迅速、科学、实时及有针对性的判断，高效精准、及时地进行灾害预报，从而提高应急救援响应及联动能力。

接口服务指外部获取数据信息交换的抽象方法，而内部修改不影响外界其他实体与其交互的方式。目前云南省域内山洪灾害监测预警系统的主要接口数据来源为气象数据、国土资源数据，依据接口的单一性、命名的规范性、可扩展性、可读性等设计原则，可采用"瘦客户端"B/S模型设计，以J2EE为平台、MySQL为数据管理、SSH为框架，兼容安全数据通信及软件 API 设计规范，获取山洪灾害预警系统所需的基础数据、业务数据等相关数据信息。信息交换示意图如图 7.3 所示。

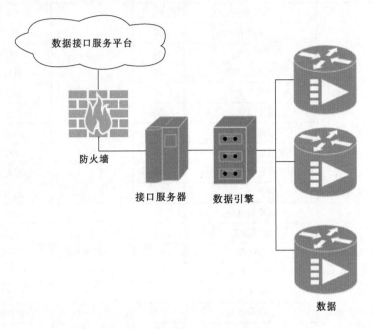

图 7.3　信息交换示意图

　　系统中包括信息发布区和信息获取服务管理区。信息发布区有接口服务器，主要负责外部数据服务的获取及内部服务的数据存储与修整。数据引擎区是对数据进行分区、隔离、修复、备份、虚拟化等持久层数据服务。信息获取服务管理区接口用户信息的安全身份识别、安全身份注册、API 数据获取接口介绍等相关服务，并能够与省级山洪灾害防治管理平台进行对接，详细设计如下。

　　（1）气象数据接口。基于国家气象信息中心、省及州（市）气象服务平台，数据主要包括地面气象资料、高空气象资料、数值模式产品资料、雷达气象资料、辐射气象资料等数据，具体的气象部门共享服务及接口定义见表 7.5。

表 7.5　　　　　　　　　　　　气象部门共享服务及接口定义表

接口名称	接口地址	备注
中国地面气象站逐小时观测资料	http://api.data.cma.cn:8090/api ? userId=〈〉&pwd=〈密码〉 &dataFormat=json &interfaceId=getSurfEleByTimeRangeAndStaID &dataCode=SURF_CHN_MUL_HOR &timeRange=〈时间范围〉 &staIDs=〈台站列表〉 &elements=Station_Id_C,Year,Mon,Day,Hour, 〈要素列表〉	提供 7 天内 2170 个台站的小时值数据，包括气温、气压、相对湿度、水汽压、风、降水量等要素小时观测值

160

续表

接口名称	接口地址	备注
全球高空气象站定时值资料	http://api.data.cma.cn:8090/api ? userId=〈账号〉 &pwd=〈密码〉 &dataFormat=json& interfaceId=getUparEleByTimeAndStaIDAndPress &dataCode=UPAR_GLB_MUL_FTM& times=〈时间〉&staIds=〈站号〉 &pLayers=〈层次列表〉 &elements=〈要素列表〉	包含了中国探空观测站点和国外探空观测站点每日常规观测时次（世界时 00 时和 12 时）各规定等压面和压温湿特性层的位势高度、温度、露点温度、风向、风速观测数据
GRAPES_MESO 中国及周边区域数值预报	http://api.data.cma.cn:8090/api ? userId=〈账号〉 &pwd=〈密码〉 &dataFormat=json& erfaceId=getNafpFileByElementAndTime &dataCode=NAFP_FOR_FTM_LOW_GRAPES_CHN &time=〈时间〉&fcstElc=〈预报要素〉	预报时效最高 72 小时，要素包括气压、位势高度、温度、假绝热位温/假相当位温、温度露点差（或亏值）、风的 u 分量、风的 v 分量、垂直速度（几何的）、相对湿度、降水量、水汽通量、水汽通量散度等。文件采用 grib2 格式，每天发 00 时次和 12 时次
基本反射率图像	http://api.data.cma.cn:8090/api ? userId=〈账号〉 &pwd=〈密码〉 &dataFormat=json &interfaceId= getRadaPUPByTimeRangeAndStaID &dataCode=RADA_L3_ST_REF_GIF &timeRange=〈时间范围〉 &staIds=〈台站〉 &elements= Station_Id_C,DATETIME,FORMAT,FILE_NAME	基本反射率产品是雷达基本观测量，单位为 Dbz，图像上每个像素点代表了 1km×1 度波束体积内云雨目标物的后向散射能量
1 小时累计降水图像	http://api.data.cma.cn:8090/api ? userId=〈账号〉 &pwd=〈密码〉 &dataFormat=json&interfaceId=getRadaPUPByTimeRangeAndStaID &dataCode=RADA_L3_ST_PRE1H_GIF&timeRange=〈时间范围〉 &staIds=〈台站〉 &elements= Station_Id_C,DATETIME,FORMAT,FILE_NAME	1 小时累计降水产品采用的是每个体扫结束后的小时累计方式，即对每一个 2km×1° 的样本库降水率在每个体扫结束后进行时间累计，得到一小时降水量，并在每个体扫结束后输出，生成该产品至少需要 54 分钟连续的体扫描资料（体扫描间隔不超过 30 分钟）
中国 2000 余站太阳总辐射逐小时资料	http://api.data.cma.cn:8090/api ? userId=〈账号〉 &pwd=〈密码〉 &dataFormat=json &interfaceId= getRadiEleByTimeRangeAndStaID &dataCode=RADI_CHN_MUL_HOR2400 &timeRange=〈时间范围〉 &staIds=〈台站列表〉 &elements=〈要素列表〉	提供 7 天内 2000 余站太阳总辐射逐小时数据

（2）国土规划、区域规划、城市规划、国土资源数据。主要包括地质灾害、矿产资源、土地利用规划、土地储备等资料信息，国土数据接口框架如图 7.4 所示。

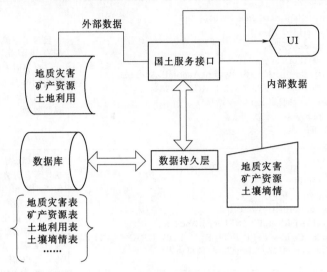

图 7.4　国土服务接口框架

参考山洪灾害监测预警信息管理系统的技术要求，国土服务接口有数据的存储、数据获取，其中数据的存储有外部接口数据获取与人工干预导入内部数据，而数据的获取主要通过前端通过数据安全身份验证进行访问，具体的国土部门共享服务及接口定义见表 7.6。

表 7.6　　　　　　　　　　　　国土部门共享服务及接口定义表

接口名称	接　口　地　址	备注
国土数据接口	http://×××.×××.×××.×××:8090/api/territorial ？userId=〈账号〉 &pwd=〈密码〉 &dataFormat=json &dataTypeId=〈数据类型 ID〉 &interfaceId=〈接口方式 ID〉	×××根据服务地址或者域名修改。接口方式 ID 包括存储，获取及查询等

综上所述，应用系统的空间数据接口使用开源的 GeoServer 的 GIS Map 服务接口，实施监测量动态数据的其他接口可参考国土服务接口。

7.3.3　预警指标算法建模

数据算法建模指的是对现实世界各类数据的抽象组织，确定数据库需管辖的范围、数据的组织形式等，直至转化成现实的数据库。在前述第 5、第 6 章的内容里，推荐了三种技术途径提出预警指标，分别对应六种计算方法模型（推理公式法、洪峰模数法、降雨指标驱动法、水位/流量反推法、分布式流域水文模型法、上下游相应水位法）。

预警指标建模由视图（view）、图（diagrams）、模型元素（model elements）和通用机制（general mechanism）等几个部分构成，其表现在事物、关系、图之间的逻辑符号化。统一建模语言（unified modeling language，UML）是可视化建模技术标准，内置扩展机制以适应特殊领域的应用。针对预警指标的数据算法可以通过统一建模语言来建立面向对象的可视化标准模型，系统总体的建模框架流程如图 7.5 所示。

（1）分类器。通过监督及半监督的方式进行模型选择，包括简易模型类、简要模型类、综合模型类，以及模型分类方法，分类器模型图 7.6 所示。

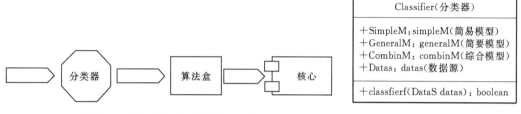

Classifier(分类器)
+SimpleM：simpleM(简易模型)   +GeneralM：generalM(简要模型)   +CombinM：combinM(综合模型)   +Datas：datas(数据源)
+classfierf(DataS datas)：boolean

图 7.5　系统总体的建模框架流程　　　　图 7.6　分类器模型

（2）算法盒。算法盒就是保存不同的算法，包括水位流量反推法、洪峰模数法、降雨驱动法、上下游响应水位法、分布式流域水文法、推理公式法，其中未标注类属性的命名直接参考技术方法指南的公式符号。算法盒模型如图 7.7 所示。

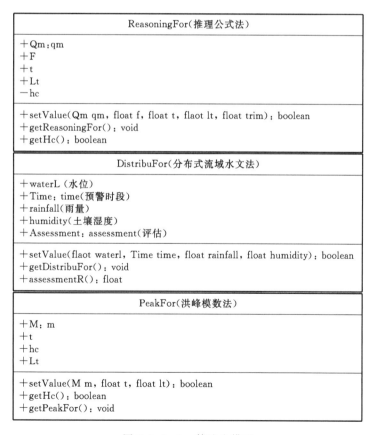

图 7.7（一）　算法盒模型

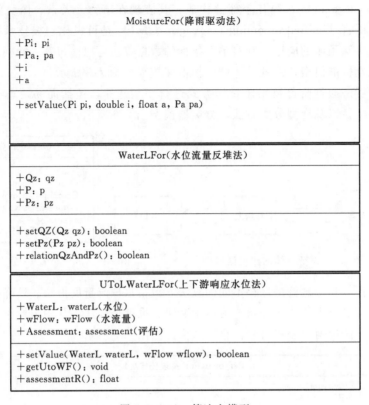

图 7.7（二）　算法盒模型

（3）核心模型：包括阈值标准化的存储、方法模型的存储及对接深度学习接口，完善算法及阈值的输出。核心库模型如图 7.8 所示。

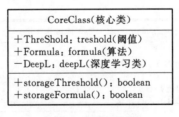

图 7.8　核心库模型

7.4　基础服务设计

7.4.1　网络安全设计

云南省县级典型山洪灾害预警系统的总体网络规划，是以县级应用部署推广为前提，进行县级数据中心网络设计。数据中心采用双网模式，以保证数据的故障冗余性，数据采集网以公网或专网传输进行数据采集，实现从感知层到县级的网络贯通，满足数据的汇总、计算、监控以及上报，同时依照省、州（市）级山洪灾害监测预警信息管理系统技术要求，建设与相应级别防汛、水文、气象、国土部门之间的网络通道，实现县级山洪灾害监测预警数据的互联互通、信息共享。此外，感知层终端采集设备、互通互联的共享信息及和数据中心基础数据等，通过北斗卫星和 GPS 两个系统构建的"双钟双源"对时系统，均带有统一、精准的时间标志，确保数据的实时性和准确性。系统总体网络架构拓扑关系如图 7.9 所示。

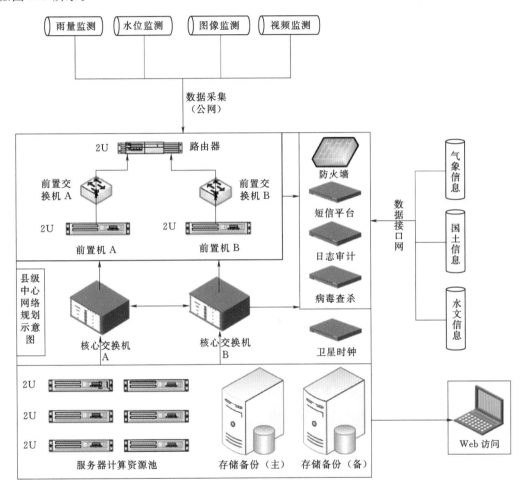

图 7.9 云南省县级典型山洪灾害预警系统总体网络架构拓扑关系

7.4.2 硬件系统设计

由于核心交换机是网络中最为重要的核心设备，除了采用双设备、双链路、双电源之外，在设备本身架构方面也要考虑具备先进性和高可靠性。新购核心交换机采用目前较为先进的多级交换架构，控制平面与转发平面分离设计，主控板和交换网板占用不同的机箱物理槽位，为保证数据传输和处理的实时性，网络端口应至少采用千兆数据端口，数据交换吞吐量保持在 1Tpbs 以上。

前置机即数据采集服务器，承担着采集通道建立、数据采集、报文解析、数据中转等的功能，每个监测站数据的上传都要通过前置机进行接收处理，所以前置服务器要求有较高的 I/O 性能和数据处理能力，按照每个县 50～200 个监测站点计算，采集服务器配置为：CPU 主频 1GHz 以上，内存 128GB 以上，硬盘 1T 以上×6 热插拔，支持磁盘阵列，多功能千兆网卡。

服务器计算资源池主要用于数据模型运算和深度学习模型运算提供计算资源，为保证计算资源的稳定性和可扩展性，采用虚拟化技术来实现计算资源的自动分配、负载均衡以及性线扩展，实时数据采集按照 1 分钟 1 次计算，服务器计算资源池配置为：CPU 主频 2GHz 以上，内存 256GB 以上，硬盘 1T 以上×12 热插拔，支持磁盘阵列，多功能万兆网卡。

数据存储备份容量规划应考虑到数据的安全性，采用双机热备模式，数据存储包括结构化数据和非机构化数据。非结构化数据包括图纸资料、图像资料等；结构化数据包括统计数据、分析数据、实时数据等。参照一般县城数据的 5 年估算，数据容量规划 30T 左右，支持扩展至 100T 的配置。

7.4.3　应用环境搭建

考虑到县级单位运行维护人员的技术能力有限，为了保证系统平台的稳定性和易操作性，云南省县级典型山洪灾害预警系统的运行环境采用客户端系统（Windows）＋服务器系统（Linux）的工作模式，Linux 选择具有知识产权开源的 Linux 系统（CentOS 或者 Ubuntu），Windows 选择比较稳定的 Windowsserver 操作系统。Linux 系统作为服务器具有更好的稳定性和安全性，Windowsserver 作为客户端工作站可以使维护和使用人员更容易上手和操作，同时比普通 Windows 系列有较高安全性。

应用环境搭建主要有 Web 搭建、数据库搭建及应用部署等，除了操作系统选择外，应用服务环境搭建可选择 Tomact＋GeoServer＋Mysql，Tomcat 是由 Apache 开发的一款免费且开源的轻量级 Web 应用服务器，Tomcat8 服务器在中小企业中得到广泛使用，是开发和调试 JSP 程序的首选，同时安全方面具有 SSL 加密提供了额外的诊断信息。具体环境搭建如下：

（1）jdk 安装。Tomcat 的安装需要 jdk 的支持，因此，在安装 Tomcat 之前需要先安装 jdk。

（2）Tomocat 安装。通过二进制包（tar. gz）安装 Tomcat，使用 chmod 更改操作权限，使用 chkconfig 设置开机启动设置。

（3）GeoServer 安装。通过 xftp 上传安装包至 Linux 服务器，用 Uzip 进行解压，并进行环境变量的配置，最后通过 service network restart 命令重启网络，输入 http：//localhost：8080/GeoServer/web/进行测试，能够正常访问则表示安装成功，默认登录用户名和密码为 admin/GeoServer。

（4）GeoServer 跨域配置。下载对应的 jetty 版本，上传更新 GeoServer 中的 lib 库：修改/root/GeoServer－2.11.1/webapps/GeoServer/WEB－INF 下的 web. xml 文件，修改如下内容：

```
<!-- Uncomment following filter to enable CORS
<filter>
    <filter-name>cross-origin</filter-name>
    <filter-class>org.eclipse.jetty.servlets.CrossOriginFilter</filter-class>
    <init-param>
        <param-name>chainPreflight</param-name>
        <param-value>false</param-value>
    </init-param>
    <init-param>
        <param-name>allowedOrigins</param-name>
        <param-value>*</param-value>
    </init-param>
    <init-param>
        <param-name>allowedMethods</param-name>
        <param-value>GET,POST,PUT,DELETE,HEAD,OPTIONS</param-value>
    </init-param>
    <init-param>
        <param-name>allowedHeaders</param-name>
        <param-value>*</param-value>
    </init-param>
</filter>
-->

<!--
THIS FILTER MUST BE THE FIRST ONE, otherwise we end up with ruined chars in the input from the GUI
See the "Note" in the Tomcat character encoding guide:
http://wiki.apache.org/tomcat/FAQ/CharacterEncoding
-->
<filter-mapping>
    <filter-name>Set Character Encoding</filter-name>
    <url-pattern>/*</url-pattern>
```

（5）GeoServer 后台自启动。为保证 GeoServer 在后台可以自启动，不受关闭 SSH 客户端服务的影响，通过以下命令执行：

1）［root@GeoServer ～］#nohup/root/GeoServer－2.11.1/bin/startup.sh &；

2）［root @ GeoServer ～］# nohup: ignoring input and appending output to 'nohup.out'；

此时关闭 xshell，GeoServer 管理页面依然可以访问。

（6）MySQL 数据库安装与配置。

1）上传并解压安装文件：tar－zxvf mysql－5.6.33－linux－glibc2.5－x86_64.tar.gz；

2）增加用户组和用户：group add mysqltest；useradd－g mysqltest－M mysql；data；

3）目录授权：chown－R mysql.mysqltest/keduo/mysql/data；

4）初始化 MySQL 数据库：/usr/local/mysql/scripts/mysql_install_db－basedir＝/

5）usr/local/mysql—datadir＝/keduo/mysql/data —user＝mysql；

6）配置 my.cnf 文件：basedir＝/usr/local/mysql，datadir＝/keduo/mysql/data，port＝3306；

7）添加 mysqld 成为系统服务并设置自启动：cp/usr/local/mysql/support－files/

8）mysql.server /etc/init.d/mysqld，chkconfig —add mysqld，chkconfig mysqld on。

7.5　基于 GPS 时钟对时技术的时间同步体系统设计

山洪灾害一般具有历时短（十几分钟至几小时）、突发性强、破坏性大等特点，特别是在高原山地区的小流域，由于地质地形复杂，缺少水文气象观测资料和山洪灾害调查评价等基础资料，更容易造成群死群伤及重大财产损失事件。分析时间因素对山洪灾害监测预警系统的影响，主要表现在以下几方面：

（1）云南省域范围内现状已基本经形成了以降雨量、山洪水位、土壤含水量及特殊地质灾害为主要监测对象的防灾监测体系，但系统中存在着不同时期开发的多个厂家的装置、设备、软件等，很多装置、设备、软件虽预置有相互独立的内部时钟系统，但存在其固有的时钟误差，随着运行时间的增加，各装置内部时钟系统之间的误差也会逐渐累积，时间误差将越来越大，且无法自我校正，在数据融合过程中，必然制约对系统的动态过程分析结果，严重时还会导致数据及信息丢失、事件逻辑混乱，甚至服务器死机、系统瘫痪等。如果能在全系统确定统一的时钟标准，系统就能在统一时间的基准上对动态监测数据进行挖掘和在线分析，建立精准的数学逻辑推演模型，从而达到对整个山洪灾害监测预警系统沿时间轴发展过程的把控与决策分析。

（2）目前正处于物联网和大数据爆发的时代，没有任何一个信息系统可以形成独立的运转体系，山洪灾害监测预警系统也不例外，山洪灾害监测预警涉及与气象、国土、环保、住建、交通、水文等多个部门建立信息共享、互通互联机制，在水利部印发的《省、地市级山洪灾害监测预警信息管理系统技术要求（印发稿）》中明确提出，气象、国土等部门提供的实时监测共享信息实效为 20 分钟，这显然不能更好地满足山洪灾害监测预警的时效性，为后续的应急响应提供充裕的反应时间。

一直以来，山洪灾害监测预警都是许多领域的专家学者研究的热点，水利部门一直致力于山洪灾害调查评价、水文模型的研究，降雨量、洪水流量、土壤含水量的临界阈值的确定；气象部门从降水的监测与预报进行探索；国土部门更多地利用遥感卫星解译方法分析山洪地质灾害产生的可能性。随着各行业信息平台的建立以及互联互通和信息共享机制的形成，围绕山洪灾害预警的时效性、可靠性指标，分析研究的趋势也由静态向动态、单一指标向多指标体系、平面向空天地一体化的转变，对于如此庞大复杂的一个拓扑关系模型，即使在计算机技术水平发生飞跃的今天，也急需缩短互通互联渠道的反应时间，构建精准、统一的时间维度系统，作为不同行业、部门之间相互联系和联动的纽带，让所有需要共享的实时监测数据贴上统一、精准的时间标签，确保参与监测预警流程的各系统孤岛化、碎片化信息具有时效性，提高预警系统的可靠度，保证应急响应的可实现性。

7.5.1　GPS 时钟对时技术的原理及应用现状

GPS 时钟对时技术是针对自动化系统中的计算机、控制装置等进行校时的一项高新技术，时间同步系统装置从 GPS 卫星（或北斗卫星）上获取标准的时间信号，再将这些信息通过各种接口类型来传输给自动化系统中需要时间信息的设备（如计算机、保护装置、故障录波器、事件顺序记录装置、安全自动装置、远动 RTU 等），这样就可以实现整个系统的时间同步。网络时间同步技术则是根据网络对时原理及方法，采用 SMT 表面贴装等技术生产，大规模集成电路设计，以高速芯片进行控制，实现对特定网络系统时间标准的统一、时间积累误差的消除。目前，基于 GPS 时钟对时技术及网络同步对时技术研制的各型装置（系统），具有精度高、稳定性好、功能强、无积累误差、不受地域气候等环境条件限制、性价比高、操作简单等特点，已广泛应用于电力、金融、通信、交通、广电、石化、冶金、国防、教育、IT、公共服务设施等多个行业领域。

GPS 时钟对时技术原理是通过接收 GPS 卫星搭载的高精度原子钟的基准时间信号，作为统一的时间标准，其精度可达到纳秒级。时钟的同步对时方式主要有以下几种：脉冲对时（硬对时）、串行口通信报文对时（软对时）、IRIG－B 时钟码对时（B 码对时）、网络同步对时等。脉冲对时方式每隔一定的时间段定时输出一个精确的同步脉冲，被授时装置接收到同步脉冲之后，可消除装置内部时钟的走时误差，精度可达到毫秒级，但无法提供日期信息，同时要求辐射型配线；串行口通信报文对时，将年、月、日、时、分、秒等信息按照标准的格式通过串行口发送给被授时装置，传输距离受到限制，同时存在固有的传播延时误差，精度只能达到秒级；IRIG－B 对时方式综合了脉冲对时与串行口通信报文对时的优点，具有较高的精度；网络同步对时则是近年来基于以太网技术发展起来的一种对时方式，采用特定的网络时间协议完成对时，不仅精度高（纳秒级），采用的 IEEE1588 技术也是今后智慧网络的发展方向。

7.5.2　GPS 时钟对时技术在县级以上山洪灾害监测预警系统的应用

县级以上山洪灾害监测预警系统一般由水雨情监测系统、监测预警平台、预警系统三部分组成，典型县级山洪灾害监测预警系统拓扑结构如图 7.10 所示。地、市级以上监测预警系统互联推荐建立专网，但县级各部门之间的信息共享、信息上报都是通过公网进行，并以数据服务的方式传输数据。

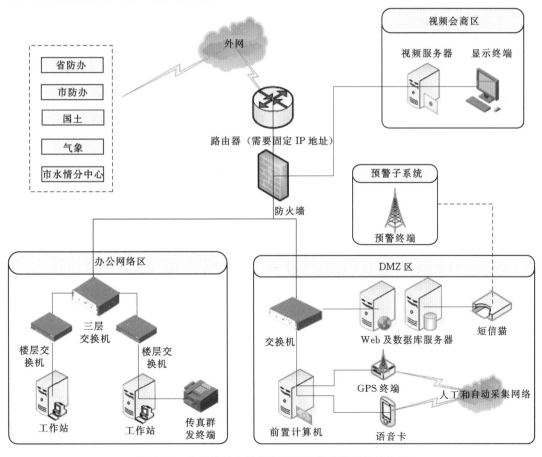

图 7.10　典型县级山洪灾害监测预警系统拓扑结构图

　　监测预警平台包括计算机和通信网络、数据库、应用支撑中间软件和预警软件等。网络系统以县防汛办为中心，上连省、州（市）防汛办，下连各个水雨工情监测站，形成分级网络，支持信息的实时收集、传输和处理，为业务应用提供资源共享的网络环境。数据库系统实现实时水雨情数据库、工程数据库、图形库、社会经济数据库、基础地理空间信息等公共数据库和专用数据库的管理。应用支撑的中间软件为县防汛办处理提供信息及资源支撑服务，提供统一的系统开发和运行环境，提供全系统共享的信息资源。目前，数据交换程序对气象、国土、环保、水文等部门提供的共享库类型和表结构尚无特别要求，只需相关部门开发相应程序时写入共享服务器的共享库，监测预警系统使用时，通过时标赋予和校正程序完善时间标签后，即可实现气象、国土、环保、水文部门的数据实时共享。

　　结合云南省的省情，基于 GPS 时钟对时技术的县级山洪灾害监测预警系统的统一时钟解决方案为：GPS 时钟对时系统采用辐射型网络，由最上一级中心站统一接收 GPS 时钟信号，通过专用的通信通道与监测子站进行对时通信，再由监测子站下发对时报文至相应的监测装置，确保在全系统内建立统精确统一的时间标准。

　　考虑到北斗卫星为我国自主的系统，覆盖范围大，安全性和可靠性均有保障，配置方案是融合北斗卫星和 GPS 两个系统，在县级以上监测预警平台推荐采用"双钟双源"的配置方案：配置两台 GPS 主时钟装置（GPS＋北斗）及一台切换装置，通过制定和完善步进制时钟切换的优化策略流程，保证基准对时信号的准确产生和送出；同时配置一套远动装置，形成 GPS 对时信号的专用通信通道，优先利用有线方式（如光纤等）将精准的对时信号下发给系统内的监测子站；各监测子站的专用远动装置接收到 GPS 对时信号后，通过网络广播或 IRIG－B 码等多种形式传达给最底层数据采集单元或监测装置，从而实现全系统范围内统一时间标准，同时精度保证达到毫秒级。县级山洪灾害监测预警系统 GPS 时钟对时系统结构如图 7.11 所示。

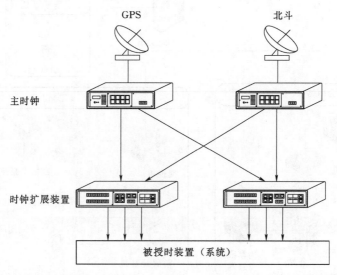

图 7.11　县级山洪灾害监测预警系统 GPS 时钟对时系统结构图

7.5.3　GPS 时钟对时技术在山洪灾害水雨情监测领域的应用

山洪灾害监测预警系统实时数据主要涉及气象信息、水文系统的水雨工情信息和山洪灾害防治自建的水雨情信息等，系统内感知层监测站点主要有雨量监测站、水位监测站、水文监测站、地质灾害监测站等。基于 GPS 时钟对时技术的山洪灾害监测预警广域监测模型结构如图 7.12 所示。

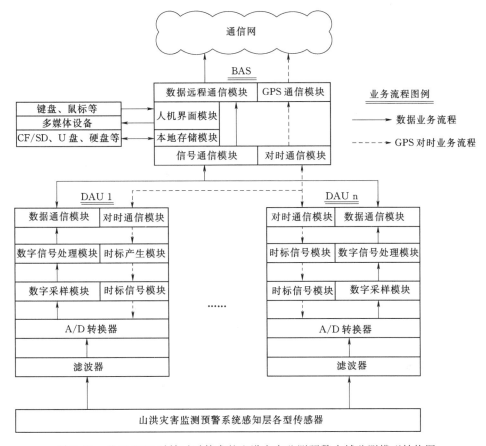

图 7.12　基于 GPS 时钟对时技术的山洪灾害监测预警广域监测模型结构图

最底层数据采集单元（DAU）按模块化设计，数据业务流程为感知层传感器—滤波器—A/D 转换器—数据采样及处理模块—通信模块—上一层基本采集系统（BAS）；GPS 时钟对时则采用逆向的流程：上一层基本采集系统（BAS）—时钟通信模块—时钟产生模块—时钟信号模块，将系统统一的时钟标签精准地叠加在每一个收集的业务数据上。基本采集系统（BAS）在 GPS 时钟对时系统中承担接收上一级的对时信号，同时传达到下一级装置的枢纽地位。

目前，国家及行业规范都还未对山洪灾害监测预警系统的对时、同步、守时等提出具体的指标要求，考虑到云南省具体特点及装置设备的技术参数实际，从感知层传感器采样到应用层业务系统对时间同步误差及精度需求见表 7.7。

表 7.7　　　　　　云南省山洪灾害监测装置及业务系统对时间同步的需求表

序号	装置设备及业务系统	时间同步精确度	备注
一	感知层		
1	水情测报雨量站监测装置	优于 1s	
2	水位监测站监测装置	优于 1s	
3	地形地质监测站监测装置（土壤含水量等量）	优于 1s	
4	水文气象监测站监测装置	优于 1s	
5	其他监测装置	优于 1s	
二	数据合并单元	优于 10μs	
三	计算机监控系统	优于 1s	
四	信息管理子站（信息共享汇集等）	优于 1s	
五	系统通信系统	优于 1ms	
六	辅助决策系统	优于 0.5s	
七	预警控制系统	优于 10ms	

7.6　基于神经网络的山洪灾害预警深度学习设计

7.6.1　概述

　　深度学习是机器学习的全新领域，通过监督式或者半监督式特征学习，建立深层神经网络、模拟人脑的机制进行学习解释，并分析图像、语音、自然语音等数据，具有自动完成数据表示、特征提取以及从不同维度、多抽象层的高效数据解释能力。到目前为止，深度学习已经经历了三次发展浪潮：20 世纪 40—60 年代，深度学习的雏形出现在控制论中，主要随着生物学习理论的发展（McCulloch and Pitts，1943；Hebb，1949）和第一个模型的实现，如感知机（Rosenblatt，1958），能够实现单个神经元的训练；20 世纪 80—90 年代，深度学习表现为联结主义，可以使用反向传播（Rumelhart et al.，1986a）训练具有一两个隐藏层的神经网络；2006 年，Hinton 等人源于人工神经网络的研究，才真正提出深度学习的概念，并且以专业名称及图书的形式出现。

7.6.2　主流框架分析与对比

　　当前，深度学习的框架主要有 Caffe、Torch、Theano 和 TensorFlow 等，从编程语言、硬件要求、接口方式、网络结构、适合模型等方面进行对比，见表 7.8。

表 7.8　　　　　　　　　　深度学习主流框架对比表

方法项目	Caffe	Torch	Theano	TensorFlow
主语言	C++/Python	C++/Lua	Python/c++	C++/Python
硬件	CPU/GPU	CPU/GPU/FPGA	CPU/GPU	CPU/GPU/Mobile
分布式	N	N	N	Y
速度	快	快	中等	中等
灵活性	一般	好	好	好

续表

方法项目	Caffe	Torch	Theano	TensorFlow
文档	全面	全面	中等	全面
适合模型	CNN	CNN/RNN	CNN/RNN	CNN/RNN
操作系统	所有系统	Linux，OSX	所有系统	所有系统
命令式	N	Y	N	N
接口	protobuf	Lua	Python	C++/Python
网络结构	分层方法	分层方法	符号张量图	符号张量图

7.6.3　设计原理及框架

根据上表中的各主流框架优势比较情况，结合云南省水利行业特色、防洪抗旱现状，兼顾安全、成本及技术难易程度，本系统利用 TensorFlow 的统计模型，通过深度学习进行不断优化阈值模型，通过 CAPI 为界分为前端和后端两部分，前端提供主要负责扩建计算图，后端提供运行环境，负责执行计算图。

云南省的县级典型山洪灾害监测预警系统具体通过卷积神经网络（convolutional neural network，CNN）进行数据池化，并进行优化加权函数 $w(a)$，运算公式为

$$s(t) = \int x(a)w(t-a)\mathrm{d}a = (x \times w)(t)$$

基于大数据统计模型，不断优化学习加权函数，根据数据输入状态、数据种类、特定环境等条件，输出具有自我预测能力的智能动态阈值。

云南省县级典型山洪灾害预警系统依靠以上的技术平台及分析，根据本省具体情况及模型算法，形成具有深度学习功能的山洪灾害预警系统，其流程如图 7.13 所示。

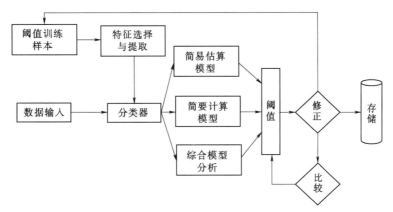

图 7.13　具备深度学习功能的云南省县级典型山洪灾害预警系统预警流程

7.7　系统功能设计

7.7.1　概述

山洪灾害预警系统涉及水文水资源、环保、气象、国土、交通、住建等多行业（部

门），数据获取及共享形式多样，流程复杂、数据格式各异，系统在整合各种渠道数据资源的前提下，针对不同地区资料基础、技术条件等方面的条件，依据简易估算、简要计算、模型分析三种解决思路，搭建一个适用于云南省的州（市）、县（市、区）、乡（镇）等三级的高度智能化云端山洪灾害预警系统平台，并完善该平台的自我优化、深度学习，达到原专家系统的设定功能。

系统具备各种实时查询、分析、显示及预警功能，能较好地满足预警系统的实时性和准确性需求，为后续的应急响应提供充裕的反应时间。系统具体指标如下：

（1）基础数据、动态数据的动态采集和处理。应建立一个动态、高精度的多维度空间数据库管理子系统，构建完善的属性数据库、基础数据库、空间数据库及实时监测动态数据库。

（2）收集及上报预警数据。及时评估灾害损失与预测山洪高危地带，为山洪预防提供有利的监测信息。

（3）以 Arcgis、Skyline 等地理空间信息平台为数据基础，建立一个集中数据展示、信息查询的子系统。

（4）后端以 J2EE 实现六种计算方法（即推理公式法、洪峰模数法、降雨指标驱动法、水位/流量反推法、分布式流域水文模型法、上下游相应水位法），通过前端自动与半自动的方式进行三种模式预警阈值的智能推荐。

（5）通过监督与半监督的方式以 J2EE 进行接口调用深度学习，同时回馈给前端，进行优化及深度学习。

（6）时钟同步。以 J2EE 进行接口时钟服务请求，达到全系统时钟实时同步。

7.7.2　软件模块架构

系统功能体系如图 7.14 所示。山洪灾害预警系统软件模块架构分别为实时监测与决策层、管理层、执行层。实时监测与决策层以地理空间信息和属性数据库、水文气象历史数据库、空间数据库、动态监测数据库等为基础数据源，结合模型（方法）库中不同方法运算给出的预警指标成果，通过人机交互、深度学习反馈等进行多方案的情景比较，分析评估出区域的山洪高危等级，对山洪灾害预警提供标准化、可视化数据，及时提早发现、提早预防，监测重大山洪灾害的发生，发挥辅助决策支持作用；管理层以可视化的方式配置业务流程配置、模型数据的构建、用户信息维护，对山洪预警阈值模型及数据进行优化；执行层根据决策层的调度以声音、短信、电视等相关媒体方式，通知区域内相关人员，做到提前预警、提前预防、提前处理。

7.7.3　模块说明

（1）实时监测与决策层。

1）实时雨水工情收集查询：结合地理空间数据库及气象服务发布的信息，提供七天内气温、气压、相对湿度、水汽压、风、降水量、风向等气象信息要素的小时观测值，以及人口、农业和基础设施分布等社会经济信息，同时还应提供本级辖区内的各水库及水电站工程的上、下游水位等信息。根据熟悉的方法公式和各地不同的实际情况，基于《云南

图 7.14　软件模块架构

省暴雨洪水查算实用手册》、山洪灾害调查评价成果等资料，进行山洪灾害有关工情的数据查询。

2）人机交互及深度学习辅助决策：主要以前述的六种计算方法（即推理公式法、洪峰模数法、降雨指标驱动法、水位/流量反推法、分布式流域水文模型法、上下游相应水位法），利用前端自动与半自动的方式进行三种模式预警阈值的智能推荐。按照监督与半监督的方式以 J2EE 进行接口调用深度学习，同时回馈给前端，进行优化及深度学习，通过人机交互实现方案结果的优选决策。

3）视频监控：实时监控高危山洪状态及涉险人员的现场影像，具有录播、存储、回放及紧急危机情况的应急呼叫及应急响应，保证决策方案的有效执行，实时反馈灾情变化情况，保障人身和财产安全。

（2）管理层。

1）业务流程配置：通过前端可视化模型流程修正功能，生成、存储、共享模型流程库，管理山洪灾害的业务逻辑环节，并结合数据引擎自动配置数据类型与字段，快速处理事务，提高在大量山洪灾害数据用获取需求的应用效率。

2）模型库及数据库管理系统构建：数据库系统包括山洪及预警指标方法模型运算及输出成果管理、实时数据存储及预报成果修正、数据管理子系统的引擎字段配置、数据权重配比等模块组成，可实现山洪数据可视化操作；模型库系统包括山洪及预警指标数学模型构建、模型流程的修正、模型与数据对应配置等功能按流程构建，完成各种专业演算。深度学习、多目标决策等的一些算法模型也可以并入模型库系统管理。

3）用户日常维护：用户登录、注册、找回密码、权限修改、帮助、在线业务服务、安全防火墙等日常管理、运行维护事项。

4）报表管理：查询基础数据、预警指标成果及应急预案、暴雨洪水预报成果数据、监测点实时雨量、社会经济、历史山洪灾害事件记载文献等相关数据，一般通过柱状图、折线图、拼图、散点图、K 线图等多维度地展示数据分析结果。同时，各类数据要能够以报表方式选择性导出，便于分发给山洪灾害防治的相关人员使用。

5）邮件管理：配置预警发生时的发送对象，包括发送人员信息、手机号、间隔时间、邮箱号、预警等级等相关信息。

（3）执行层。

1）预警发布：根据决策层输出的预警阈值指标及应急联动方案，以声音、警报、电视、短信等方式进行山洪预警信息的发布，覆盖村及其以上管理人员范围，能及时快速地在第一时间发送出预警信息及应急联动方案，保障提前告知、提前预防、提前处理，最大限度地减少人员伤亡及财产的损失。

2）预警总结：根据发布的山洪预警阈值指标及应急相应方案，在山洪灾害防治抢险结束之后，应总结评估阈值的预警准确程度、实时雨水工情的反馈及决策反应速度、灾情损失及预警需要改进的地方等，为持续改进预报方法模型、实时信息采集使用等提供基础信息。

第8章

成果、结论与展望

山洪监测预警是山洪灾害防治最为重要的非工程措施之一，预警指标是山洪灾害监测预警的关键信息，是监测信息实用化的体现。云南省通过实施山洪灾害防治项目，山洪灾害监测预警设施建设、预警平台建设、宣传培训、预警方法完善以及群测群防等方面都取得了巨大的进展。山洪灾害调查评价工作夯实了山洪防治区的地形地貌、植被土壤、气象水文、河沟行洪条件等基础资料，为监测预警系统信息化和预警指标分析创造了条件。

本书总结了国内外预警指标分析方法最新进展，推荐了适用于云南省的方法并针对典型暴雨与产流分区进行典型研究。从总体技术规定、基本资料收集与分析、预警指标计算与分析、成果要求等方面，提出了云南省山洪灾害预警指标分析计算的技术指导手册。从云南昭通、楚雄、保山、红河等山洪灾害严重的市（州）选择典型小流域及沿河村落、城（集）镇分析对象，对推荐和提出方法的运用实例进行了应用和检验；研发了集实用性与易操作性为一体的云端平台化成果，提出典型山洪灾害监测预警平台建设方案，平台具备深度学习功能，完成预警指标及阈值的自我反馈与优化，可在云南省域内所有县级单位推行以便统一标准、统一模式、统一平台。全书围绕加强山洪预警指标确定的理论、技术与易操作性，以及监测预警平台系统作研究，以期提高全省各级山洪灾害预警水平，主要成果和结论如下。

8.1　主要成果

（1）根据降雨、地形地质、滑坡泥石流等因素进行全省山洪区划（滑坡泥石流因素引用前人成果），省内的东北部、中部、西南大部分地区为山洪灾害高易发区，西部、昆明以南、玉溪东部以及红河、文山、西双版纳南部为山洪灾害中易发区，西北大部、大理中部、宣威市为山洪灾害低易发区。其中，山洪诱发的泥石流高易发区涉及 95 个县（市、区），648 个小流域，共有泥石流沟 1299 条，小流域面积 55317.21km²；山洪诱发的泥石流中易发区涉及 71 个县（市、区），170 个小流域，共有泥石流沟 177 条，小流域面积 32668.4km²；山洪诱发的泥石流低发区涉及 126 个县（市、区），2860 个小流域，无泥石流沟，小流域面积 284607.4km²。山洪诱发的滑坡高易发区涉及 81 个县（市、区），569 个小流域，小流域面积合计 55029.04km²，共有滑坡 2123 个，滑坡面积合计 1.93 亿 m²，滑坡体合计 20.9 亿 m³；山洪诱发的滑坡中发区涉及 108 个县（市、区），356 个小流域，小流域面积合计 56042.18km^2，共有滑坡 443 个，滑坡面积合计 773 万 m^2，滑坡体积合计 7170 万 m^3；山洪诱发的滑坡低易发区涉及 126 个县（市、区），2753 个小流域，小流域面积合计 261521.77km^2，无滑坡。

（2）系统地分析比较了国内外发展现状与云南省山洪预警指标确定方法的发展趋势，推荐水位/流量反推法、降雨驱动指标法、分布式流域水文模型法、上下游相应水位法等方法，提出了推理公式法、洪峰模数法等方法，为云南省进一步深入开展山洪灾害防治预警指标分析工作提供参考。

（3）全面阐述了综合考虑流域降雨特征、流域下垫面、土壤含水量三大关键要素的预警指标分析模型，根据降雨-径流过程溯向分析和计算，进行山洪灾害预警指标分析，这些方法可大致分为以下三种类型。第一种类型为简易估算类方法，具体包括推理公式法及洪峰模数法，这类方法资料和数据需求少、难度低、技术要求简单。第二种类型为简要计算类方法，具体包括降雨指标驱动法、水位/流量反推法；若对水位预警指标进行分析，可考虑上下游相应水位法。这类方法中等难度，技术要求也不高，主要依据《云南省暴雨洪水查算实用手册》提供的基础资料，以及一定数量的样本资料，抓住本质进行关键要点计算，即可进行雨量预警指标及阈值的分析计算。第三种类型为模型计算分析类方法，具体是分布式流域水文模型法，具有很强的降雨径流机理，可以同时对多个流域、多个对象进行雨量预警指标和阈值分析，且可进行动态实时预报，但是难度和技术要求都较高。选择典型小流域沿河村落，运用推理公式法、洪峰模数法、水位/流量反推法、降雨驱动指标法以及分布式流域水文模型法等，在实例分析计算中进行应用及检验，效果良好。

（4）针对县级与乡（镇）/村级不同预警平台条件的实际，开展满足实际的山洪灾害预警方法与技术研究。具体包括推理公式法、洪峰模数法等简单实用的估算方法，这些方法仅需根据熟悉的公式和当地情况，基于《云南省暴雨洪水查算实用手册》以及山洪灾害调查评价成果，经过大致估算，即可进行雨量预警指标及阈值的分析计算，并得到成果。现在，乡（镇）/村级已具有简易自动雨量站点设备，县级具有山洪灾害防治平台，可以实现多个雨量站点数据的存储和分析，还有一定的分析计算模型对数据进行分析处理。因此，这类方法可供县、乡（镇）级技术人员和管理人员参考使用。针对目前乡（镇）/村级具有简易自动雨量站点报警设备和县级具有山洪灾害防治平台的情况，这类方法还可供设备和软件开发商将算法植入产品，根据实时监测雨量、水位等信息进行预警。

（5）编写了云南省山洪灾害预警指标分析技术指南，从总体技术规定、基本资料收集与分析、预警指标计算与分析、成果要求等方面对预警指标分析进行了总结与归纳。其中，预警指标计算与分析主要介绍本报告推荐的山洪灾害临界雨量确定方法。指南分为技术要求和实例部分，技术要求主要为与雨量预警和水位预警相关的要求和规定，实例部分根据在昭通市、楚雄州、德宏州、红河州、昆明市等地选择的典型小流域，介绍采用本报告推荐的方法进行预警指标分析与计算的资料需求、计算步骤、成果讨论等内容，以便增强指南的实用性和可操作性，为云南省山洪灾害预警指标和阈值分析的标准化和规范化提供了参考和基础。

（6）通过对云南高原山洪灾害监测预警信息化方案的研究与实践，研究提出的规划方案融合了北斗卫星和GPS两个对时标准，采用"双钟双源"的配置方案为全系统（含气象、国土等不同部门的共享数据）提供构建精准统一的时间维度系统，让所有需要共享的实时监测数据贴上统一、精准的时间标签，确保参与整个系统监测预警流程的各系统孤岛化、碎片化信息具有时效性。此外，还分析与对比了卷积神经网络深度学习主流框架，提出具有云南高原山区特色的预警系统深度学习框架设计方案。

（7）通过完善的数据规划，科学的数据分析、智能数据预测，建立云南省县级典型山洪灾害监测预警平台。提出通过建立全系统精准、统一的时间标准体系，完善带有时间标签的动态监测大数据池，搭建各行业、部门之间实时共享信息相互关联与交互的通道，形成一个具有深度学习功能的云端应用系统平台，以满足预警系统的实时性和准确性。

8.2　初步结论

本书研究得出以下初步结论：

（1）云南省山洪灾害防治规划、调查评价、非工程措施、实施方案等各个阶段的成果非常丰富，应当进一步挖掘积累的信息，为山洪灾害预警指标和阈值分析提供支撑。

（2）提出了系列山洪灾害预警指标和阈值分析的方法，分别为县、乡（镇）、村级和监测预警产品研发以及省市县山洪灾害监测预警平台提供技术支撑，符合云南省现阶段的工作需求。研究开展过程中，选择了典型小流域沿河村落，运用推理公式法、洪峰模数法、水位/流量反推法、降雨驱动指标法以及分布式流域水文模型法等方法，在实例分析计算中进行应用及检验，效果良好。

（3）在国内外现有山洪灾害预警指标研究现状的综述，预警指标确定方法比选、评估、方法推荐与提出以及运用实例进行应用和检验的基础上，进行了归纳总结，编写了《云南省山洪灾害预警指标和阈值分析技术指南》，从一般规定、雨量预警指标分析、水位预警指标分析、方法介绍、成果要求等方面进行了技术规范，为云南省山洪灾害预警指标和阈值分析的标准化和规范化提供了参考和基础。

8.3　应用展望

本书在云南省山洪灾害防治项目中监测预警平台建设以及山洪灾害调查评价成果的基础上，分析了云南山洪灾害及其预警的实际情况，进而分析和比选了国内外现有的常用山洪灾害预警指标及阈值分析方法，经综述分析后推荐提出了相应方法，并以昭通、楚雄、保山、红河等山洪灾害严重的州（市）的典型小流域及沿河村落、城（集）镇为例，进行了实例计算与检验，在此基础上制定了《云南省山洪灾害预警指标和阈值分析技术指南》。通过以上系列工作，进一步提高山洪灾害预警的准确性、可靠性和简捷性。但山洪灾害防治及预警工作是一项长期性和艰巨性的工作，在以下几个方面还有很长的路要走，在此提出粗浅的展望和建议。

（1）云南省山洪灾害调查评价、非工程措施建设等积累的成果资料非常丰富，包含了大量宝贵的信息，但还应进一步挖掘更多的信息资源，为山洪灾害预警指标和阈值分析提供基础支撑。

（2）实现动态预警是将来进一步的需求。现阶段绝大部分方法都是根据设计的思想，进行了较大概化以及在假设情况下开展预警指标分析。实际工作中发生的情况与设计工况可能会相差较大，所获得的预警指标存在很大的不确定性。因此，只有通过动态预警来逐步消除这些问题弊端。

（3）云南省发生山洪灾害事件的种类多样，典型的包括暴雨溪河洪水、泥石流、滑坡等，还需要进一步有针对性地研究预警指标方法（参见附录 A）。

（4）水位预警指标的深入研究和监测应当得到足够重视。水位预警是雨量预警的重要补充，在某些特殊情况下甚至能发挥关键性作用，水位预警涉及上下游、左右岸、干支流等信息，但现在这一方面还比较薄弱，在今后的管理实践中还需要进一步加强。

（5）需要加强基础研究，如云南省内各种典型下垫面类型区的土壤下渗规律及其数值区间，为预警指标分析提供扎实的理论与基础资料支撑。

（6）通过完善的数据规划，科学的数据分析、智能化的数据预测，建立云南省县级典型山洪灾害监测预警平台，使系统在统一的时间标准的前提下，具备深度学习优化功能，以提高预警的实时性和精准性，为后续应急响应、部门联动等提供充裕的反应时间，以减少山洪灾害带来的损失。这不仅是云南省山洪灾害防治非工程措施项目建设的重要内容，更是各个地方省域内县级山洪监测预警信息管理平台建设的最终目标。实现云南省县级统一平台的建设，完善云服务中心至县级终端的接入模式，拓展升级省级山洪灾害监测预警系统，实现各级监测预警系统的集约集中管理，供州（市）、县（市、区）、乡（镇）、村级和社会公众等共同使用，解决地方技术力量薄弱和社会化服务问题。通过拓展移动端应用（APP、微信公众号）等技术手段，进行面向社会公众的监测预警信息推送服务，提升公共接收预警信息和自我保护的能力，扩大山洪灾害防御信息覆盖范围，进而对云南省域内所有县级单位进行推广，推行统一标准、统一模式、统一平台、统一监测预警，实现行业之间互通互联、数据实时共享，同时还要不断地完成数据积累、实现平台系统的深度学习与优化，为以后省级、流域机构及国家层面的统一平台建设提供宝贵的经验和数据支持。

下篇 云南山洪预警指标确定技术指南

第9章

基本技术约定

9.1 一般规定

9.1.1 基本约定

云南省山洪灾害预警指标分析针对各个沿河村落、集镇和城镇等防灾对象进行。对于地理位置非常接近且所在河段河流地貌形态相似的多个防灾对象，可以采用相同的预警指标。

原则上，山洪预警方式分为雨量预警和水位预警两类；山洪预警级别分为准备转移预警和立即转移预警两级，根据不同的预警等级，采取相应的响应行动。各市（州）可以根据自身情况，基于气象预报或水文预报信息，增加相应等级的预警级别，以更好地适应当地的山洪灾害防治工作。

山洪预警分级与分类的主要核心信息为山洪预警指标。

山洪预警指标是为预测山洪灾害发生时空间分布的、定性与定量相结合的衡量指数或参考值。与预警类别对应，山洪预警指标分为雨量预警指标和水位预警指标两类。雨量预警指标包括时段和雨量两方面信息，水位预警指标是指防灾对象上游至少半个小时以上洪水演进时间距离的水位信息。两类指标中，分别以雨量和水位不同的临界值（临界雨量和临界水位）作为准备转移和立即转移两级预警的基础信息。

临界雨量是雨量预警方式的核心信息，即导致一个流域或区域发生山洪灾害时，场次降雨量达到或超过的最小量级和强度，包括雨量和时段两个要素；通过综合分析防灾对象（沿河村落、集镇、城镇）现状防洪能力、流域降雨特性、土壤含水量、产汇流特性等因素后得出。

临界水位是水位预警方式的核心信息，指防灾对象上游具有代表性和指示性地点的水位；在该水位时，洪水从水位代表性地点演进至下游沿河村落、集镇、城镇以及工矿企业和基础设施等预警对象控制断面处，水位会到达成灾水位，从而造成山洪灾害。

山洪预警指标体系包括指标种类、组成、分级、响应等内容，山洪灾害防治应急预案编制应根据当地实际情况，选择合适的预警指标类型、组成，进行分级，并编制相应的响应内容，具体见附录B。

9.1.2 设置原则

在选择山洪预警指标种类时，要在山洪灾害调查和现场查勘基础上，结合本指南提供山洪灾害预警指标及阈值分析方法的特点和适用情况，考虑预警时间的实际需要，科学合理地选择并确定预警指标类型。

一般而言，小流域内仅雨量站达到一定数量，在地形地貌、预警地点的设置上具有较好的代表性且小流域内沿河村落、集镇和城镇等集中居民点较为分散的情况下，应当考虑以临界雨量为主的山洪预警指标。

小流域内有水文站、典型水库、山塘、闸门以及河道，或者其他部门的具有参考价值地点等具有代表性的地点，其特征水位明确或者容易确定，且与下游保护对象具有一定距离，沿河村落、集镇和城镇等集中居民点或者其他保护对象（工矿企业、基础设施等）较为集中，应当考虑以临界水位为主的山洪预警指标。

若小流域内兼备雨量站和水库、山塘、水闸以及河道等条件，可以考虑将临界雨量和临界水位均作为山洪预警指标。

9.1.3 方法选择

针对临界雨量，本指南推荐采用以下五种方法进行分析计算，即推理公式法、洪峰模数法、水位流量反推法、降雨驱动指标法、分布式流域水文模型法。

针对临界水位，为便捷起见，本指南推荐上下游水位相关分析法。

资料基础及技术条件是预警指标确定方法的前提和基础。由于地区发展不平衡，技术条件差别也较大，各市（州）应当根据所在小流域的资料基础和技术条件进行分析后，合理选择计算方法。条件具备的地方，几种方法均可同时采用，将不同方法的成果进行相互比较，分析比选后择优选择成果。

本指南推荐的方法可大致分为以下三个层次。

（1）第一层次为简易估算类方法，具体包括推理公式法及洪峰模数法，这类方法要求资料和数据少，难度低，技术要求简单，仅需根据熟悉的公式和当地情况，基于《云南省暴雨洪水查算实用手册》以及山洪灾害调查评价成果，经过大致估算，即可进行雨量预警指标及阈值的分析计算，并得到成果。现在，乡（镇）/村级已具有简易自动雨量站点设备，县级具有山洪灾害防治平台，可以实现多个雨量站点数据的存储和分析，还有一定的分析计算模型对数据进行分析处理。因此，这类方法可供县、乡（镇）级技术人员和管理人员参考使用。

（2）第二层次为简要计算类方法，具体包括降雨指标驱动法、水位/流量反推法两种；若对水位预警指标进行分析，可考虑上下游相应水位法。这类方法难度中等，技术要求也属中等，要求具有《云南省暴雨洪水查算实用手册》提供的基础资料，以及一定数量的样本资料，抓住本质，进行关键要点计算，即可进行雨量预警指标及阈值的分析计算。针对目前乡（镇）/村级具有简易自动雨量站点报警设备和县级具有山洪灾害防治平台的情况，这类方法还可供设备和软件开发商将算法植入产品，根据实时监测雨量、水位等信息进行预警。

（3）第三层次为模型计算分析类方法，具体包括分布式流域水文模型法，具有很强的降雨径流机理，可以同时对多个流域、多个对象进行雨量预警指标和阈值分析，且可进行动态实时预报，但是难度和技术要求都较高。针对省、市、县都有相应山洪灾害监测预警平台的情况，可考虑将这种方法用于较大区域重要城集镇或者沿河村落的山洪灾害预警及其预警指标分析工作。

9.1.4 成果要求

雨量预警应提供沿河村落、集镇、城镇等对象不同预警时段准备转移和立即转移两种指标的临界雨量信息。水位预警应提供水位信息所在地点、具体水位值以及预警对象等信息。

9.1.5 相关规范

本指南参照以下规范执行：
（1）《山洪灾害调查技术要求》，全国山洪灾害项目组，2014 年 8 月。
（2）《山洪灾害分析评价技术要求》，全国山洪灾害项目组，2014 年 8 月。
（3）《水电水利工程水文计算规范》（DL/T 5431—2009）。
（4）《水利水电工程技术术语标准》（SL 26—92）。
（5）《水文基本术语和符号标准》（GB/T 50095—1998）。
（6）《云南省暴雨洪水查算实用手册》，云南省水利水电厅，1992 年 12 月。

9.2 技术路线

9.2.1 总体思路

资料基础及技术条件是预警指标确定方法的前提和基础。尽管在山洪灾害调查后资料基础将明显夯实，但考虑到各市（州）资料与技术都有一定差别的实际情况，为了各个地方都能进行预警指标分析，本指南仍然考虑了缺少流量记录地区的方法。

对于资料基础而言，总体可以分为三种情况：①有流量记录资料地区，且有较丰富的历史山洪灾害事件资料及其与之相应的雨量、水位、流量等资料；②有流量记录资料地区，但仅有山区小流域所在地区的暴雨图集、水文手册等基础资料，以及少量的历史山洪灾害事件资料及其与之相应的雨量、水位、流量等资料；③无流量记录资料地区，仅有山区小流域所在地区的暴雨图集、水文手册等基础资料。

对于技术条件而言，由于基层技术条件薄弱，且地区间差异很大，有的地方主要用经验方法及统计方法估算，有的地方用水文分析和经验方法进行，有的地方也能用水力学方法分析，甚至种方法均可同时采用。

山洪预警指标确定思路与方法选择受资料基础、技术条件等方面的限制。根据上面对资料基础和技术条件的现状分析，本指南确定山洪预警指标确定的主要思路分为简易估算、简要计算、模型分析三种，采取的具体方法因思路不同而有所差异。基于各种思路及其方法，在获得临界雨量/水位的信息后，还应进行各级指标的阈值分析，得到准备转移指标和立即转移指标，预警指标分析思路如图 9.1 所示。

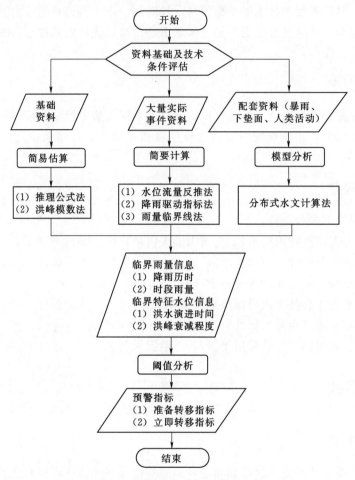

图 9.1 预警指标分析思路示意图

简易估算类方法具体包括推理公式法及洪峰模数法，这类方法要求资料和数据少，难度低，技术要求简单，仅需根据熟悉的公式和当地情况，基于《云南省暴雨洪水查算实用手册》以及山洪灾害调查评价成果，经过大致估算，即可进行雨量预警指标及阈值的分析计算，并得到成果。

简要计算类方法具体包括降雨指标驱动法、水位/流量反推法两种；若对水位预警指标进行分析，可考虑上下游相应水位法。这类方法中等难度，技术要求为中等，要求具有《云南省暴雨洪水查算实用手册》提供的基础资料，以及一定数量的样本资料，抓住本质，进行关键要点计算，即可进行雨量预警指标及阈值的分析计算。

模型计算分析类方法具体包括分布式流域水文模型法，具有很强的降雨径流机理，可以同时对多个流域、多个对象进行雨量预警指标和阈值分析，且可进行动态实时预报，但是难度和技术要求都较高。针对省、市、县都有相应山洪灾害监测预警平台的情况，可考虑将这种方法用于较大区域重要城集镇或者沿河村落的山洪灾害预警及其预警指标分析工作。

9.2.2　分析流程

在预警指标分析中，所有分析计算方法都可以理解为难易程度不同的模型，基于这样的思路，编制了临界雨量分析流程。临界雨量分析流程主要包括基础资料评估、算法选择与模型构建、预警指标计算、阈值分析、成果整理五个步骤。各个步骤的主要内容如下：

（1）基础资料评估。根据山洪调查工作成果及中央层级下发的基础数据和工作底图等资料，对基础资料的完整性、配套性、合理性等进行评估，为方法选择和模型构建提供参考。

（2）算法选择与模型构建。根据基础资料评估结果，初步选择2～3种预警指标分析方法，并构建相应的模型，根据分析计算区域的降雨特性、下垫面特性以及河道地形地貌和防灾对象的具体情况，为模型参数合理地选取数值，以备分析计算；有条件的，还应当进行参数率定与模型验证。

（3）预警指标计算。根据基础资料评估情况，首先采用曼宁公式或谢才公式等方法分析沿河村落、城集镇等防灾对象成灾水位对应流量；接着根据推理公式试算法或者坡沟汇流求和法分析流域汇流时间；然后参考汇流时间，确定2～3个预警时段；再接着将流域汇流时间作为降雨历时，求得某一频率暴雨雨型时间序列作为最初的输入条件；设置流域土壤含水量干旱、一般以及较湿三种典型情景，求出净雨序列；按照选定的方法，计算雨量临界值，直到设计暴雨洪水的洪峰流量与沿河村落、城集镇成灾水位对应流量非常接近为止。

需要重点说明的是，在这一步中，可以划分为初步试算和正式计算两个阶段。每个阶段中，各种预警指标计算及阈值分析方法都有确定成灾水位对应的临界流量计算和预警时段确定的基本任务。完成这项任务的基本方法如下：

1）临界流量计算：根据资料评估情况，以及沿河村落、集镇和城镇等具体防灾对象控制断面的成灾水位，综合考虑预警对象所处河段上下游附近的地形地貌、河谷形态、洪水上涨速率、预警和转移过程时间等因素，采用曼宁公式、谢才公式或当地水位流量关系等方法，分析确定沿河村落、城集镇成灾水位下对应的临界流量。

2）预警时段确定：根据推理公式试算法或者坡沟汇流求和法分析流域汇流时间，也可采用多种方式，最后综合确定汇流时间。流域汇流时间是非常重要预警时段之一，可以理解为预警的最长时段，但在实际工作中应根据实际情况适当延长。参考汇流时间，确定2～3个预警时段。具体确定预警时段时，应当针对具体的流域特征，分析和拟定预警时段。受防灾对象上游集雨面积大小、降雨强度、流域形状及其地形地貌、植被、土壤等因素的影响，预警时段可以从30分钟、60分钟至数小时至十几小时不等。此外，还应根据预警对象所在地区暴雨特性、流域面积大小、平均比降、形状系数、下垫面情况等因素，确定比汇流时间小的其他更短历时的预警时段。

（4）阈值分析。考虑流域土壤含水量的干旱、一般以及较湿三种典型情景，根据计算的雨量临界值进行阈值分析，合理确定临界雨量的变幅，即大致确定其变化的最大最小值。

（5）成果整理。根据实际发生的山洪灾害事件资料或调查资料对指标进行校验，结合实际情况，合理确定准备转移和立即转移预警指标，绘制相关图件，填写相关成果表。

9.2.3 雨量预警指标分析

雨量预警指标可以通过多种方法分析得到，各种方法的基本流程包括预警时段确定、流域土壤含水量计算、临界雨量计算、预警指标综合确定四个主要步骤。

（1）预警时段确定。预警时段指雨量预警指标中采用的典型降雨历时，是雨量预警指标的重要组成部分。受防灾对象上游集雨面积大小、降雨强度、流域形状及其地形地貌、植被、土壤含水量等因素的影响，预警时段会发生变化。预警时段确定的原则和方法如下：

1) 最长时段确定：可以将流域汇流时间作为预警指标的最长时段，为了获得更长的预见期，也可以在流域汇流时间的基础上适当延长。

2) 典型时段确定：对于小于最长时段的典型时段，根据防灾对象所在地区暴雨特性、流域面积大小、平均比降、形状系数、下垫面情况等因素，确定比汇流时间小的短历时预警时段，如1小时、3小时、6小时等，一般选取2~3个典型预警时段。

3) 综合确定：充分参考前期基础工作成果，结合流域暴雨、下垫面特性以及历史山洪情况，综合分析防灾对象所处河段的河谷形态、洪水上涨速率、转移时间及其影响人口等因素后，确定各防灾对象的各个典型预警时段，从最小预警时段直至流域汇流时间。

（2）流域土壤含水量计算。

1) 流域土壤含水量计算的目的。流域土壤含水量对流域产流有重要影响，是雨量预警的重要基础信息，主要用于净雨分析计算时考虑，并进而用于分析临界雨量阈值。

2) 流域土壤含水量分析方法。计算土壤含水量时，可直接采用水文部门的现有成果；若资料高度缺乏，可以采用前期降雨对流域土壤含水量进行估算，推荐采用流域最大蓄水量估算法。

流域水文模型通常情况下是计算流域径流的，采用此类模型分析土壤含水量时，应注意是其反向运用，即目标是计算土壤中存留的水量，而不是径流量，并且按时间逐时段计算。

3) 流域土壤含水量概化。流域最大蓄水量估算法是根据各流域实际情况确定流域最大蓄水量 W_m。根据云南省的具体情况，采用 $P_a=0.5W_m$ 对应前期降雨很少、中等、很多三种情况进行界定，代表流域土壤含水量较干（$P_a<0.5W_m$）、一般（$0.5W_m<P_a<0.8W_m$）以及较湿（$P_a>0.8W_m$）三种典型情况。

4) 基于流域土壤含水量因素的雨量扣损考虑。考虑土壤含水量是为了计算临界雨量时的雨量扣损，有初损后损法、综合因子确定法两种方法。

（3）临界雨量计算。在确定成灾水位、预警时段以及土壤含水量分析计算的基础上，考虑流域土壤含水量较干、一般以及较湿等情况，选用降雨分析以及模型分析等方法，计算防灾对象的临界雨量。

临界雨量计算是一个不断试算直至满足要求的过程。在进行各个防灾对象的各个预警时段临界雨量的具体计算时，先假定一个初始雨量，并按雨量及雨型分析得到相应的降雨过程系列，计算预警地点的洪水过程；进而比较计算所得的洪峰流量与预警地点的预警流量，如果二者接近，则输入过程的雨量即为该时段的临界雨量，如果差异较大，需重新设定初始雨量，反复进行试算，直至计算所得的洪峰流量与预警地点的成灾流量差值小于预定的允许误差为止。

（4）预警指标综合确定。由于防灾对象因所在河段的河谷形态不同，洪水上涨与淹没速度会有很大差别，这些特性对山洪灾害预警、转移响应时间、危险区危险等级划分等都有一定影响。

综合确定预警指标时，应考虑防灾对象所处河段河谷形态、洪水上涨速率、预警响应时间和站点位置等因素，在临界雨量的基础上综合确定准备转移和立即转移的预警指标；并利用该预警指标进行暴雨洪水复核校正，以避免与成灾水位及相应的暴雨洪水频率差异过大。

通常情况下，临界雨量是从成灾水位对应流量的洪水推算得到的，故在数值上认为临界雨量即是立即转移的指标，这是从洪水反算到降雨得出的信息；对于准备转移指标，为减少工作量考虑，可以在临界雨量基础上进行折减处理，但同时应当以该雨量的降雨过程进行暴雨洪水的复核，以避免与成灾水位及相应的暴雨洪水频率差异过大，增强成果的合理性。

在实际操作上，基于立即转移指标确定准备转移指标时，可以考虑以下两种方法：①在洪水过程线上，按成灾水位流量出现前 30 分钟左右对应的流量，反算相应的时段雨量，将该雨量作为准备转移指标；②以控制断面平滩流量反算相应的时段雨量，将该雨量作为准备转移指标。

9.2.4 水位预警指标分析

根据预警对象控制断面成灾水位，推算上游水位站的相应水位，作为临界水位进行预警。山洪从水位站演进至下游预警对象的时间应不小于 30 分钟。

临界水位的分析，采用常见的水面线推算和适合山洪的洪水演进方法，即可推算得到。临界水位可以通过上下游相应水位法进行分析。相应水位法是一种简易、实用的水文预报方法。在这种方法中，洪水波上同一位相点（如起涨点、洪峰、波谷）通过河段上下断面时表现出的水位，彼此称相应水位，从上断面至下断面所经历的时间称为传播时间。该方法根据河道洪水波运动原理，分析洪水波上任一位相的水位沿河道传播过程中在水位值与传播速度上的变化规律，即研究河段上、下游断面相应水位间和水位与传播速度之间的定量规律，建立相应关系，据此进行预报。

第10章

主要技术方法

10.1 推理公式法

10.1.1 资料需求

（1）《云南省暴雨洪水查算实用手册》。

（2）流域或行政区内山洪灾害调查评价成果，主要为小流域暴雨特性，沿河村落及城集镇等保护对象控制断面、成灾水位、河道及河岸糙率等，植被覆盖、土壤质地及类型、分布等。

（3）土壤下渗率曲线资料。

10.1.2 模型构建

推理公式假定在造峰历时内，流域损失强度、净雨强度在时间和空间上都是均匀的。

当产流时间 $t_c \geqslant \tau$ 时，称为全面汇流，计算时段取全流域汇流时间，推得

$$Q_m = 0.278 \frac{h_\tau}{\tau} F \tag{10.1}$$

式中：h_τ 为 τ 历时所对应的最大净雨量，mm；F 为流域面积，km^2。

当产流时间 $t_c < \tau$ 时，称为部分汇流，计算时段取产流时间，推得

$$Q_m = 0.278 \frac{h_R}{t_c} F_{t_c} \tag{10.2}$$

式中：h_R 为 t_c 历时所对应的净雨量，即总产流量，mm；F_{t_c} 为 t_c 历时所对应的最大部分汇流面积，km^2。

实用中由于较难客观定量，为简化计，采用如下假定：

$$\frac{F_{t_c}}{t_c} = \frac{F}{\tau} \tag{10.3}$$

式（10.3）意味着计算时段内，流域面积分配曲线被概化为矩形，于是式（10.2）可改写成：

$$Q_m = 0.278 \frac{h_R}{\tau} F \tag{10.4}$$

在式（10.1）和式（10.4）中，$\frac{h_\tau}{\tau}$ 和 $\frac{h_R}{\tau}$ 都可以粗略地视为以汇流时间 τ 为历时的净雨强度 I_τ，单位：mm/h。其中，h_τ 为 τ 时段的净雨量，故由式（10.1）和式（10.4）可知，设计洪水洪峰 Q_m 与以汇流时间 τ 为历时净雨强度 I_τ 和流域面积 F 相关，进而将推理公式概化为

$$Q_m = 0.278 I_\tau F \tag{10.5}$$

对于比汇流时间短的时段 t 的雨量 h_t，根据推理公式汇流的线性假设，有

$$\frac{h_t}{t} = \frac{h_\tau}{\tau} = I_\tau \tag{10.6}$$

由此，推得

$$h_t = 3.6 \frac{Q_m}{F} = t \quad (t \leqslant \tau) \tag{10.7}$$

将推理公式用于推求雨量预警指标时，洪峰流量 Q_m 应视为沿河村落、城集镇等保护对象成灾水位对应的临界流量，流域面积 F 应视为保护对象以上汇水面积，净雨量 h_t 是总降雨量 H 扣除各种降雨损失 L 后的雨量，t 为预警时段，可以考虑取 1 小时、3 小时以及 6 小时等。因而，t 时段的降雨量 H 为临界雨量 H_c，可由下式推求：

$$H_c = h_t + L_t = 3.6 \frac{Q_m}{F} t + L_t \quad (t \leqslant \tau) \tag{10.8}$$

式（10.8）中，洪峰流量 Q_m 可以根据曼宁公式，基于沿河村落、城集镇等保护对象成灾水位推算得出；流域面积 F 可以参考山洪灾害调查评价基础数据中小流域基础属性信息获得；t 为预警时段，当 $t \leqslant \tau$ 时，可直接采用 t，当 $t > \tau$ 时，式（10.8）用得很少或者基本上不用，预警时段 t 的临界雨量，可以参考当地雨量计算公式，将 Q_m 的频率假定与降雨频率相同，进而进行估算。汇流时间 τ 可以采用试算法和图解法确定，并结合洪水坡面流和沟道流的一般流速进行估算。一般而言，流域汇流时间可以视为最长的有效预警时段。

这样，洪峰流量 Q_m、流域面积 F、预警时段 t 均为已知，只剩下确定降雨损失 L_t，成为解决雨量预警指标获取问题的关键，亦即问题转化为确定降雨损失 L_t。

10.1.3　指标计算

（1）根据沿河村落及城集镇等保护对象控制断面、成灾水位、河道及河岸糙率等，采用曼宁公式，推算临界流量，代替公式中的洪峰流量 Q_m。

（2）根据调查评价成果中小流域属性数据资料，确定沿河村落及城集镇等保护对象的汇水面积 F，并分析汇流时间 τ。

（3）根据式（10.7），估算各个预警时段所需的净雨量 h_t。

（4）根据汇水区域内植被覆盖和土壤质地及分布情况，估算各个预警时段的降雨损失 L_t。

（5）根据式（10.8），估算各个预警时段的临界雨量。

考虑流域土壤含水量等因素，分析临界雨量变化阈值，获得预警指标。

10.1.4　阈值分析

针对流域土壤含水量的干旱、一般以及较湿三种典型情景，考虑相应的雨量扣损计算，根据计算的雨量临界值进行阈值分析，合理确定临界雨量的变幅。在此基础上，确定准备转移和立即转移预警指标的阈值范围。

10.1.5　成果整理

根据雨量临界分区图上下缘线临界雨量各要素阈值分析成果，将各要素的阈值进行适当浮动，合理确定准备转移和立即转移预警指标，完善相应图表。

10.2　洪峰模数法

10.2.1　资料需求

（1）《云南省暴雨洪水查算实用手册》。

（2）流域或行政区内山洪灾害调查评价成果，主要为小流域暴雨特性和设计洪水，沿河村落及城集镇等保护对象控制断面、成灾水位、河道及河岸糙率等，植被覆盖、土壤质地及类型、分布等。

如有可能，有土壤下渗率曲线资料更好。

10.2.2　模型构建

将式（10.5）作变形，得

$$\frac{Q_m}{F} = M = 0.278 I_\tau \tag{10.9}$$

式中：$\frac{Q_m}{F}$ 为洪峰模数 M；I_τ 为以汇流时间为历时的降雨强度。

基于式（10.9），推得

$$h_t = 3.6 M t \quad (t \leqslant \tau) \tag{10.10}$$

由此得临界雨量估算公式为

$$H_c = h_t + L_t = 3.6 M t + L_t \quad (t \leqslant \tau) \tag{10.11}$$

式（10.11）中，洪峰模数 M 可以根据山洪灾害调查评价数据中设计洪水的信息获得，t 为预警时段，可以根据需要确定。τ 为流域汇流时间，可以采用试算法和图解法确定，并结合洪水坡面流和沟道流的一般流速进行估算。一般而言，流域汇流时间可以视为最长的有效预警时段，即当 $t > \tau$ 时，预警时段 t 的临界雨量，可以参考当地雨量计算公式，假定 Q_m 的频率与降雨频率相同，进而进行估算。

这样，洪峰模数 M、预警时段 t 均为已知，只剩下确定降雨损失 L_t 成为解决雨量预警指标获取问题的关键，亦即问题转化为确定降雨损失 L_t。后面的解决思路与方法与推理公式法相同。

10.2.3 阈值分析

针对流域土壤含水量的干旱、一般以及较湿三种典型情景，考虑相应的雨量扣损计算，根据计算的雨量临界值进行阈值分析，绘制雨量临界分区图，合理确定临界雨量的变幅。在此基础上，确定准备转移和立即转移预警指标阈值范围。

10.2.4 成果整理

根据雨量临界分区图上下缘线临界雨量各要素阈值分析成果，将各要素的阈值进行适当浮动，合理确定准备转移和立即转移预警指标，完善相应图表。

10.3 水位流量反推法

水位流量反推法假定降雨与洪水同频率，在这样的假设条件下，所需资料仅是山洪灾害预警地点的断面地形资料、设计暴雨或设计洪水。断面地形资料经过简单测量即可获得，设计暴雨或设计洪水通过水文手册或者暴雨图集等基础性资料即可获得，分析方法则采用最为基础的水文计算。

10.3.1 资料需求

（1）基础资料。包括暴雨图集、水文手册等基础性资料的现势性，流域汇流时间历时降雨雨型时间序列的完整性以及时间步长精度，并判断资料是否满足暴雨山洪陡涨陡落、历时短暂等特性的要求。

（2）地形资料。包括沿河村落、城集镇等保护对象所在河道的比降、纵断面与横断面信息、河道断面演变；保护对象以上汇水面积等信息；流域汇流时间分析所需的地形资料。

（3）水文资料。指沿河村落、城集镇等保护对象沟（河）道的特征水位和特征流量等信息，主要包括水位、流量、已有的历史暴雨洪水调查资料及有关山洪记载的历史文献资料等。其中，水位资料为山洪灾害发生期洪水位要素；流量资料为山洪灾害发生期洪水要素；调查资料包括实测洪水比降、根据实测资料率定的河道糙率等。评估资料是否满足成果合理性分析要求。

10.3.2 模型构建

假定断面处有一洪峰流量 Q_m，则有一个 1 小时的时段降雨 R_{1h}，经过产汇流后形成的洪水过程的洪峰等于 Q_m，同样有一个 3 小时的时段降雨 R_{3h}，经过产汇流后形成的洪水过程的洪峰也等于 Q_m，则 R_{1h} 和 R_{3h} 的频率相同，均等于 Q_m 的频率，依次类推，会有许多个时段的降雨，经过产汇流后形成的洪水过程的洪峰均等于 Q_m，且频率都与 Q_m 的频率相同。

在此假定的基础上，首先确定预警保护对象处的临界洪水位，然后根据断面特征、水位-流量关系，确定对应的流量，且认为该流量为临界流量 Q_m，同时确定其对应的频率 P_m，最后计算频率为 P_m 的各时段降雨量，即为各时段的临界雨量。

10.3.3　指标计算

指标计算按以下步骤进行：

（1）分析确定沿河村落、城集镇成灾水位下对应的预警流量 $Q_灾$，并参考流域汇流时间确定 2~3 个预警时段，也可以根据实际情况增加。

根据保护对象具体情况，确定所在河流断面处可能发生山洪灾害时的临界水位值 $H_临$。进而根据断面特征，确定水位-流量关系，然后利用成灾水位，借助水位-流量关系确定成灾水位对应流量值。

（2）计算设计暴雨。即给定某一频率 P，计算 24 小时设计面雨量，运用暴雨图集或水文手册等基础资料，确定与频率 P 对应的 24 小时设计点雨量。如果断面上游集雨面积较大（不小于 10km^2），根据点面折减系数，计算设计面雨量；反之，不需进行雨量的点面转换。

（3）计算设计洪峰值 $Q_{m,p}$。首先，运用暴雨公式，根据 $R_{24,p}$ 计算对应的雨力值 S_P。进而，用推理公式法，计算设计洪峰值 $Q_{m,p}$。

（4）确定 $Q_{m,p}$-P 关系。给定多个频率值（如 20％、50％及 70％），重复步骤（2）到（3），可以得到多个设计洪峰值。然后点绘设计洪峰与对应频率的关系曲线 $Q_{m,p}$-P。

（5）确定临界雨量的频率 $P_灾$。利用临界流量，在 $Q_{m,p}$-P 上查出对应的频率 P，在临界雨量与临界流量同频率的假定下，认为该频率 P 就是临界雨量的频率 $P_灾$。

（6）指标初值确定。首先利用暴雨图集或水文手册，计算出与频率 $P_灾$ 对应的设计面雨量 $R_{24,p}$，然后，利用暴雨公式确定与各计算时段对应的设计暴雨，即为临界时段雨量。根据不同时段对应的临界雨量，可以分析出临界雨量和预警时段的相关关系，并绘制成临界雨量-预警时段相关图。在图上读出不同时段的降雨量，作为雨量预警指标的初值。

10.3.4　阈值分析

针对流域土壤含水量的干旱、一般以及较湿三种典型情景，考虑相应的雨量扣损计算，根据计算的雨量临界值进行阈值分析，绘制雨量临界分区图，合理确定临界雨量的变幅。在此基础上，确定准备转移和立即转移预警指标阈值范围。

10.3.5　成果整理

根据雨量临界分区图上下缘线临界雨量各要素阈值分析成果，将各要素的阈值进行适当浮动，合理确定准备转移和立即转移预警指标，完善相应图表。

10.4　降雨驱动指标法

10.4.1　资料需求

（1）样本评估。基于拥有一定数量山洪灾害事件资料样本或者设计一定样本情况下进行。因此，需对山洪灾害事件资料样本进行评估；或者根据暴雨洪水手册等基础性资料设计一定量的样本。

评估资料完整性时，应注意实际山洪灾害事件数据的洪水位、流量、洪量、峰现时间、典型雨量站点的降雨过程等信息；此外，要特别注意确定山丘区小流域发生山洪灾害的时间，时间精度至少应当具体到小时，以便于确定时段累积雨量、场次累积雨量以及降雨强度（PI）的起算时间。

（2）基础资料。评估暴雨图集、水文手册的现势性，以及沿河村落、城集镇等保护对象所在河道的比降、纵断面与横断面信息是否完整、河道断面演变是否频繁；是否具有保护对象以上汇水面积等信息；评价流域汇流时间分析所需地形资料是否齐全。

10.4.2　模型构建

按照降雨度强与有效累积雨量成反比的性质构建模型。

10.4.3　指标计算

主要算法步骤如下：

（1）预警时段确定。参考流域汇流时间确定 2～3 个预警时段，也可以根据实际情况增加。

（2）降雨强度（PI）统计。短历时暴雨是导致山洪暴发的重要雨量信息，为此，需要统计实际山洪灾害事件中 30 分钟、60 分钟等典型时段的降雨强度。

（3）前期降雨（P_a）计算。即使同一条山洪沟，各次山洪发生所需要的降雨强度也可能不一样，因为山洪发生所需要的短历时降雨量还取决于小流域内当时土体含水状况。一般来说，山洪发生之前的降雨量越多，土体越接近饱和，所需要短历时降雨量也就越小。可以采取如下方法计算：

$$P_a = \sum_{i=1}^{n} \alpha^i R_i = \sum_{i=0}^{n} \alpha^i R_i \tag{10.12}$$

式中：P_a 是前期降雨，$P_a \leqslant W_m$；i 为计算天数；α 为日雨量加权系数。

对于湿润、半湿润地区，蒸发量较小，$i \geqslant 10$，$\alpha = 0.8 \sim 0.9$；对于干旱、半干旱地区，蒸发量较大，$i \geqslant 5$，$\alpha = 0.6 \sim 0.8$。

（4）降雨驱动指标（RTI）计算。降雨驱动指标（RTI）（A 类）为有效累积雨量（R）和降雨强度（PI）之积。有效累积雨量（R）为场次累积雨量（R_0）和前期降雨（P_a）之和。即

$$RTI = PI \cdot R \tag{10.13}$$

$$R = R_0 + P_a \tag{10.14}$$

计算时，应当分析出每次山洪事件中山洪发生时相应时段的降雨强度（PI）及该时刻之前的有效累积雨量（R），最后计算出该次山洪事件的降雨驱动指标（RTI）值；如果不知道该次山洪发生的时刻，则以该场降雨事件的最大相应时段降雨强度（PI）及其之前的有效累积雨量（R）的乘积，计算出该次山洪事件的降雨驱动指标（RTI）值。

（5）指标初值确定。分以下几步进行：

1）将降雨强度（PI）和有效累积雨量（R）分别作为两轴，建立"降雨强度-有效

累积雨量"平面。

2）获取分区降雨驱动指标（RTI）值，依据计算所得区域降雨事件，统计降雨驱动指标（RTI）值，按发生概率对降雨驱动指标（RTI）进行排序，获得概率为 20% 和 50% 的降雨驱动指标（RTI）值。

3）在"降雨强度-有效累积雨量"平面中，根据降雨驱动指标与降雨强度、有效累积雨量的反比例关系，绘制山洪发生雨量临界区域的下缘线（$RTI = RTI20$）及上缘线（$RTI = RTI50$），得出雨量临界分区图。

4）发生可能性分区。将该图划分为三个区域，下缘线以下为低发生区，上缘线与下缘线之间为中发生区，上缘线以上为高发生区。上下缘线及山洪发生可能性分区中，包含着相应时段的临界雨量信息。

在"降雨强度-有效累积雨量"图上，读出不同时段的降雨量，作为雨量预警指标的初值。

10.4.4　阈值分析

参照"雨量临界分区图"中的下缘线和上缘线，并结合 30 分钟、60 分钟时段的降雨强度，分析各时段降雨强度、时段累积雨量、场次累积雨量、有效累积雨量等要素的阈值。降雨驱动指标以 20% 和 50% 为界，进行了两个阈值的处理。据此，参照土壤含水量为较干、一般和湿润三种典型情景，将各要素的阈值进行适当浮动，从而获得临界雨量预警指标。

10.4.5　成果整理

根据上下缘线临界雨量各要素阈值分析成果，将各要素的阈值进行适当浮动，合理确定准备转移和立即转移预警指标，完善相应图表。

10.5　分布式流域水文模型法

分布式水文模型可以较为详细地设置流域各部分产流、汇流以及洪水特征，综合考虑流域降雨、流域尺度土壤含水量以及流域地形地貌、植被土壤等下垫面因素，有利于较为精细地模拟山丘区小流域洪水，是同时分析多个对象临界雨量的基础性、实用性和通用性均较强的且具有动态预警功能的临界雨量分析方法。

采用分布式水文模型方法，并根据流域内多个子流域在地形地貌、河网特征、土地利用、植被覆盖、土壤类型、预警地点分布等具体情况，合理划分与设计计算单元，并设置相应的参数，同时计算流域内多个居民集中居住地、工矿企业和基础设施等预警地点附近的洪水过程，根据预警地点的预警流量以及洪峰出现时间与雨峰出现时间确定响应时间，反推各个预警地点的临界雨量信息。

本书预警指标分析主要针对山丘区小流域进行，山洪因强降雨形成，再加上山丘区沟（河）道比降一般较大，故山洪历时很短，陡涨陡落，一般仅持续数小时，即山丘区暴雨山洪具有短历时、强降雨、大比降、小面积等特点。基于小流域暴雨洪水分析计算的基本原理与方法，分布式水文模型法主要突出了小流域暴雨洪水分析计算在暴雨计算、流域产流、流域汇流、沟（河）洪水演进等环节应注意的问题及其主要解决思路与方法。针对山丘区暴雨山洪的特点，对暴雨洪水计算中的一些因素，如蒸散发、洼蓄、基流等，进行了简化甚至省略，但对设计暴雨洪水计算中一些通常被简化的因素，如流域土壤含水量、前期降雨、土壤下渗动态变化等，进行了细化或者较为详细的考虑。

10.5.1 资料需求

（1）雨量资料。应当评估当地暴雨图集或水文手册等基础资料的现势性，看能否整理已有的最新暴雨等值线图、暴雨统计参数等值线图，重点是评估流域汇流时间历时降雨雨型时间序列的完整性以及时间步长精度，判断其是否满足暴雨山洪陡涨陡落、历时短暂等特性的要求。

（2）地形资料。评估全流域及其子流域集水区的面积、各集水区平均坡度、各等级河道的平均长度、平均坡度、集水区主流平均坡度、土地利用信息、植被覆盖信息、土壤类型、结构及分布信息、保护对象所在地点局部河段的河道比降、纵断面、横断面信息等是否完整、合理、一致，是否满足分布式流域水文模型法的要求。

（3）水文资料。评估山丘区小流域沟（河）道的特征水位和特征流量等信息。主要包括水位、流量、已有的历史暴雨洪水调查资料及有关山洪记载的历史文献资料等。其中，水位资料为山洪灾害发生期洪水位要素；流量资料为山洪灾害发生期洪水要素；调查资料为实测洪水比降、根据实测资料率定的河道糙率等。评估资料是否满足成果合理性分析要求，是否满足参数率定与模型验证的要求。

10.5.2 模型构建

采用分布式水文模型模拟山洪主要包括降雨、产流、汇流以及演进四个环节，各个环节计算模型选择及其参数设置，应当根据资料评估情况，正确而合理地进行设置。各环节模型的算法很多，且在常见书籍上都能查到完整的介绍，故本书不再罗列。

此外，还应特别注意以下几点：

（1）充分参考居民集中居住地、工矿企业和基础设施等预警地点地理位置，适当划分子流域，确定子流域、河段、源点、汇点、合流、分汊等计算对象和单元。

（2）结合计算对象和单元的地形地貌特征、植被覆盖情况、土地利用类型、土壤类型、河道特征，输入各计算单元的基本信息。

采用流域典型降雨-径流事件的资料，进行参数率定和模型验证。

10.5.3 指标计算

指标计算中，主要包括以下几项关键工作：

（1）分析确定沿河村落、城集镇成灾水位下对应的流量。

（2）确定 2～3 个预警时段，也可以根据实际情况增加。

（3）雨量初值以 24 小时雨量给出，采用雨力公式，计算所拟定的各预警时段的总雨量，并按雨型分布，一般情况下，求得 5 年一遇频率（也可以是其他频率）暴雨雨型时间序列，并进一步分析计算得到各个降雨时间步长的雨量，得到相应的可供计算的降雨过程系列，作为模型试算最初的输入条件。

（4）设置流域土壤含水量干旱、一般以及较湿三种典型情景，充分考虑流域土壤下渗特性，求出以流域汇流时间为降雨历时降雨过程的净雨序列。

（5）采用试算法进行，具体操作是先假定一个初始雨量，并按雨量及雨型分析得到相应的降雨过程系列作为最初的输入，计算预警地点的洪水过程。比较计算所得的洪峰流量与预警地点的预警流量，如果二者接近，该雨量即为该时段的临界雨量；如果差异较大，需重新设定初始雨量。反复进行试算，直至计算所得的洪峰流量与沿河村落、城集镇的预警流量差值小于预定的允许值为止。

（6）指标初值确定。计算出每种情景下各预警时段的雨量，即可得到雨量预警指标初值。

10.5.4　阈值分析

考虑流域土壤含水量的干旱、一般以及较湿三种典型情景，根据计算的雨量临界值进行阈值分析，合理确定临界雨量的变幅。

具体分析时，应根据流域响应时间，得到临界雨量要素计算的截止时刻，向前倒推求得时段累积雨量、降雨强度、场次累积雨量、降雨驱动指标等，估算前期降雨，进一步分析 30 分钟、60 分钟降雨强度、场次累积雨量与降雨驱动指标的关系，得到准备转移和立即转移预警指标阈值范围。

10.5.5　成果整理

根据实际发生的山洪灾害事件资料或调查资料对指标进行校验，结合实际情况，合理确定准备转移和立即转移预警指标，并完善相应图表。

10.6　上下游相应水位法

10.6.1　资料需求

相应水位是指在河段同次洪水过程线上，处于同一位相点上、下站的水位称为相应水位。

（1）预警村落相关数据：包括临近的沟（河）道的成灾水位与成灾流量（或有满足水位流量关系曲线分析计算的临近河道的控制性横断面测量数据、河道糙率信息、历史洪水水面比降信息）。当无历史洪水水面比降信息时应提供临近河道控制性横断面附近的河道比降信息。

（2）水文记录资料：无支流汇入时，至少需要有上游站和下游站的同场次实测水位过程线；此外尽量提供长系列上下游水位连续记录资料（有重合时段）；有支流汇入时，应至少需要有上游干流站、上游支流站、下游站的同场次实测水位过程线；此外尽量提供长系列上游干流站、上游支流站、下游水位连续记录资料（有重合时段）。

10.6.2 模型构建

相应水位法的基本方程如下：

（1）河段无区间入流，设河段上游站流量为 $Q_{上,t}$，经过时间 τ 的传播，下游站的相应流量为 $Q_{下,t+\tau}$，两者的关系为

$$Q_{下,t+\tau}=Q_{上,t}-\Delta Q_L \tag{10.15}$$

式中：ΔQ_L 为洪水波展开量，与附加比降有关。

（2）河段有区间入流 q，两者的关系为

$$Q_{下,t+\tau}=Q_{上,t}-\Delta Q_{L+q} \tag{10.16}$$

当上下游水文站之间的洪水波传播时间足够长，长到足够下游水文站附近的山洪预警村落进行人员防御山洪转移时，上下游相应水位法可用来进行山洪灾害水位预警指标分析。依据山洪预警村落成灾水位，作为下游水位，通过上下游水位相关图反推当村落遭遇成灾水位时，上游站的水位值以及上下游水文站之间的洪水传播时间。此时上游站的水位即为该村落进行防灾转移的水位预警值，洪水传播时间即为进行人员转移的最大响应时间。

10.6.3 指标计算

（1）如果获得的是如式（10.15）和式（10.16）所示的流量数据，则应当考虑根据上下游的典型断面，由曼宁公式或者谢才公式转换为相应水位。

（2）采用相关分析或者图解法，分析在河段同次洪水过程线上，处于同一位相点上、下站的相应水位。

（3）采用插值等方法，根据下游预警地点洪水位，反推上游预警地点水位，即得到相应临界水位。

10.6.4 阈值分析

根据上下游站多场次洪水位记录，分析流域前期降水较多、一般以及较少等典型情况下的相应水位变动幅度，进而确定临界水位变动阈值，考虑洪水位涨率因素，在此基础上，确定准备转移和立即转移水位预警指标的阈值范围。

10.6.5 成果整理

根据水位预警指标的阈值范围分析成果，完善相应图表。

10.7 基于流域模型推理的特小流域洪水推求方法

10.7.1 概述

云南省流域水系众多，长江、珠江、红河、澜沧江、怒江、伊洛瓦底江等水系纵横境内，大于 $100km^2$ 以上的支流有 900 余条，其他支流不计其数。小型水利水电工程都分布在支流上。但全省水文站控制流域面积小于 $20km^2$ 的不足 10 个，且分属于不同的暴雨特

性区域，下垫面条件差异显著，绝大多数小型水利水电工程的设计洪水分析均难以利用其实测资料。

在进行小型水利水电工程的规划设计时，如果流域及临近地区无实测的流量资料，通常采用暴雨洪水法分析设计洪水，也就是《云南省暴雨径流查算图表》（以下简称"图表"）上推荐的暴雨扣除土壤下渗、经过河网汇流后，形成流域出口断面的洪水过程。在"图表"前言中也明确提出要求："流域面积在 $10\sim1000km^2$ 的中小型工程，当水文资料短缺时，可采用经审定的暴雨径流查算图表计算设计洪水。"在实际工程的规划选址和论证过程中，经常遇到流域面积小于 $10km^2$（本书称特小流域）的情况，这些特小流域的设计洪水就难以直接利用"图表"进行分析。

10.7.2　小流域设计洪水分析方法

在《水利水电工程设计洪水计算规范》（SL 44—2006）中指出，暴雨经过产汇流形成洪水，可按推理公式法、单位线法（也称暴雨洪水法）、复相关公式法等推算。

推理公式法是将初估洪峰流量代入相关公式求得流域汇流历时，再把流域汇流历时、全面汇流时段最大净雨等代入公式计算洪峰流量，直至与初估洪峰流量相差小于允许的误差即可。推理公式法仅能估算出洪峰流量，且与单位线法的成果差异较大，当需要计算洪水过程时，推理公式法目前还没有较好的办法解决，这是其存在的主要弊端。

单位线法是目前云南省根据"图表"推求无资料地区小流域洪水的主要方法，计算过程分为四个步骤：①计算各时段的设计点暴雨量；②根据点、面折减系数转换得出设计面暴雨量；③先后扣除初损、稳渗、不平衡水量即得到设计净雨量过程；④无因次时段单位线与设计净雨量过程相乘后累加，最后加上基流、潜流即得出设计洪水过程。

对于单位线法中存在的问题，以临界特小流域（$F=10km^2$）为例，河网汇流流速按 1.5m/s 计。如果把临界特小流域概化为圆形（主流为直径），流域汇流历时（τ）仅 20 分钟；概化为长（主流）宽比为 2 的矩形时，τ 为 37 分钟；若概化为长（主流）宽比为 0.5 的矩形，τ 更短（18 分钟）。总的来说，不同形状、流域面积 $10km^2$ 的临界特小流域汇流历时均小于"图表"中暴雨洪水时段（60 分钟）的规定，不满足暴雨洪水分析的基本前提（时段长 60 分钟）。显然，特小流域的流域汇流历时比"图表"中暴雨洪水时段 60 分钟更短；其次，汇流系数 C_n 为 $0.65\sim0.80$，特小流域暴雨洪水调节系数 n 值常出现小于 1 的情况，也不符合暴雨洪水的瞬时单位线基本要求（即 $n>1$）。目前，在暴雨洪水分析时，当 $n\leqslant1$ 情况下，一般采用令 $n=1.001$ 的强制处理方式，这还找不到理论依据支撑。特小流域不属于"图表"前言中明确的暴雨洪水适用基本条件（流域面积在 $10\sim1000km^2$ 的中小型工程，当水文资料短缺时的设计洪水分析计算）。

复相关公式法是在特小流域所在的暴雨、产流和汇流分区，建立小流域（流域面积在 $10\sim100km^2$）设计洪水与综合反映流域面积、河道比降、河道长的洪水河道特征数的直线关系；再往小值端外延求推求特小流域设计洪水，是一种推求特小流域暴雨洪水的方法。该法涉及范围较大、获取小流域特征烦琐、确定直线型关系时带有一定的经验性。

综上分析，在缺乏水文资料情况下推求特小流域设计洪水，不能由"图表"直接按单位线法分析设计洪水，用推理公式法难以提高设计洪水计算成果的精度，复相关公式法分析设计洪水的过程烦琐且有一定的经验性；而在实际工程中经常遇到需分析特小流域设计洪水的情况。

10.7.3　流域模型推理法

（1）基本思路。首先将特小流域放大为 g 个小流域情景（流域面积小于 70km^2 且大于 10km^2 的流域），使其满足可依据"图表"分析计算设计洪水的边界条件；其次，由暴雨、产流、汇流特征参数，按单位线法分别计算这 g 个小流域情景的设计洪水；最后，根据设计洪水特征值与流域面积成正比、河道长成反比的关系，建立设计洪水特征值与流域面积 k_1 次方和河道长 k_2 次方的幂函数关系。

$$Q_p = a_p \cdot F^{k_1} \cdot L^{k_2} \qquad (10.17)$$

式中：Q_p 为设计洪水特征值；a_p 为与频率对应的系数（0，∞）；F 为流域面积，km^2；L 为河道长，即沿主河从出口断面至分水岭的最长里程，km；k_1 为与频率对应的指数（0，∞）；k_2 为与频率对应的指数（0，∞）；

根据幂函数性质，式（10.17）可综合表示为

$$Q_p = a_p (F \cdot L)^{k_p} \qquad (10.18)$$

式中：k_p 为与频率对应的指数（0，∞）。

对式（10.18）两边取自然对数后变为式（10.19），式（10.19）为一元一次方程，为直线线型。

$$\ln Q_p = \ln a_p + k_p \ln(F \cdot L) \qquad (10.19)$$

因此，可由小流域的 F、L 及不同频率的 a_p、k_p 值，按式（10.18）求得特小流域的设计洪水特征值 Q_p。

（2）推理方法。先根据地形资料等可以采集获得特小流域特征值（$F_特$、$L_特$、$J_特$），由"图表"查阅和计算得到暴雨、产流、汇流特征参数。

放大特小流域面积 $F_特$ 的 X 倍为 g（不小于 5）个不等量级小流域的流域面积（$F_{i,i=1\sim g}$），为了有效控制曲线线型，最少放大为 5 个级别的小流域，其中最小级的小流域稍大于 10km^2 为较好；根据空间曲面相似特性的数学、物理原理，对应的河道长 $L_特$ 放大 $\sqrt{X}$ 倍为 g 个不等量级小流域的河道长（$L_{i,i=1\sim g}$），河道比降 $J_特$ 则不变。按单位线法分别计算 g 个小流域的设计洪水。

设计洪水有洪峰流量、时段洪量、洪水过程等特征量，这里选择洪峰流量为例，分析洪峰流量与流域面积关系 $Q_m = f(F)$、与河道长关系 $Q_m = f(L)$、与流域面积和河道长的关系 $Q_m = f(F \cdot L)$。$Q_m = f(F)$ 为上凸曲线、曲率较大；$Q_m = f(L)$ 为下凸曲线、曲率较小；$Q_m = f(F \cdot L)$ 也为上凸曲线、曲率较大，均具有幂函数特征。因此，可采用式（10.18）描述洪峰流量与流域面积和河道长的关系。

根据 g 个小流域设计洪水在某一频率的 g 个洪峰流量，由式（10.19）按最小二乘法可求得 a_p、k_p 值，再根据式（10.18）可求得特小流域的设计洪峰流量。

设计时段洪量也可照此计算，在此不做赘述。

设计洪水过程可选稍大于 10km^2 的小流域设计洪水过程为典型，按特小流域设计洪峰流量、洪量同倍比缩放推求，在此不做赘述。

流域模型推理法的逻辑流程框图如图 10.1 所示。

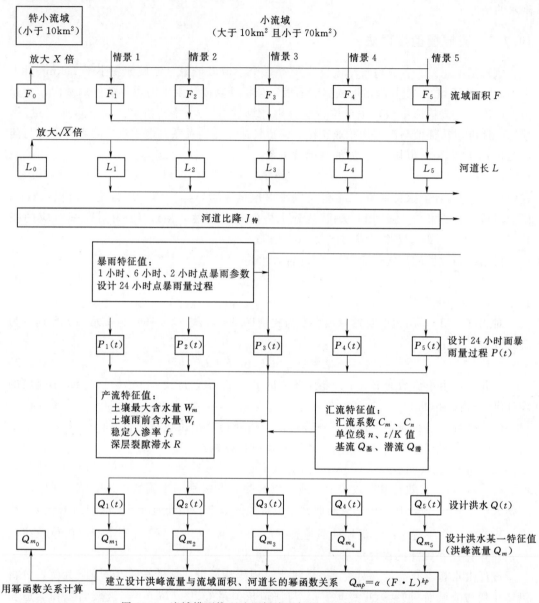

图 10.1　流域模型推理法逻辑流程框图（以放大 5 级为例）

（3）应用实例。云南省永平县某小（1）型水库工程设计过程中，涉及输水干渠跨河建筑物设计时，左、右干渠 13 次跨河，跨河断面控制流域面积为 $0.073\sim40.0\text{km}^2$，为了计算断面设计洪峰流量，采用与水库入库设计洪水同样的计算方法（单位线法），但跨河断面流域面积小于 10km^2 的有 6 个，还不能直接进行计算。这里选流域面积（0.073km^2，特小流域）最小的左干渠石家村渡槽跨河断面为实例，说明用流域模型推理法分析计算其设计洪水的具体应用。

根据地形资料量算得石家村渡槽跨河断面特小流域特征值（$F_特$、$L_特$、$J_特$）：

$0.073km^2$、$0.38km$、0.3382，放大 $F_特$ 为 $g=5$ 个级别的小流域，$F_i=11.0\sim51.0km^2$、$L_i=4.30\sim9.25km$、$J_i=0.3382$，再按单位线法分别计算 5 个小流域情景的设计洪水，$Q_{mp_i}=93\sim275m^3/s$，见表 10.1。

表 10.1　石家村渡槽跨河断面设计（$P=3.33\%$）洪峰流量推求方法应用实例成果

情景设置		F 放大倍比系数	F /km²	L 放大倍比系数	L /km	J 放大倍比系数	J	Q_{mp} /(m³/s)	$\ln(F \cdot L)$	$\ln Q_{mp}$	Q_{mp} 拟合 /(m³/s)	拟合误差
小流域	情景 5	698.63	51.0	26.43	9.25	1	0.3382	275	6.15656	5.61769	280	1.56%
	情景 4	561.64	41.0	23.70	8.29	1	0.3382	240	5.82918	5.48199	239	-0.37%
	情景 3	424.66	31.0	20.61	7.21	1	0.3382	199	5.40981	5.29563	196	-1.56%
	情景 5	287.67	21.0	16.96	5.94	1	0.3382	151	4.82561	5.01900	149	-1.54%
	情景 1	150.68	11.0	12.28	4.30	1	0.3382	93	3.85567	4.53258	94.1	1.20%
特小流域			0.073		0.35		0.3382		-3.66712	0.98518	2.68	

本例的流域面积、河道长的放大倍比系数均属特例，不同的特小流域的放大倍比系数或是放大为哪 5 级、多少级的小流域，均视使用者的便利而为，只要满足小流域面积大于 $10km^2$ 且小于 $70km^2$，而且最小级的小流域稍大于 $10km^2$；或者是小流域面积的相邻两级差（dF_1），流域面积 $10km^2$ 与特小流域面积差（dF_2），以 dF_1 与 dF_2 基本接近为宜。

选取设计洪水过程的 1 个特征值（洪峰流量 Q_{mp}）为例进行说明，同一设计频率的 5 个 Q_{mp}（即 $Q_{mp_1}\sim Q_{mp_k}$），绘制 Q_{mp} 与 F 数据点（图 10.2 中"＋"点），5 个数据点群呈单调递增的曲线线型，可用幂函数来描述；同理，绘制 Q_{mp} 与 L 数据点（图 10.3 中"＊"点），5 个数据点群也呈单调递增的曲线线型，仍用幂函数来描述。根据两个幂函数的乘积性质，Q_{mp} 与 F、L 积的关系同样可用幂函数来描述，则有：$Q_{mp}=a_p(F \cdot L)^{k_p}$。绘制 $[\ln(F \cdot L_1),\ln Q_{mp_1}]\sim[\ln(F_g \cdot L_g),\ln Q_{mp_n}]$ 5 个数据点（图 10.4 中"○"点），对数据点群进行最小二乘法相关线拟合，可得到 $\ln a_p$、k_p，由自然对数与指数的性质，$a_p=e^{\ln a_p}$，见表 10.1。此时，得 a_p、

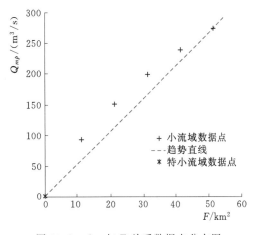

图 10.2　Q_{mp} 与 F 关系数据点分布图

k_p 值分别为 15.1842、0.4731，特小流域的 Q_{mp} 也就可以由式（10.18）求得（$2.68m^3/s$），见表 10.1。

（4）应用验证。

1）误差公式。对式（10.19）进一步替代和变换，得误差公式。

令：$y=\ln Q_p$，$x=\ln(F \cdot L)$

则：$r=\dfrac{\sum(x_i-\overline{x})(y_i-\overline{y})}{\sqrt{\sum(x_i-\overline{x})^2\sum(y_i-\overline{y})^2}}$

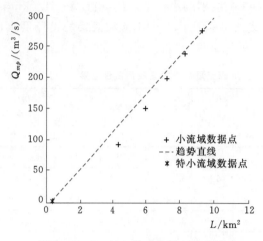

图 10.3　Q_{mp} 与 L 关系数据点分布图　　　图 10.4　$\ln Q_{mp}$ 与 $\ln(F \cdot L)$ 关系数据点分布图

$$Q_{p_i} = \alpha_{p_i}(F_i \cdot L_i)^{k_{p_i}}$$

$$\Delta Q_{p_i} = \frac{Q_{p_{i试}} - Q_{p_i}}{Q_{p_i}} \times 100\%$$

$$A = \frac{1}{n}\sum_{i=1}^{n}\Delta Q_{p_i}$$

$$M = \max(\Delta Q_{p_i}), i=1 \sim 5$$

2）相关关系，数据点 $[\ln(F \cdot L), \ln Q_{mp}]$ 群的相关性，在图 10.4 中数据点"○"分布成线性带状，数据点与相关线的相关系数 r 为 0.9995，说明数据点"○"属直线型分布。

3）拟合误差，根据拟合分析的 α_p、k_p 值，以及每个小流域的 F_i、L_i，可计算得相应 $Q_{p_{i拟}}$，再与实际 Q_{p_i} 计算相对误差 ΔQ_{p_i}，统计平均相对误差（A）、最大相对误差（M）、最小相对误差（m）。分析幂函数拟合关系式的拟合值 $Q_{mp拟}$ 与分析值 Q_{mp} 差异，平均相对误差 A 为 -0.14%，最大相对误差 M 为 1.56%，最小相对误差 m 为 -0.37%，相对误差范围远小于一般拟合误差的技术要求。

（5）流域模型推理法与其他方法的成果比较。选择昆明市某工程的水井湾断面，针对设计洪峰流量（$P=3.33\%$）推求，分别采用流域模型推理法、推理公式法、复相关法的成果进行比较。

水井湾断面流域特征值见表 10.2、暴雨参数见表 10.3，暴雨特征分区为第 11 区，产流特征分区为第 2 区，汇流特征分区为第 4 区，分别用流域模型推理法、推理公式法、复相关法推算设计洪峰流量（$P=3.33\%$），成果见表 10.4。

表 10.2　　　　　　　　　　　　水井湾断面流域特征值表

名称	流域面积/km²	河道长/km	河道比降
数值	6.29	4.04	0.0507

表 10.3　　　　　　　　　　　水井湾断面流域暴雨参数表

1h			6h			24h		
均值 /mm	C_v 值	C_s 值	均值 /mm	C_v 值	C_s 值	均值 /mm	C_v 值	C_s 值
34.0	0.40	$3.5C_v$	50.0	0.42	$3.5C_v$	70.0	0.42	$3.5C_v$

表 10.4　　　　　　　　　　水井湾断面设计洪峰流量对比表

名　　称	流域模型推理法 B	推理公式法 A	复相关法 A
洪峰流量/(m³/s)	31.7	29.6	38.6①
相对差异 $\dfrac{B-A}{A}$	—	7.3%	-17.8%

①　摘自《滇池水资源系统演变及生态替代调度》(2018，科学出版社)。

从表 10.4 成果看，流域模型推理法成果较推理公式法成果大（7.3%）、较复相关法成果小（-17.8%）。分析其原因：①在目前资料条件下难以用实测水文资料进行合理性、可靠性验证；②二种方法均属于理论推算。三种方法成果的可靠性应从理论依据、分析影响因数的全面与否，主次权重、参数系数来源的可靠程度等方面考虑。流域模型推理法在三种方法中具有优势。

（6）合理性与可靠性。

1）推理公式法为无资料地区的小流域和特小流域分析计算设计洪水的简易方法，计算公式简单；但只注重洪峰流量，系统性差、考虑因素单一。

2）单位线法为无资料地区小流域设计洪水分析推求方法，使用资料全面、考虑影响因素主次重点明确、理论依据系统性完整，设计洪水较推理公式法可靠；但不能用于分析推求特小流域的设计洪水。

3）复相关公式法是建立特小流域所在地区的小流域设计洪水与综合反映流域面积、河道比降、河道长的洪水河道特征参数的直线型关系；再往小值端外延推求特小流域设计洪水，是一种推求特小流域设计洪水的可行方法；但该法涉及范围较大、获取小流域特征较烦琐、确定直线型关系带有一定的经验性。

4）流域模型推理法是根据空间曲面相似特性的数学、物理原理，把特小流域放大为多个级别的小流域情景，再按单位线法推求这些生成小流域的设计洪水；然后，选取小流域设计洪水特征值（洪峰流量、洪量），建立洪水特征值与流域面积、河道长的幂函数关系，幂函数关系的对数表达式即为直线型函数。直线型函数向小值端外延推求得特小流域设计洪水特征值，再依据小流域设计洪水过程为典型求得特小流域设计洪水过程。

经综合分析可知，流域模型推理法是单位线法的延伸使用，充分利用了单位线法使用资料全面、考虑影响因素主次重点明确、理论依据系统性完整等优势。从理论上说，它既没有像推理公式法的系统性差、考虑因素单一的弊端，也避免了复相关公式法的涉及范围大、获取流域特征烦琐、确定关系经验性等不足。流域模型推理法具有充分的理论基础，符合规范技术要求，其分析推求成果具有理论上的合理性和技术上的可靠性。需要提出的是：由于特小流域的实测水文资料极为匮乏，目前还难以利用实测资料对流域模型推理法进行必要的验证。

10.8　合理性分析

合理性分析是预警指标成果校核的重要内容，可采用以下方法，进行预警指标的合理性分析：

（1）与当地山洪灾害事件实际资料对比分析，即用实际事件的资料进行预警指标的合理性检查。

（2）将多种方法的计算结果进行对比分析，以尽量避免因某一种方法的不确定性而产生较大偏差。

（3）与流域大小、气候条件、地形地貌、植被覆盖、土壤类型、行洪能力等因素相近或相同防灾对象的预警指标成果进行比较和分析，即采用比拟的方法，对预警指标成果进行合理性检查。

（4）计算参数及程序合理性控制。雨量预警指标分析是从洪水到降雨的反算过程，因此，应注意分析反算过程产生误差的主要因素及注意的问题，以保证成果合理性。具体表现为：①防灾对象成灾水位确定要具有代表性；②水位流量关系计算时注意比降和糙率的确定；③降雨径流计算时注意合理地选择产流、汇流、演进各个环节的算法与参数值。

10.9　县乡预警指标要求

雨量预警应提供防灾对象不同预警时段准备转移和立即转移两种指标的雨量信息。水位预警应提供预警水位信息所在地点、具体水位值以及预警对象等信息。预警指标的成果以直观形象的图表或文字方式提供。

由于乡村级和县级山洪灾害预警平台的性能、功能都有所差异，并且防灾问题主要由乡村级面对，要求有所差别，具体如下。

10.9.1　乡村级预警平台预警指标要求

乡（镇）/村级仅具有简易自动雨量站点设备，预警时需要充分考虑其有限条件；县级具有山洪灾害预警平台、山洪灾害防治平台，可以实现多个雨量站点数据的存储和分析，还有一定的分析计算模型对数据进行分析处理，进而得出预警指标的信息。应当根据乡村级和县级的条件，拟定其预警指标要求。

对于乡（镇）/村级具有自动雨量站、自动水位站、简易雨量站和简易水位站等山洪灾害监测站点，拥有一定的数据存储和计算功能，因此，可以考虑将较为简单的临界雨量算法（如水位流量反推法、降雨指标驱动法等）植入到监测站点，再结合实际降雨信息进行预警，服务于乡（镇）/村级群测群防情况的预警。

村级预警平台预警指标需要明确给出时间段及其雨量内容，总体而言是一种相对静态的指标。预警指标表现形式要求简明易懂、直观形象、便于宣传。

综上，村级预警平台预警指标应注意达到以下几个方面的要求：

（1）雨量临界线法、水位流量反推法、降雨驱动指标法等方法主要是针对乡村级山洪预警指标确定时采用的；比拟法在资料、平台、技术力量等各方面条件均较差的情况下适当考虑采用。

（2）明确给出时间段及其对应雨量。

（3）是相对静态的指标。

（4）图形化和简明化。简明易懂、直观形象、便于宣传。

10.9.2　县级预警平台预警指标要求

对于县级行政区空间尺度级的流域，内部包含多个子流域，具有大量数据存储、管理与分析功能，其预警指标的确定需要更为有力的方法与模型进行支撑。针对县级平台的山洪灾害预警，重点考虑将分布式水文模型算法植入系统。结合气象部门提供的降雨信息，将降雨和土壤含水量按计算时段滚动计算，获得动态的雨量预警信息。

图 10.5 所示为县级平台动态预警应用示意图。

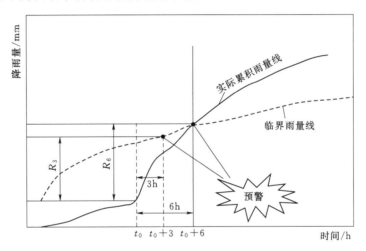

图 10.5　县级平台动态预警应用示意图

在图 10.5 中，粗实线表示县域中某沿河村落、城/集镇等防灾对象某场次的累积降雨过程，虚线表示临界雨量线，只要累积雨量过程线达到或超过临界雨量线，就应当发出预警。例如，根据图 10.5，若已知该防灾对象未来 3 小时平均降雨会达到预警雨量或者 6 小时平均降雨会达到预警雨量，累积雨量过程线会处于与临界雨量线相交的情况，则应当发出预警。如果通过天气预报或者其他途径获知未来某一时段（如 1 小时、3 小时、6 小时等）的预报雨量，可以判断延长后的累积雨量线是否超过临界雨量线，进而决定是否预警；这样的信息隔一定时间（如 1 小时、3 小时、6 小时等）更新 1 次，从而实现雨量动态预警。同时，还结合乡（镇）/村监测站点的信息，相互佐证，对山洪灾害进行更为可靠的预警。

县级预警平台预警指标的内容也是时间段及雨量，但其表现形式可以是曲线图、面域图，并且可以随着降雨输入信息的动态更新而变化，以便于看到整个区域和其中关键地点的变化。

综上，县级预警平台预警指标应注意达到以下几方面的要求：

（1）分布式流域水文模型法是山洪预警发展的重要方向，具有重要前景，在具有县级山洪预警平台条件的情况下都应当充分考虑。

（2）明确给出时间段及其对应雨量。

（3）做成相对动态的指标。

（4）图形化和简明化：对具体的沿河村落、集镇、城镇可以做成曲线图；对行政区域或流域对象，应做成面域图；可以随着降雨输入信息的动态更新而变化，便于掌握全区域和关键地点的变化。

第11章

计 算 实 例

11.1 推理公式法实例

11.1.1 情景设置

本节以昭通市绥江县双河片区流域为例进行推理公式法雨量预警指标估算的实例应用及检验。实例中，以绥江县板栗乡双河村双河1组为预警对象。

该村位于大汶溪铜厂沟，位置如图11.1所示。根据全国山洪灾害项目组提供的工作底图，该流域面积为89.12km²，河长为24.09km，河道平均比降为25.35‰，土壤以壤土、砂壤土、黏壤土以及壤黏土为主，绝大部分流域坡度为30°左右，土地利用以林地为主，耕地较少。两岸为山坡地有房屋及住户，无防护河堤，属山区性河流，在强降雨作用下，成灾快，破坏性强，极易发生严重的山洪灾害，造成人员伤亡及财产损失。村落附近山坡植被较好，河道以卵石为主，两岸植被较好。

11.1.2 资料需求

需求资料主要有《云南省暴雨洪水查算实用手册》和山洪灾害调查评价成果。后者主要包括小流域暴雨特性、控制断面、成灾水位、河道糙率，以及植被覆盖和土壤质地等。此外，最好能收集到土壤下渗率曲线资料。

根据绥江县调查评价成果，收集小流域基础信息、小流域暴雨特性、沿河村落控制断面及成灾水位、河道及河岸糙率、植被覆盖及土壤质地等基础资料。

（1）小流域基础信息。双河片区流域位

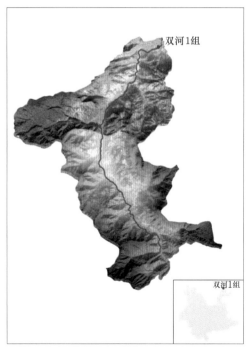

图11.1 昭通市绥江县板栗乡双河村
双河1组位置图

于昭通市绥江县，面积为 89.12km²，河长为 24.09km，河道平均比降为 25.35‰。

（2）小流域暴雨特性。小流域所在暴雨分区为第 13 区，产流分区为第 1 分区，初损为 15mm，土壤稳定下渗率为 2.2mm/h。根据山洪灾害分析评价成果，双河片区设计暴雨成果及暴雨时程分配见表 11.1 和表 11.2。

表 11.1　　　　　　　　　　双河片区流域设计暴雨成果

村落名称	历时/min	重现期雨量值 H_p/mm				
		$H_{1\%}$	$H_{2\%}$	$H_{5\%}$	$H_{10\%}$	$H_{20\%}$
双河村双河 1 组	10	29.6	27.0	23.3	20.5	17.4
	60	90.9	81.6	69.1	59.3	49.1
	360	160.7	142.4	118.1	99.3	80.0
	180	128.6	114.6	95.8	81.2	66.1

表 11.2　　　　　　　　　　双河片区流域设计暴雨时程分配

时段序号	5 年一遇重现期雨量值/mm		
	1 小时	3 小时	6 小时
1	34.3	49.4	47.0
2	41.9	59.5	61.9
3	45.6	66.1	68.2
4	49.1	—	72.8
5	—	—	76.7
6			80

（3）沿河村落双河 1 组控制断面及成灾水位：断面大致呈梯形，成灾水位为 376.43m，如图 11.2 所示。

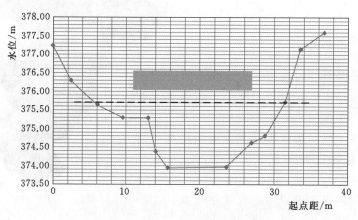

图 11.2　双河 1 组实测控制断面图

（4）河道及河岸糙率。双河 1 组附近河段景观如图 11.3 所示。由图 11.3 可见，沿河村落断面河槽呈 U 形，河床由砂砾石、卵石等组成。

图 11.3 双河 1 组河段景观图

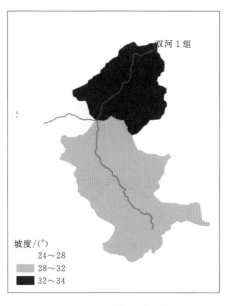

图 11.4 双河小流域坡度图

（5）流域坡度、植被覆盖及土壤质地等。双河小流域绝大部分区域坡度在 30°左右，靠近流域出口的区域坡度在 30°以上，流域上游坡度相对较小一些（图 11.4）；流域植被覆盖较好，林地面积大约占流域面积的 81%（图 11.5）；土壤质地主要为壤土、黏壤土、砂黏土以及壤黏土，分别为 25.34km²、16.58km²、37.54km²、9.66km²，分别占流域面积的 28.4%、18.6%、42.2%和 10.8%；可见，以壤土、黏壤土、砂黏土为主，占流域面积的 89.2%（图 11.6）。

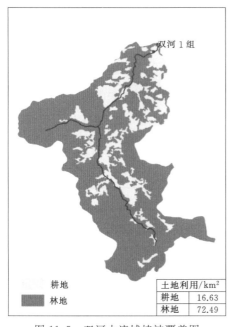

图 11.5 双河小流域植被覆盖图

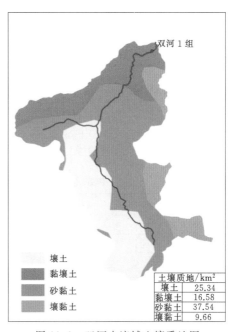

图 11.6 双河小流域土壤质地图

11.1.3　计算步骤

11.1.3.1　临界流量计算

根据双河 1 组控制断面、成灾水位、河道及河岸糙率等，采用曼宁公式计算流速，进而推算临界流量 Q_m。

曼宁公式如下：

$$v = \frac{1}{n}R^{2/3}J^{1/2}$$

式中：v 为过流断面平均流速，m/s；n 为糙率；R 为水力半径，m；J 为洪水水面线比降，小数。

故流量为

$$Q = A \cdot v$$

式中：A 为过水面积，m^2。

相应水位下的过水断面面积 A 和水力半径 R 由控制断面求得，河道比降 J 由纵断面求得，糙率 n 值由小流域下垫面条件确定。

根据实地调查及测量资料概化（图 11.7 和表 11.3）进行洪水推算，控制断面附近河道比降为 25.35‰，断面过水面积为 44.6m^2，湿周为 30.6m，计算得水力半径 1.44m。根据河床组成情况，取糙率 0.045，由此计算临界流量为 $201\text{m}^3/\text{s}$。具体计算参数及结果见表 11.4。

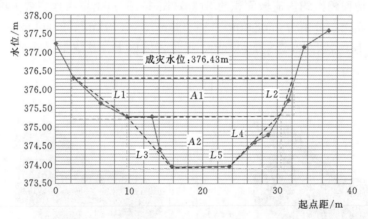

图 11.7　板栗乡双河村双河 1 组控制断面概化

表 11.3　　　　　　　　　　板栗乡双河村双河 1 组控制断面概化参数表

过水面积 A/m^2			湿周 L/m					
1	2	A	$L1$	$L2$	$L3$	$L4$	$L5$	L
25	19.6	44.6	8.06	2.24	6.14	6.14	8	30.6

表 11.4　　　　　　　　　　双河 1 组临界流量计算参数及成果

成灾水位 /m	过流面积 /m^2	湿周 /m	水力半径 /m	糙率	比降 /‰	流速 /(m/s)	流量 /(m^3/s)
376.43	44.6	30.6	1.44	0.045	25.35	4.51	201

11.1.3.2 流域汇流时间分析

在临界流域分析计算的基础上，利用推理公式及云南省汇流参数计算公式，初步估计双河片区用于预警的小流域汇流时间。计算公式如下：

$$\tau = 0.278 \frac{L}{mJ^{1/3}Q^{1/4}}$$

双河片区小流域河长（L）24.09km，河流比降（J）为 25.35‰，临界流量为 201m³/s，m 值为 1.18，可得双河片区汇流时间约为 5.2 小时，见表 11.5。

表 11.5　　　　　　　　　　双河 1 组汇流时间计算参数及成果

小流域	$Q_m/(\text{m}^3/\text{s})$	L/km	θ	m	$J/‰$	τ/h
双河片区 1 组	201	24.09	80	1.18	25.35	5.2

11.1.3.3 预警时段净雨量估算

因流域汇流时间计算值约为 5.2 小时，为尽量包括临界流量推算过程中的不确定性，实际工作中流域汇流时间取得比计算值略长，这里取 6 小时。根据推理公式推导出的净雨计算公式，估算各个预警时段所需的净雨量 h（表 11.6）。

表 11.6　　　　　　　　　　双河 1 组净雨计算结果

时段	净雨量 h/mm	备　注
1h	8.1	临界流量为 201m³/s；集雨面积为 89.12km²；河长为 24.09km，平均比降为 25.35‰，以壤土、砂黏土、黏壤土以及壤黏土为主，植被覆盖率为 81%
3h	24.3	
6h	48.6	

11.1.3.4 降雨损失估算

如前所述，降雨损失主要考虑洼地蓄水、植被截留、土壤下渗三部分。根据云南省产流特性分区以及前面双河小流域下垫面的实际情况，具体考虑如下。

关于洼地蓄水，由于双河 1 组所在流域绝大部分坡度在 30° 左右，为非常不平整的地面，蓄水量考虑为 8mm；由于流域覆盖较大，截留量取 15mm；另外，尽管《云南省暴雨洪水查算实用手册》中提供该区稳定下渗率为 2.2mm/h，但由于流域以壤土、砂黏土、黏壤土以及壤黏土为主，而壤土、黏土的稳定下渗率为 1.27～3.81mm/h，参考《云南省暴雨洪水查算实用手册》以及小流域土壤类别及其面积权重，土壤稳定下渗率取 2.5mm/h，由于考虑到下渗的非线性，考虑到 3 小时以后才达到稳定下渗。因此，降雨损失估算见表 11.7。

表 11.7　　　　　　　　　　双河 1 组降雨损失估算结果

时段	洼地蓄水 /mm	植被截留 /mm	土壤下渗 /mm	损失量 /mm	备注 1	备注 2
1h	8	15	7.5	30.5	初期土壤下渗率为 7.5mm/h	临界流量为 201m³/s；集雨面积为 89.12km²；河长为 24.09km，平均比降为 25.35‰，以壤土、砂黏土、黏壤土以及壤黏土为主，植被覆盖率为 81%
3h	8	15	17.5	40.5	中间土壤下渗率为 5mm/h	
6h	8	15	25	48.0	稳定下渗率为 2.5mm/h	

11.1.3.5　临界雨量估算

根据公式

$$H_c = h_t + L_t = 3.6 \frac{Q_m}{F} t + L_t, \quad t \leqslant \tau$$

将计算所得的净雨值与损失量相加，即为临界雨量，见表 11.8 和图 11.8。

表 11.8　　　　　　　　　　双河 1 组临界雨量计算结果

时段	净雨值/mm	损失量/mm	临界雨量/mm	备　注
1h	8.1	30.5	38.6	临界流量为 201m³/s；集雨面积为 89.12km²；河长为
3h	24.3	40.5	64.8	24.09km，平均比降为 25.35‰，以壤土、砂黏土、黏壤土
6h	48.6	48	96.6	以及壤黏土为主，植被覆盖率为 81%

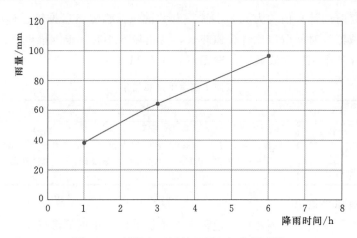

图 11.8　板栗乡双河村双河 1 组临界雨量

11.1.3.6　预警指标确定

如前所述，在获得临界雨量的基础上，还应考虑流域土壤含水量等因素，分析临界雨量变化阈值，才能获得预警指标。前面分析中，主要是在流域土壤含水量较少、流域长时间未下雨的情景下进行的，因此，洼地蓄水、植被截留以及土壤下渗等环节基本上都是按照较大值进行估算的。考虑流域土壤含水量中等及较多情形，对洼地蓄水、植被截留以及土壤下渗进行估算，得表 11.9。

表 11.9　　　　　　　　　　双河 1 组预警指标计算结果

时段	情景	洼地蓄水/mm	植被截留/mm	土壤下渗/mm	损失量/mm	净雨量/mm	临界雨量/mm	预警指标/mm	备　注
1h	较干	8	15	7.5	30.5	8.1	38.6	40	初期土壤下渗率为 7.5mm/h
	一般	7	14	5.0	26	8.1	34.1	35	中间土壤下渗率为 5mm/h
	较湿	6	12	2.5	20.5	8.1	28.6	30	稳定下渗率为 2.5mm/h

时段	情景	洼地蓄水/mm	植被截留/mm	土壤下渗/mm	损失量/mm	净雨量/mm	临界雨量/mm	预警指标/mm	备　　　注
3h	较干	8	15	17.5	40.5	24.3	64.8	65	初期土壤下渗率为7.5mm/h
	一般	7	14	15.0	36	24.3	60.3	60	中间土壤下渗率为5mm/h
	较湿	6	12	7.5	25.5	24.3	49.8	50	稳定下渗率为2.5mm/h
6h	较干	8	15	25.0	48	48.6	96.6	95	初期土壤下渗率为7.5mm/h
	一般	7	14	22.5	43.5	48.6	92.1	90	中间土壤下渗率为5mm/h
	较湿	6	12	15.0	33	48.6	81.6	80	稳定下渗率为2.5mm/h

11.1.4　成果讨论

在推理公式法中，临界流量计算和降雨损失分析是核心环节。因此，合理性分析主要包括分析成灾流量和降雨损失的计算成果合理性。

表11.10给出了云南省绥江县山洪灾害调查评价工作中关于双河1组雨量预警指标分析的成果。与表11.9对比可以发现，此结果与流域土壤较湿情景下的预警指标非常接近，主要的差距体现在对洼地蓄水和植被截留两方面的考虑。

表11.10　　　　　　　双河片区流域预警指标合理性分析计算结果

时段	$Q_m/(\mathrm{m^3/s})$	$F/\mathrm{km^2}$	h/mm	L/mm	预警指标
1h	204	89.12	8.3	15	23
3h	204	89.12	25	19.4	45
6h	204	89.12	50	23.8	74

（1）关于成灾流量，在山洪灾害调查评价中，是基于沿河村落河道纵横断面等基础信息，通过曼宁公式大致估算的，本例中也是采用这种方法进行估算。

（2）关于降雨损失的考虑，在山洪灾害调查评价中对洼地蓄水和植被截留的考虑基本上以初损形式考虑，本例中，充分考虑了沿河村落所在小流域的流域坡度、植被覆盖等下垫面基础信息，进而确定洼地蓄水和植被截留，然后得到结果。

推理公式法具有物理意义明确、所需资料较少、操作简捷快速、所得结果直观等优点，难点是要充分考虑小流域下垫面的情况，客观准确地对洼地蓄水和植被截留、土壤下渗等参数进行估计，对这些参数的估计范围，形成了雨量预警指标的阈值范围；此外，对于流域汇流时间的分析计算也是非常关键的。

11.2　洪峰模数法实例

11.2.1　情景设置

本节以昭通市巧家县药山镇座脚村为例进行说明。座脚村位于巧家县中部发法河沿岸，属长江干流水系，局部地形以高原宽谷为主，位置如图11.9所示。

根据全国山洪灾害项目组提供的工作底图，该流域平均坡度为 22°，土地利用主要为林地和耕地两种，仅有少量灌木林地，面积分别为 7.12km²，5.53km² 和 0.05km²。该流域土壤全部为粉黏壤土。根据《云南省暴雨洪水查算实用手册》，该流域暴雨分区为第 13 区，产流分区为第 1 分区。

与推理公式法计算预警指标相同，洪峰模数法计算预警指标，也需要先收集暴雨特性、调查评价成果等基础资料，进而再计算预警指标。

11.2.2　资料需求

收集的资料主要有《云南省暴雨洪水查算实用手册》和山洪灾害调查评价成果，其成果主要包括小流域暴雨特性，控制断面、成灾水位、河道糙率，以及植被覆盖和土壤质地等。此外，若能收集到土壤下渗率曲线资料则更好。

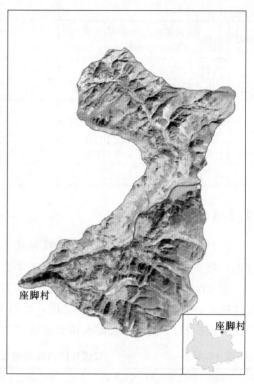

图 11.9　昭通市巧家县药山镇座脚村示意图

根据巧家县调查评价成果，收集小流域基础信息、小流域暴雨特性、沿河村落控制断面及成灾水位、河道及河岸糙率、植被覆盖及土壤质地等基础资料。

（1）小流域基础信息。药山镇座脚村流域位于昭通市巧家县，面积为 12.71km²，河长为 8.6km，沟道比降为 20‰。

（2）小流域暴雨特性。小流域所在暴雨分区为第 13 区，产流分区为第 1 分区，初损 15mm，稳定下渗率 2.2mm/h。根据山洪灾害分析评价成果，药山镇座脚村流域设计暴雨成果见表 11.11。

表 11.11　药山镇座脚村流域设计暴雨成果

村落名称	历时/min	重现期雨量值 H_p/mm				
		100 年（$H_{1\%}$）	50 年（$H_{2\%}$）	20 年（$H_{5\%}$）	10 年（$H_{10\%}$）	5 年（$H_{20\%}$）
药山镇座脚村流域	10	25	23	20	18	15
	60	71	64	54	46	38
	360	115	104	89	77	65
	180	96	86	73	63	53

（3）沿河村落控制断面及成灾水位。断面大致呈三角形，成灾水位为 2430.90m，如图 11.10 所示。

（4）河道及河岸糙率。双河 1 组附近河段实景如图 11.11 所示。由图 11.11 可见，测验断面河槽呈 V 形，河床由砂砾石、卵石组成。两岸为山坡地均有房屋及住户，无防护河堤。

（5）流域坡度、植被覆盖及土壤质地等。如前所述，药山镇座脚村流域植被覆盖较好，土壤全部为粉黏壤土为主。

药山镇座脚村小流域绝大部分区域坡度在 20°左右；流域植被覆盖较好，林地面积大约占流域面积的 56.5%（图11.12）；全流域土壤质地为粉黏壤土（图11.13）。

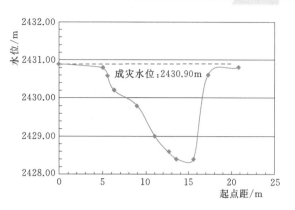

图 11.10　药山镇座脚村流域实测控制断面图

(a) 左岸

(b) 右岸

图 11.11　双河 1 组附近河段实景

11.2.3　计算步骤

采用推理公式计算预警指标，主要是利用临界流量所对应的洪峰模数反推净雨值，而后进一步考虑降雨损失，得到雨量预警指标。

11.2.3.1　临界流量计算

根据药山镇座脚村流域控制断面、成灾水位、河道及河岸糙率等，采用曼宁公式推算临界流量，以及其对应的洪峰模数。

根据曼宁公式计算流速：

$$V = \frac{1}{n} R^{2/3} J^{1/2}$$

则流量为

$$Q_m = A \cdot v$$

式中：v 为流速，m/s；n 为糙率；R 为水力半径，m；J 为比降；Q_m 为流量，m³/s；A 为过水断面面积，m²。

相应水位下的过水断面面积 A 和水力半径 R 由控制断面求得，河道比降 J 由纵断面求得，糙率 n 值由小流域下垫面条件确定。

土地利用/km²	
耕地	5.53
林地	7.12
灌木林地	0.05

■ 耕地
■ 林地
■ 灌木林地

图 11.12 药山镇座脚村所在流域植被覆盖图

土壤质地/km²	
粉黏壤土	12.7

▨ 粉黏壤土

图 11.13 药山镇座脚村所在流域土壤质地图

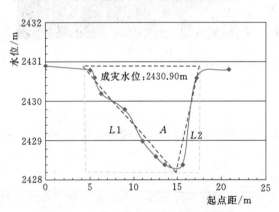

图 11.14 药山镇座脚村控制断面概化

根据实地调查及测量资料概化（图 11.14 和表 11.12）进行洪水推算，座脚村流域主沟道比降为 20‰，断面过水面积约为 17.82m²，湿周约为 14.63m，计算得水力半径 1.22m。根据河床组成情况，取糙率 0.04，由此计算临界流量为 71.84m³/s，对应的洪峰模数为 5.65m³/(s·km²)。具体计算结果见表 11.13。

11.2.3.2 流域汇流时间分析

在临界流域分析计算基础上，利用公式

$$\tau = 0.278 \frac{L}{mJ^{1/3}Q^{1/4}}$$

表 11.12 药山镇座脚村控制断面概化参数表

过水面积 A/m²	湿周 L/m		
	$L1$	$L2$	L
17.82	10.74	3.89	14.63

表 11.13 药山镇座脚村临界流量计算参数及成果

成灾水位 /m	过流面积 /m²	湿周 /m	水力半径 /m	糙率	比降 /‰	流速 /(m/s)	流量 /(m³/s)	洪峰模数 /[m³/(s·km²)]
2430.90	17.82	14.63	1.22	0.04	20	4.03	71.84	5.65

及云南省汇流参数计算公式

$$m = \begin{cases} 0.895\theta^{0.064} & (\theta < 100) \\ 0.380\theta^{0.25} & (\theta \geq 100) \end{cases}$$

初步估计药山镇座脚村用于预警的小流域汇流时间。

药山镇座脚村小流域河长（L）8.6km，河流比降（J）为 20‰，临界流量为 71.84m³/s，可得药山镇座脚村汇流时间为 1.32 小时，见表 11.14。

表 11.14 药山镇座脚村汇流时间计算参数及成果

小流域	Q_m/(m³/s)	L/km	θ	m	J/‰	τ/h
药山镇座脚村	71.84	8.6	14.8	1.06	20	1.32

11.2.3.3 预警时段净雨量估算

因流域汇流时间计算值为 1.32 小时，为尽量包括临界流量推算过程中的不确定性，实际工作中流域汇流时间取得比计算值略长，这里取 2 小时。根据推理公式推导出的净雨量计算公式，估算各个预警时段所需的净雨量 h（表 11.15）。

表 11.15 药山镇座脚村净雨计算结果

时 段	Q_m/(m³/s)	M/[m³/(s·km²)]	净雨量 h/mm
1h	71.84	5.65	20.3
2h	71.84	5.65	40.6

11.2.3.4 降雨损失估算

如前所述，降雨损失主要考虑洼地蓄水、植被截留、土壤下渗三部分。根据云南省产流特性分区以及前面座脚村小流域下垫面实际情况，具体考虑如下。

关于洼地蓄水，座脚村所在流域平均坡度为 22°，且是非常不平整的地面，蓄水量考虑为 6mm；流域植被覆盖较大，截留量取 15mm；另外，尽管《云南省暴雨洪水查算实用手册》中提供该区稳定下渗率为 2.2mm/h，但该流域以粉黏土为主，参考《云南省暴雨洪水查算实用手册》以及小流域土壤类别及其面积权重，土壤稳定下渗率取 2.5mm/h，由于考虑到下渗的非线性，3 小时以后才达到稳定下渗。座脚村汇流时间为 2 小时，故不考虑稳定下渗。因此，降雨损失估算见表 11.16。

表 11.16 药山镇座脚村降雨损失估算结果

时段	洼地蓄水 /mm	植被截留 /mm	土壤下渗 /mm	损失量 /mm	备 注
1h	6	15	7.5	28.5	初期土壤下渗率为 7.5mm/h
2h	6	15	12.5	33.5	中间土壤下渗率为 5mm/h

11.2.3.5　临界雨量估算

将计算所得的净雨量与损失量相加，即为临界雨量（表 11.17）。

表 11.17　　　　　　　　　　药山镇座脚村临界雨量计算结果

时段	净雨量/mm	损失量/mm	临界雨量/mm
1h	20.3	28.5	48.8
2h	40.6	33.5	74.1

11.2.3.6　预警指标确定

如前所述，在获得临界雨量的基础上，还应考虑流域土壤含水量等因素，分析临界雨量变化阈值，才能获得预警指标。前面分析中，主要是在流域土壤含水量较少、流域在长时间未下雨的情景下进行的，因此，洼地蓄水、植被截留等环节基本上都是按照较大值进行估算。考虑流域土壤含水量中等及较多情形，对洼地蓄水、植被截留进行估算，结果见表 11.18。

表 11.18　　　　　　　　　　药山镇座脚村预警指标计算结果

时段	情景	洼地蓄水/mm	植被截留/mm	土壤下渗/mm	损失量/mm	净雨量/mm	临界雨量/mm	预警指标/mm	备　注
1h	较干	6	15	7.5	28.5	20.3	48.8	45	初期土壤下渗率为 7.5mm/h
	一般	5	14	5.0	24	20.3	44.5	40	中间土壤下渗率为 5mm/h
	较湿	4	12	2.5	18.5	20.3	38.8	35	—
2h	较干	6	15	12.5	33.5	40.6	74.1	70	初期土壤下渗率为 7.5mm/h
	一般	5	14	10.0	29	40.6	69.6	65	中间土壤下渗率为 5mm/h
	较湿	4	12	7.5	23.5	40.6	64.1	60	—

11.2.4　成果讨论

在洪峰模数法中，临界流量和降雨损失分析是核心环节。因此，合理性分析主要分析成灾流量和降雨损失的计算结果。表 11.19 给出了巧家县药山镇座脚村调查评价工作中对于双河 1 组预警指标分析的成果，与表 11.18 对比可以发现，此结果与流域土壤较湿情景下的预警指标非常接近，主要的差距体现在对洼地蓄水和植被截留两方面的考虑。

表 11.19　　　　　　　药山镇座脚村流域预警指标合理性分析计算结果

时段	Q_m/(m³/s)	M/[m³/(s·km²)]	h/mm	L/mm	预警指标
1h	64.5	5.07	18.3	15	33
2h	64.5	5.07	36.6	17.2	54

（1）关于成灾流量，在山洪灾害调查评价中，是基于沿河村落河道纵横断面等基础信息，通过曼宁公式大致估算的，本例中也是采用这种方法进行估算。

（2）关于降雨损失的考虑，在山洪灾害调查评价中对洼地蓄水和植被截留的考虑基本上以初损形式考虑，本方法中，充分考虑了沿河村落所在小流域的流域坡度、植被覆盖等下垫面基础信息，进而确定洼地蓄水和植被截留，然后得到结果。

在山洪灾害调查评价成果的基础上，洪峰模数法具有所需资料少、操作简捷快速、所得结果直观等优点，难点是要充分考虑小流域下垫面的情况，客观准确地对洼地蓄水和植被截留、土壤下渗等参数进行估计，对这些参数的估计范围，形成了雨量预警指标的阈值范围；对于流域汇流时间的分析计算也是非常关键的。此外，与推理公式相比，洪峰模数法更为间接，给成果带来更大不确定性，这是在分析计算和成果采用时都应考虑的。

11.3 水位流量反推法实例

11.3.1 情景设置

本节选择双龙湾流域的南山村作为对象进行分析说明。双龙湾流域位于云南省昆明市晋宁县晋城滇池西南岸，地处东经 $102.719° \sim 102.815°$，北纬 $24.44° \sim 24.645°$ 之间。流域属低纬度高原北亚热带季风气候区，冬无严寒，夏无酷暑，四季如春，干湿季分明。春冬有时干旱，稍有低温；夏秋潮湿，无高温酷热现象。每年 5—10 月为雨季，降水量占全年降水量的 86.1%，11 月至次年 4 月为干旱少雨季节，降水量仅占全年降水量的 13.9%。多年平均年降水量为 892mm，降水总量为 10.98 亿 m^3，中等干旱年（保证率为 75%）年径流量为 2.51 亿 m^3。双龙湾流域位于晋宁大河的上游，隶属于长江流域的金沙江水系，是滇池的重要水源地，流域面积 104km^2。流域出口位于南山村双龙湾处。流域上游存在大河水库，为昆明市六大供水水源地之一，上游集水面积为 44km^2。在流域产汇流计算时，假定水库

图 11.15　双龙湾流域南水村位置示意图

以上流域降水全部用于供给城市饮用水，不考虑水库上游面积的汇流。在此假定条件下，双龙湾流域集水面积为 60km^2，防灾对象南山村位于流域下游出口处，如图 11.15 所示。

11.3.2 资料需求

如前所述，此类方法需要基础资料、地形资料及水文资料，针对本例具体情况，所需

资料介绍如下。

（1）基础资料：《云南省暴雨洪水查算实用手册》及手册相应的附图、附表等。

（2）流域及河道地形资料：防灾对象南山村所在流域主河道的比降、纵断面与横断面信息、河道断面演变；保护对象以上汇水面积等信息；流域汇流时间分析所需地形资料，即研究区流域面积、断面位置、河长、平均坡度、形状系数等表征河流产汇流特性的下垫面参数等。

该流域所在暴雨分区为第 13 区，产流分区为第 2 区，土壤稳定下渗率为 2.5mm/h。

双龙湾流域绝大部分区域坡度在 20°左右，中部坡度较大，上游和下游流域坡度略小（图 11.16）。

流域土地利用中，人类活动较为突出，耕地和林地为 87.21km² 和 16.73km²，分别占流域面积的 84% 和 16%，植被覆盖较好（图 11.17）。

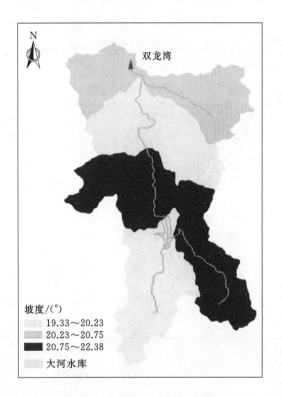

图 11.16　双龙湾流域坡度图　　　　　　图 11.17　双龙湾流域土地利用现状图

流域土壤质地主要为黏壤土以及黏土，分别为 83.79km²、20.13km²，分别占流域面积的 80.5%、19.5%，以黏壤土为主（图 11.18）。

双龙湾流域沿河村落南山村控制断面及成灾水位情况：

断面大致呈 U 形，河道两岸岸沿高程约为 1891.00m，洪水超出河道以后，即进入田地，进而漫延至田地边上的房屋，因此，成灾水位取 1891.00m，图 11.19 给出了河道横断面示意图。

（3）水文资料。防灾对象南山村段民村沟（河）道的特征水位和特征流量等信息，主要包括水位、流量、已有的历史暴雨洪水调查资料及有关山洪记载的历史文献资料等。其中，水位资料为山洪灾害发生期洪水位要素；流量资料为山洪灾害发生期洪水要素；调查资料为实测洪水比降、根据实测资料率定的河道糙率等。由图 11.20 可见，沿河村落断面河槽呈 U 形，河道由砂土、杂草等组成。糙率 n 的确定采用查表法，双龙湾小流域南山村双龙湾处的糙率 $n = 0.05$。

土壤质地/km²	
黏壤土	83.79
黏土	20.13

图 11.18　双龙湾流域土壤质地图

11.3.3　计算步骤

11.3.3.1　临界流量及预警时段确定

根据山洪灾害调查中的调查数据，确定成灾水位后，根据曼宁公式计算成灾临界流量。

在本例中，采用河底平均比降作为曼宁公式中的比降，比降按下式计算：

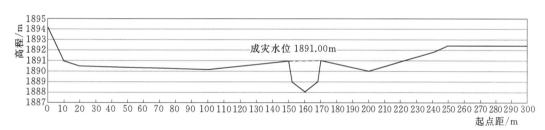

图 11.19　双龙湾流域南山村所在流域主河道横断面

$$\overline{L} = \frac{(h_0 + h_1)l_1 + (h_1 + h_2)l_2 + \cdots + [h_{(n-1)} + h_n]l_n - 2h_0 l}{l^2} \tag{11.1}$$

采用曼宁公式计算得成灾水位对应的临界流量见表 11.20。

利用如下推理公式及云南省汇流参数计算公式，估算双龙湾流域汇流时间：

表 11.20　　　　　　　　双龙湾南山村临界流量计算参数及成果

成灾水位 /m	过流面积 /m²	湿周 /m	水力半径 /m	糙率	比降 /‰	流速 /(m/s)	流量 /(m³/s)
1891.00	50	35	1.43	0.05	3.3	1.46	73

$$\tau = 0.278 \frac{L}{mJ^{1/3}Q^{1/4}} \tag{11.2}$$

图 11.20　双龙湾南山村附近河道及滩地景观

双龙湾小流域河长（L）7.89km，河流比降（J）为 3.3‰，临界流量为 $73\text{m}^3/\text{s}$，m 值可采用下式计算（其中 $\theta = L/J\,1/3$），可得汇流时间为 4.37 小时，见表 11.21。

$$m = \begin{cases} 0.895\theta^{0.064} & (\theta < 100) \\ 0.380\theta^{0.25} & (\theta \geqslant 100) \end{cases} \qquad (11.3)$$

表 11.21　　　　　　　　　　　　汇流时间计算参数及成果

$Q_m/(\text{m}^3/\text{s})$	L/km	θ	m	$J/\text{‰}$	τ/h
73	7.89	52	1.15	3.3	4.37

将流域汇流时间作为预警指标的最长时段。双龙湾流域的最长汇流时段为 5 小时。

预警时段指雨量预警指标中采用的典型降雨历时，是雨量预警指标的重要组成部分。受防灾对象上游集雨面积大小、降雨强度、流域形状及其地形地貌、植被、土壤含水量等因素的影响，预警时段会发生变化，因此，需要合理地确定。预警时段确定原则和方法如下：

（1）最长时段确定：将每一个分析对象上游集水区的汇流时间作为每个沿河村落预警指标的最长时段。

（2）典型时段确定：针对每个沿河村落，对于小于最长时段的其他时段的确定，根据防灾对象所在地区暴雨特性、流域面积大小、平均比降、形状系数、下垫面情况等因素，确定比汇流时间小的短历时预警时段，如 60 分钟、180 分钟等，一般选取 2～3 个典型预警时段，最小预警时段选为 60 分钟。

（3）综合确定：充分参考前期基础工作成果的流域单位线信息，结合流域暴雨、下垫面特性以及历史山洪情况，综合分析防灾对象所处河段的河谷形态、洪水上涨速率、转移时间及其影响人口等因素后，确定各防灾对象的各个典型预警时段，从最小预警时段直至流域汇流时间。

根据以上原则和方法，确定了双龙湾的最长预警时段为 5 小时。预警时段为 1 小时、3 小时、4 小时、5 小时，常规的 6 小时预警时段可以参考 5 小时时段成果。

11.3.3.2　设计暴雨计算

根据《云南省暴雨洪水查算实用手册》中年最大 24 小时点雨量均值等值线图、相应

点雨量 C_v 等值线图及云南省水文手册，计算双龙湾流域的设计暴雨。查算暴雨均值、C_v 等值线图，得到双龙湾小流域 24 小时的暴雨特征参数值。

本例计算了双龙湾流域 24 小时的五种标准频率，即 $P=1\%$、$P=2\%$、$P=5\%$、$P=10\%$、$P=20\%$ 的设计点雨量，见表 11.22。图 11.21 所示为双龙湾流域 24 小时典型频率降雨分布曲线。

表 11.22 　　　　　　　　双龙湾流域 24h 的 5 种标准频率设计点暴雨

历时	H 平均 /mm	C_v	C_s/C_v	设计点暴雨量/mm				
				$P=20\%$	$P=10\%$	$P=5\%$	$P=2\%$	$P=1\%$
24h	72	0.42	3.5	93.0	112.4	130.9	154.6	172.2

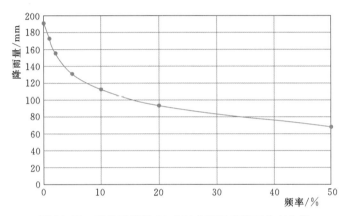

图 11.21 　双龙湾流域 24 小时典型频率降雨分布曲线

根据点面折减系数，计算设计面雨量。再进行暴雨时程分配计算，得到 24 小时设计暴雨成果（表 11.23）。

表 11.23 　　　　　　　　双龙湾流域 24 小时设计暴雨成果表

流域名称	时段/h	设 计 暴 雨 量/mm				
		$P=20\%$	$P=10\%$	$P=5\%$	$P=2\%$	$P=1\%$
双龙湾流域	1	0.9	1.1	1.2	1.5	1.6
	2	0.9	1.1	1.3	1.5	1.7
	3	0.9	1.1	1.3	1.6	1.7
	4	1.0	1.2	1.4	1.6	1.8
	5	1.0	1.2	1.4	1.7	1.9
	6	1.1	1.3	1.5	1.7	1.9
	7	1.5	1.8	2.1	2.5	2.8
	8	1.6	2.0	2.3	2.7	3.0
	9	1.8	2.1	2.5	2.9	3.3
	10	1.9	2.3	2.7	3.2	3.5
	11	2.1	2.5	3.0	3.5	3.9

续表

流域名称	时段/h	设 计 暴 雨 量/mm				
		$P=20\%$	$P=10\%$	$P=5\%$	$P=2\%$	$P=1\%$
双龙湾流域	12	2.4	2.8	3.3	3.9	4.4
	13	44.3	52.1	59.5	68.7	75.5
	14	7.7	9.7	11.7	14.2	16.1
	15	5.2	6.5	7.9	9.7	11.0
	16	3.9	5.0	6.1	7.5	8.6
	17	3.3	4.2	5.1	6.3	7.1
	18	2.8	3.6	4.4	5.4	6.2
	19	1.4	1.7	2.0	2.4	2.6
	20	1.3	1.6	1.9	2.2	2.5
	21	1.3	1.5	1.8	2.1	2.3
	22	1.2	1.5	1.7	2.0	2.2
	23	1.1	1.4	1.6	1.9	2.1
	24	1.1	1.3	1.5	1.8	2.0

基于前面确定的预警时段 1 小时、3 小时、5 小时，以及上面计算的双龙湾流域 24 小时典型频率设计暴雨计算成果，计算得到双龙湾流域南山村以上积水区域汇流时间内各预警时段典型频率设计雨量，见表 11.24 和图 11.22。

表 11.24　　　　　　　　各特征时段典型频率设计雨量表

流域名称	历时	设计点暴雨量/mm				
		$P=20\%$	$P=10\%$	$P=5\%$	$P=2\%$	$P=1\%$
双龙湾流域	1h	45.4	53.4	60.9	70.4	77.3
	3h	58.5	70.2	80.6	94.5	104.5
	5h	65.5	78.8	91.6	107.9	120.0

11.3.3.3　设计洪水计算

本例根据设计暴雨计算成果，由点面转换得到的流域面雨量及其对应的时程分配数据，按照《云南省暴雨洪水查算实用手册》中的初损后损法，基于设计暴雨，进行流域产流计算，得到净雨过程，进而根据该手册提供的瞬时单位线法，推算典型频率洪水的设计洪峰，主要过程包括产流参数确定及初损量 W_0 的计算、设计净雨过程的推求、设计主雨强、瞬时单位线参数、n、k 的推求、设计地面径流过程的推求六个步骤。

（1）产流参数确定及初损量 W_0 的计算。由流域集水区的地理位置，查《手册》附图 8 "产流参数分区图"，可获得如下产流参数：土壤最大缺水量 W_m（mm）、设计洪水前期土壤含水量 W_t（mm）后期平均损失率（后损量）$\overline{f}_c$（mm/h）、降径关系不平衡缺水量 ΔR（mm）以及雨期日蒸发量 E_3（mm）。

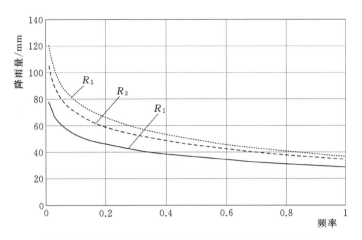

图 11.22　双龙湾流域典型预警时段典型频率降雨量

初损量 W_0 可按下式计算获得

$$W_0 = W_m - W_t \tag{11.4}$$

（2）设计净雨过程的推求。在"产流参数分区图"上查得流域后期平均损失量 $\overline{f_c}$（以 mm/h 计）和不平衡水量 ΔR（以 mm 计）；

在前面已求得 1～24h 设计暴雨过程中，自第一时段降雨起，累加扣完 W_0，剩余时段按每小时以 $\overline{f_c}$ 数值扣除后损值。当时段雨量 $H_{ip} < \overline{f_c}$ 值时，则以 H_{ip} 扣除。最后在剩余时段中每小时以 $\Delta R / t$ 值扣去不平衡水量（ΔR 也可并入 W_0 一起一次扣完）即得设计净雨过程。所扣除的后损总量 $\Sigma \overline{f_c}$，为潜流总量（即浅层地下水量）。

查"产流参数分区图"可知，双龙湾小流域位于 2 区，查得 $W_m = 100\text{mm}$，假设初始土壤含水量 $W_t = 0.8 W_m = 80\text{mm}$、$\overline{f_c} = 2.5$、$\Delta R = 10$，则 $W_0 = W_m - W_t = 20\text{mm}$，将 W_0 平分到各个时段作为初损值。

按照以上方法，对各个设计频率暴雨过程进行产流扣损计算，得到成果见表 11.25。

表 11.25　　　　　　　　　　典型小流域设计净雨量计算成果表

时段/h	不同频率净雨过程/mm				
	20%	10%	5%	2%	1%
1	0.0	0.0	0.0	0.0	0.0
2	0.0	0.0	0.0	0.0	0.0
3	0.0	0.0	0.0	0.0	0.0
4	0.0	0.0	0.0	0.0	0.0
5	0.0	0.0	0.0	0.0	0.0
6	0.0	0.0	0.0	0.0	0.0
7	0.0	0.0	0.0	0.0	0.0
8	0.0	0.0	0.0	0.0	0.0
9	0.0	0.0	0.0	0.0	0.0

续表

时段/h	不同频率净雨过程/mm				
	20%	10%	5%	2%	1%
10	0.0	0.0	0.0	0.0	0.0
11	0.0	0.0	0.0	0.0	0.3
12	0.0	0.0	0.0	0.0	0.7
13	35.2	46.6	55.3	64.8	71.9
14	3.6	5.6	7.5	10.3	12.4
15	1.0	2.4	3.7	5.7	7.4
16	0.0	0.9	1.9	3.6	4.9
17	0.0	0.0	0.9	2.3	3.5
18	0.0	0.0	0.2	1.5	2.6
19	0.0	0.0	0.0	0.0	0.0
20	0.0	0.0	0.0	0.0	0.0
21	0.0	0.0	0.0	0.0	0.0
22	0.0	0.0	0.0	0.0	0.0
23	0.0	0.0	0.0	0.0	0.0
24	0.0	0.0	0.0	0.0	0.0

（3）设计主雨强。设计净雨过程中，选连续三个时段（3 小时）最大净雨总量之均值，为本次洪水的主雨强 $\bar{i}$。当第三时段净雨仅占连续 3 小时净雨总量的 20% 以下时，则按第二个时段计算平均主雨强 $\bar{i}$（均为算术平均）。$\bar{i}$ 的上限值按以下方法计算：

1）当径流面积 $F < 100\text{km}^2$ 时，若设计计算 $\bar{i} > 10\text{mm}$，采用 10mm；若设计计算 $\bar{i} < 10\text{mm}$，采用计算 $\bar{i}$ 值。

2）当 $100\text{km}^2 < F < 200\text{km}^2$ 时，若设计计算 $\bar{i} > 15\text{mm}$，采用 15mm；若设计计算 $\bar{i} < 15\text{mm}$，采用计算 $\bar{i}$ 值。

3）当 $F > 200\text{km}^2$ 时，若设计计算 $\bar{i} > 25\text{mm}$，采用 25mm；若设计计算 $\bar{i} < 25\text{mm}$，采用计算 $\bar{i}$ 值。

双龙湾流域水库以下集雨面积 60km²，各频率净雨的计算主雨强见表 11.26。

表 11.26　　　　　　　　　双龙湾流域计算主雨强表

不同频率	20%	10%	5%	2%	1%
主雨强	13.3	15	15	15	15

汇流计算方法很多，常用的有推理公式和单位线两种。根据云南省地貌和地质构造复杂，本例采用瞬时单位线进行汇流计算，其中汇流参数可从《图集》和《图表》中读出。

（4）瞬时单位线参数、n、k 的推求。根据设计流域所在位置，在《汇流系数分区图》上查得，汇流系数 C_m、C_n 值。流域位于 4 区，可知 $C_m = 0.60$、$C_n = 0.81$。

双龙湾流域的特征值见表 11.27。

表 11.27   双 龙 湾 流 域 参 数 表

流域名称	集水面积/km²	主沟道比降/‰	形状系数（B）
双龙湾流域	60	0.3805	0.17

根据设计流域的特征值：F（流域面积）、J（河道平均坡度）、B（形状系数）和汇流系数 C_m、C_n 值，代入下列汇流计算公式推求 n、k 值：

$$m_1 = C_m \cdot F^{0.262} \cdot J^{-0.171} \cdot B^{-0.476} \cdot \left(\frac{\bar{i}}{10}\right)^{-0.84 \cdot F^{-0.109}} \tag{11.5}$$

$$n = C_n \cdot F^{0.161} \tag{11.6}$$

$$k = \frac{m_1}{n} \tag{11.7}$$

$\bar{i}$ 为推求设计净雨过程中计算的设计主雨强。根据云南省的水文工作经验，在实际计算中，当 n<1 时，n 取值为 1。

计算所得 n、k 值见表 11.28。

表 11.28   晋城双龙湾流域 m_1、n、k 成果表

流域	m_1	n	k
双龙湾流域	4.79	1.57	3.06

（5）设计地面径流过程的推求。

1）用 k 值求时段（$\Delta t = 1$ 小时）单位线 t/k。

2）用 n=1.6、t/k 查《纳希瞬时单位线 S(t) 曲线查算表》，得 S(t) 曲线计算结果（表 11.29）。

表 11.29   S(t) 曲线计算结果

t/k	0	0.3	0.5	1	2	3	4	5	6	7	8	9
t(h)	0	0.9	1.5	3.1	6.1	9.2	12.2	15.3	18.4	21.4	24.5	27.7
S(t)	0	0.085	0.171	0.391	0.71	0.873	0.946	0.978	0.991	0.996	0.999	0.999

查算得 $\Delta t = 1$ 小时的 S(t) 曲线。

3）用相邻后一时段 S(1，t) 减前一时段 S(1，t-1) 值，即得 $\Delta t = 1$ 小时的无因次时段单位线 u(1，t)，可验证其纵值之和为 1.000，否则应做适当修正。得到的单位线见表 11.30。

表 11.30   双 龙 湾 流 域 单 位 线

时序 $\Delta t = 1$	S(t)	S(t-1)	无因次单位线 u(1,t)	单位线 q(1,t)/(m³/s)
0	0	0	0	0
1	0.1	0	0.1	16.667
2	0.24	0.1	0.14	23.3338
3	0.38	0.245	0.135	22.50045
4	0.48	0.38	0.1	16.667

续表

时序 $\Delta t = 1$	$S(t)$	$S(t-1)$	无因次单位线 $u(1, t)$	单位线 $q(1,t)/(\text{m}^3/\text{s})$
5	0.58	0.48	0.1	16.667
6	0.69	0.58	0.11	18.3337
7	0.775	0.69	0.085	14.16695
8	0.828	0.775	0.053	8.83351
9	0.868	0.828	0.04	6.6668
10	0.9	0.868	0.032	5.33344
11	0.925	0.9	0.025	4.16675
12	0.94	0.925	0.015	2.50005
13	0.96	0.94	0.02	3.3334
14	0.97	0.96	0.01	1.6667
15	0.978	0.97	0.008	1.33336
16	0.982	0.978	0.004	0.66668
17	0.99	0.982	0.008	1.33336
18	0.995	0.99	0.005	0.83335
19	0.996	0.995	0.001	0.16667
20	0.997	0.996	0.001	0.16667
21	0.998	0.997	0.001	0.16667
22	0.999	0.998	0.001	0.16667
23	0.999	0.999	0	0
24	0.999	0.999	0	0
25	0.999	0.999	0	0
26	0.999	0.999	0	0
27	0.999	0.999	0	0
28	0.999	0.999	0	0
29	0.999	0.999	0	0

4）将逐时段设计净雨量分别与时段单位线的纵标值 $q(1, t)$ 逐一相乘，并顺序下移一格后做横向累加，即得设计径流过程。双龙湾小流域的设计洪水成果见表 11.31。

表 11.31　　　　　　　　　双龙湾小流域设计洪水成果

流域名称	断面标志	洪水要素	设 计 洪 水				
			$P=20\%$	$P=10\%$	$P=5\%$	$P=2\%$	$P=1\%$
双龙湾流域	南山村	洪峰流量/(m^3/s)	89	144	170	202	221

11.3.3.4　洪水频率及临界雨量频率确定

根据以上典型频率洪水洪峰流量计算结果（表 11.32），绘制得到洪水流量-频率分布图，如图 11.23 所示。

可以将图 11.23 中的频率视为降雨的频率，在降雨频率曲线上查找相应时段雨量。具体方法为：点绘设计洪峰与对应频率的关系曲线 $Q_{m,p}\text{-}P$。利用临界流量，在 $Q_{m,p}\text{-}P$ 上

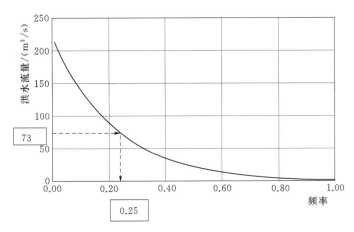

图 11.23 典型频率洪水流量-频率分布图

查出对应的频率，在临界雨量与临界流量同频率的假定下，认为该频率 P 就是临界雨量的频率 $P_{\text{发}}$。

由于南山村所在河段临界流量为 73m³/s，根据表 11.31 和图 11.23，得出峰值为临界流量的洪水大约为 4 年一遇。

11.3.3.5 预警指标初值确定

根据图 11.22，以 4 年一遇频率为标准，绘制得到双龙湾流域南山村以上积水区域汇流时间内各时段不同频率设计暴雨频率分布图，如图 11.24 所示。

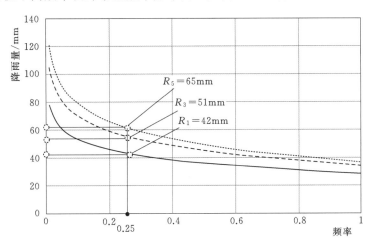

图 11.24 双龙湾流域南山村以上积水区域汇流时间内各时段不同频率设计暴雨频率分布图

从图 11.24 上读出不同时段下的临界雨量成果见表 11.32。

表 11.32 双龙湾流域南山村不同时段下的临界雨量成果

时　段	临界雨量/mm	时　段	临界雨量/mm
1h	42	5h	65
3h	51		

11.3.3.6　预警指标确定

如前所述，在获得临界雨量的基础上，还应考虑流域土壤含水量等因素，分析临界雨量变化阈值，从而获得预警指标。在前面分析中，各时段设计暴雨均是以 24 小时雨量转换得到的，因此，在短历时情况下，已经考虑了洼地蓄水、植被截留的损失，长历时和短历时土壤下渗都是按照稳定下渗确定的，故预警指标见表 11.33。

表 11.33　　　　　　　　　　双龙湾流域南山村预警指标计算结果

时段	情景	临界雨量/mm	预警指标/mm	备注
1h	较干	37	45	稳定下渗率为 2.5mm/h
	一般	39.5	40	稳定下渗率为 2.5mm/h
	较湿	42	40	稳定下渗率为 2.5mm/h
3h	较干	46	55	稳定下渗率为 2.5mm/h
	一般	48.5	50	稳定下渗率为 2.5mm/h
	较湿	51	50	稳定下渗率为 2.5mm/h
5h	较干	60	70	稳定下渗率为 2.5mm/h
	一般	62.5	65	稳定下渗率为 2.5mm/h
	较湿	65	65	稳定下渗率为 2.5mm/h

注　实际操作中 6 小时可以参考 5 小时成果。

此外，预警指标确定还需综合考虑防灾对象所处河段河谷形态、洪水上涨速率、预警响应时间和站点位置等因素，在临界雨量的基础上综合确定准备转移和立即转移的预警指标，根据《云南省暴雨洪水查算实用手册》，在大洪水的平均情况下，整个流域较为饱和，沿河村落所在水文分区前期土壤含水量约为 80%，大致处在较湿的情况，且发生概率较大。因此，建议主要采用流域土壤含水量较湿情况下的临界雨量作为综合预警指标的参考值。

11.3.4　成果讨论

水位流量反推法是雨量预警指标计算的常用方法之一。在设计洪水计算中，运用《云南省暴雨洪水查算手册》中推荐的瞬时单位线法进行计算，计算参数及单位线的推求过程等在手册中都有详细说明，比较符合云南省实际情况，也可采用调查评价工作地图下发的单位线进行计算。

本例中，由于双龙湾流域上游存在供水水库，且水库水位流量关系及调度原则未知，为简单起见，本例采用了直接扣除水库上游积水面积来推求预警指标；另外，本例重点在于说明水位流量反推法的计算方法及过程，计算结果仅供参考。

采用这种方法进行预警指标分析具有所需资料较少、分析计算过程较为简单、成果较为直观等优点，但需要注意以下几点：

（1）暴雨洪水同频率假设，如果小流域中有较多或者等别较高的塘坝、堰坝、小型水库、小闸门等影响流域蓄泄关系的人为措施，应当充分考虑这些措施的影响。

（2）各特征时段典型频率设计雨量由 24 小时雨量根据当地降雨公式转换得到，这是一种设计状态下的处理方法，对于短历时、强降雨条件下的小流域产流、汇流的考虑不足，还需要进一步优化。

（3）临界流量及汇流时间的准确估算，仍然是减少成果不确定性的重要方面。

11.4　降雨驱动指标法实例

11.4.1　情景设置

本方法选择红河州红河县俄垤小流域为例，计算降雨驱动指标。俄垤小流域位于云南省红河县宝华乡境内，地处东经 $102.239°\sim102.42°$，北纬 $23.18°\sim23.251°$ 之间（图 11.25）。流域属低纬度亚热带季风气候类型，多年平均年降水量为 $900\sim1500\text{mm}$，降水量的年际变化不大，年内分配不均，5—10 月为雨季，降水量约占全年的 80%。而旱季 11 月至次年 4 月仅占 20%。全县常出现冬春少雨易干旱，夏秋多雨，时有山洪发生的现象。

图 11.25　俄垤小流域示意图

需要说明的是，本例系采用设计思路进行分析，故没有具体的村落；但是，在此法结果的基础上，针对具体的村落，如果有河道纵横断面及河道比降信息，大致估算出相应的临界流量，根据降雨-洪水同频率的假设，估算出相应的洪水频率，即可大致估算降雨驱动指标。

11.4.2　资料需求

所选择的典型小流域，所需资料如下：

(1)《云南省暴雨洪水查算实用手册》(1992)，需要现势性很强的暴雨图集、水文手册。

(2) 俄垤小流域的历史暴雨洪水调查资料及山洪相关的历史文献资料，包括实际山洪灾害事件数据应具有的洪水位、流量、洪量、峰现时间、典型雨量站点的降雨过程等信息；此外，要特别注意确定山丘区小流域发生山洪灾害的时间，时间精度至少应当具体到小时，以便于确定时段累积雨量 (R_{at})、场次累积雨量 (R_0) 以及降雨强度 (PI) 的起算时间。

(3) 俄垤小流域基本情况，以及沿河村落、城集镇等保护对象所在河道的比降、纵断面与横断面信息；保护对象以上汇水面积等信息；流域汇流时间分析所需的地形资料。

1) 小流域基础信息。俄垤小流域位于云南省红河县宝华乡境内，地处东经 102.239°～102.42°，北纬 23.18°～23.251°之间，面积 79.99km²。

2) 小流域暴雨特性。小流域所在暴雨分区为第 8 区，产流参数分区为第 3 分区，土壤稳定下渗率取 2.2mm/h。

3) 流域坡度、植被覆盖及土壤质地等。俄垤小流域绝大部分区域坡度在 25°～28°之间，靠近流域出口的区域坡度相对较小一些 (图 11.26)；流域土地利用以林地为主，有 63.25km²，植被覆盖较好，林地面积大约占流域面积的 79% (图 11.27)；土壤质地主要为壤土、黏壤土以及砂黏土，分别为 44.95km²、3.99km²、31.05km²，分别占流域面积的 56.2%、5%、38.8%；壤土、砂黏土占了流域面积的 95% (图 11.28)。

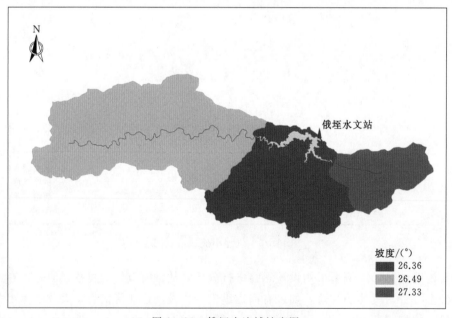

图 11.26　俄垤小流域坡度图

11.4.3　计算步骤

此方法可以根据率定思路和设计思路进行。若有实际山洪灾害事件资料配套，且降雨资料样本量较大，则可以采用率定分析思路进行分析，通过降雨强度 (PI) 统计、前期

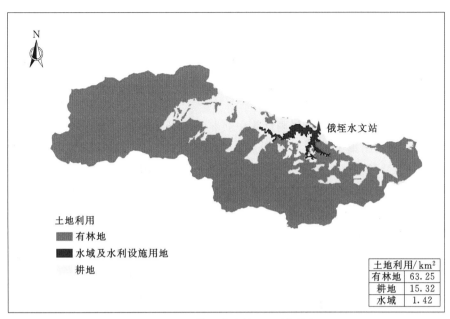

图 11.27　俄垤小流域土地利用图

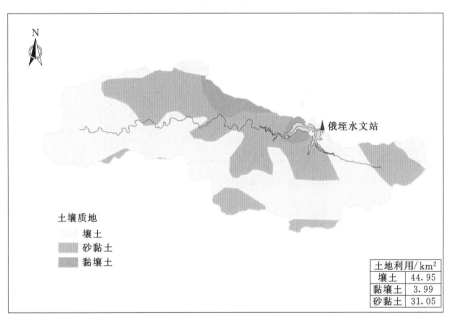

图 11.28　俄垤小流域土壤质地图

降雨（P_a）计算、降雨驱动指标（RTI）计算、临界区确定、阈值分析等分析计算步骤，获得雨量临界区域，进而得到预警指标。

　　本例中，由于没有实际山洪灾害事件配套的大样本降雨资料，采用了设计思路进行分析，即采用设计暴雨设计洪水的思路进行分析，具体包括预警时段确定、降雨强度分析、前期影响雨量分析、降雨驱动指标计算以及预警指标确定等步骤，根据俄垤小流域实际情况，具体方法和步骤介绍如下。

11.4.3.1 预警时段确定

根据俄垤流域汇流时间的估算，得汇流时间约为 6 小时，故预警时间取 1 小时、3 小时、6 小时。

11.4.3.2 降雨强度（PI）分析

由于采用设计思路，从设计暴雨计算中获取降雨强度信息。

根据云南省暴雨图集中年最大 60 分钟、最大 6 小时、最大 24 小时点雨量均值等值线图、相应点雨量 C_v 等值线图和及《云南省暴雨洪水查算实用手册》计算俄垤流域的设计暴雨。查算各历时的暴雨均值、C_v 等值线图，得到俄垤小流域不同时段的暴雨特征参数值。

采用 4 种标准历时加流域汇流时间共 5 个时段，即 10 分钟、1 小时、6 小时、24 小时、τ（汇流时间）。选择 5 种标准频率，即 $P=1\%$、$P=2\%$、$P=5\%$、$P=10\%$、$P=20\%$。

根据云南省暴雨图集中年最大 60 分钟、最大 6 小时、最大 24 小时点雨量均值等值线图、相应点雨量 C_v 等值线图和及《云南省水文手册》分别计算 $P=1\%$、$P=2\%$、$P=5\%$、$P=10\%$、$P=20\%$ 设计暴雨及暴雨时程分配，计算结果见表 11.34。

表 11.34　　　　　　　　　　　俄垤流域各频率设计暴雨计算成果表

流域名称	历时	设计点暴雨量/mm				
		$P=1\%$	$P=2\%$	$P=5\%$	$P=10\%$	$P=20\%$
俄垤流域	1h	91.1	81.8	69	58.9	48.8
	3h	111.8	100.5	85.5	73.3	61.1
	6h	127.1	114.4	97.9	84.2	70.4
	12h	148.8	133.9	114.6	98.6	82.4
	24h	173.3	156	133.5	114.8	96

运用百分比法计算不同重现期各场暴雨的时程分配，以俄垤流域 6 小时暴雨为例，列于表 11.35。

表 11.35　　　　　　　　　　　俄垤流域时段设计暴雨成果表

时段长	时段序号	重现期时段雨量值/mm				
		$P=1\%$	$P=2\%$	$P=5\%$	$P=10\%$	$P=20\%$
1h	1	14.4	12.9	11.0	9.6	7.9
	2	30.2	27.3	23.3	20.0	16.7
	3	41.5	37.3	31.9	27.4	22.9
	4	15.6	14.1	12.0	10.3	8.7
	5	14.0	12.6	10.8	9.3	7.8
	6	11.5	10.3	8.8	7.6	6.3

由此可得，5 种典型频率的最大降雨强度分别为 41.5mm/h、37.3mm/h、31.9mm/h、27.4mm/h、22.9mm/h。

11.4.3.3 前期影响雨量 P_a 分析

由于采用了设计思路，因此，前期影响雨量基于云南省暴雨图集进行的。根据查算云南省暴雨图集中的产流分区图可知俄垤流域在产流参数分区中属于第 3 区，其中 $W_m=100$。根据以往经验和调查评价成果，流域山洪灾害事件多发生的夏季，土壤缺水量很少的情况下，故假设山洪发生的前期影响雨量 $W_0=0.8$，$W_m=80mm$，视为前期影响雨量。

11.4.3.4 降雨驱动指标 (RTI) 计算

根据第一部分关于方法的介绍，降雨驱动指标（RTI）为有效累积雨量（R）和降雨强度（PI）之积。有效累积雨量（R）为场次累积雨量（R_0）和前期降雨（P_a）之和。即

$$RTI = PI \times R \tag{11.8}$$

$$R = R_0 + P_a \tag{11.9}$$

计算时，应当分析出每次山洪事件中山洪发生时的相应时段的降雨强度（PI）及该时刻之前的有效累积雨量（R），最后计算出该次山洪事件的降雨驱动指标（RTI）值；如果不知道该次山洪发生的时刻，则以该场降雨事件的最大相应时段降雨强度（PI）及其之前的有效累积雨量（R）的乘积，计算出该次山洪事件的降雨驱动指标（RTI）值。

为此，编制降雨驱动指标计算表，见表 11.36。表中前期雨量为第 3 步分析的流域土壤含水量；查找不同频率不同设计暴雨时程分配中最大的小时雨量列于第（2）列；计算最大小时雨量前的降雨累积值，即场次累积雨量，列于第（3）列；第（1）列与第（3）列的和为有效累积雨量，列于表第（4）列；计算第（2）列与第（4）列的乘积列于表最后一列（5），即为降雨驱动指标值。

表 11.36   **降雨驱动指标计算表**   单位：mm

流域列数	前期雨量 (1)	雨强 PI (2)	场次累积雨量 R_0 (3)	有效累积雨量 R (4)	降雨驱动指标 RTI (5)
	80	41.5	44.6	124.6	5171
	80	37.3	40.2	120.2	4483
	80	31.9	34.3	114.3	3646
	80	27.4	29.6	109.6	3003
	80	22.9	24.7	104.7	2398
	80	50.2	39.3	119.3	5989
	80	45.1	35.3	115.3	5200
俄垤流域	80	38.4	30.0	110.0	4224
	80	32.8	25.7	105.7	3467
	80	27.5	21.4	101.4	2789
	80	54.9	47.6	127.6	7005
	80	49.4	42.8	122.8	6066
	80	42.3	36.7	116.7	4936
	80	36.4	31.6	111.6	4062
	80	30.4	26.4	106.4	3235

11.4.3.5 预警指标值确定

把各流域的降雨驱动指标值用经验频率公式（为某流域驱动指标按照从小到大排序后，第 n 个指标位于第 i 个位置；m 为流域总指标个数）做频率分析，分析见表 11.37。

表 11.37   降雨驱动指标频率分析表

流 域	降雨驱动指标	累积频率/%	流 域	降雨驱动指标	累积频率/%
	2397.63	6		4483.46	56
	2788.50	13		4936.41	63
	3003.04	19		5170.90	69
俄垤流域	3234.56	25	俄垤流域	5200.03	75
	3466.96	31		5988.86	81
	3646.17	38		6066.32	88
	4062.24	44		7005.24	94
	4224.00	50			

由于本例根据设计思路开展，参考 5 年一遇和 20 年一遇山丘区基本的防洪标准，选择 $RTI5$ 即 $RTI=2300$ 的降雨驱动指标值作为预警下临界线，$RTI20$ 即 $RTI=3000$ 的降雨驱动指标值，作为预警下临界线，根据降雨强度和有效累积雨量的反比性质，绘制得到预警指标图如图 11.29 所示。

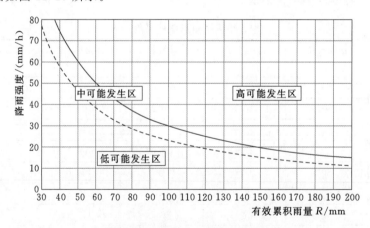

图 11.29   俄垤流域预警指标图

根据此图，可以动态确定预警指标，该指标由小时降雨强度和有效累积雨量两项构成，以 $RTI=2300$ 和 $RTI=3000$ 为临界线，将预警平面图划分为低、中、高三个可能发生区。

11.4.4 成果讨论

降雨指标驱动法可以根据率定思路和设计思路进行。由于没有实际山洪灾害事件配套的大样本降雨资料，本例采用了设计思路进行分析，即采用设计暴雨设计洪水的思路进行分析，具体包括预警时段确定、降雨强度分析、前期影响雨量分析、降雨驱动指标计算以及预警指标确定等步骤，分析计算结果在一定程度上表现为一种动态趋势。一般而言，这种方法的成果在低降雨强度及低有效累积雨量区域内不确定性较高，仍需实际资料进一步率定和验证。

作为一种经验方法，降雨驱动指标法所需历史山洪降雨场次较多，本例假设用设计暴雨进行指标分析得到预警图，与实际情况存在一定偏差，需要在洪水资料丰富后进行大量调整。

如果一个地区或相邻地区有较多山洪事件的降雨资料样本，可以根据率定思路，采用实际样本资料确定降雨驱动指标值，作为预警的上下临界线，根据降雨强度和有效累积雨量的反比性质，绘制出与客观情况较为吻合的预警指标图，在实际工作中逐步调整。

11.5 分布式流域水文模型法实例

11.5.1 情景设置

本例假设木康水文站为防灾对象，探讨采用分布流域水文模型法分析雨量预警指标。木康流域位于滇西区德宏州芒市，纬度 $24.4° \sim 24.6°$，经度 $98.5° \sim 98.8°$（图 11.30），流域面积 $218km^2$，地处低纬高原，热量丰富，气候温和，属南亚热带季风气候，具有夏长冬短、干湿分明、冬无严寒、夏无酷暑，日照时间长、雨量充沛、冬季多雾等特点。年平均气温 $19.6℃$，最热月（6 月）平均气温 $24.1℃$，最冷月（1 月）平均气温 $12.3℃$。年

图 11.30 木康流域地形影像及地理位置示意图

平均降水量 1654.6mm，雨季（5—10 月）降水量占全年降水量 89%，年平均降雨日数为 170 天。

流域内无多年实测降水资料，水文站断面处成灾流量为 527m³/s，计算流域土壤含水量较湿、一般以及较干条件下 3 小时预警指标。本例采用 HEC－HMS 模型，该模型是美国陆军工程师团水文工程中心的水文建模系统计算机程序，可以模拟自然或人工状态下流域降雨-径流及洪水演进过程。模型模拟过程主要包括降水、损失、地表径流、水文演进等部分，每部分含有多种算法，供不同模拟需要选择。

11.5.2　资料需求

分布式流域水文模型法需要较多的数据资料作为支撑，本例使用了全国山洪灾害项目组下发的工作底图（包括影像 DOM、小流域 WATA、逐级合并小流域 WSWA、河道 RIVL、土壤类型 SLTA、土地利用 USLU 等图层）、实测河道断面、云南省暴雨图集、云南省水文手册等数据资料，可以概括地分为降雨、地形及水文三大类资料，针对木康站的具体情况，所需主要资料如下。

（1）降雨资料。木康站当地暴雨图集或水文手册等基础资料，整理已有的最新暴雨等值线图、暴雨统计参数等值线图，流域汇流时间历时降雨雨型时间序列，时间步长。

（2）地形资料。木康站控制流域及其子流域集水区的面积、各集水区平均坡度（图 11.31）、各等级河道的平均长度、平均坡度、集水区主流平均坡度、土地利用信息、植被覆盖信息（图 11.32）、土壤类型（图 11.33）、结构及分布信息，以及保护对象所在地点局部河段的河道比降、纵断面、横断面信息等，如图 11.34 所示。

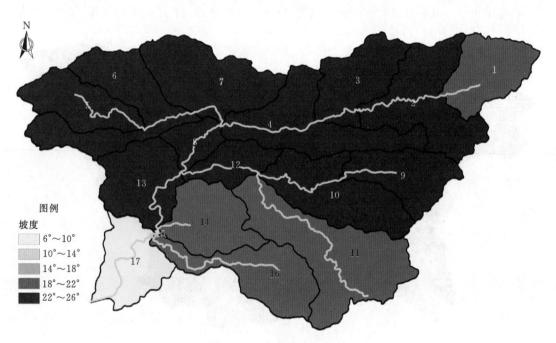

图 11.31　木康流域坡度图

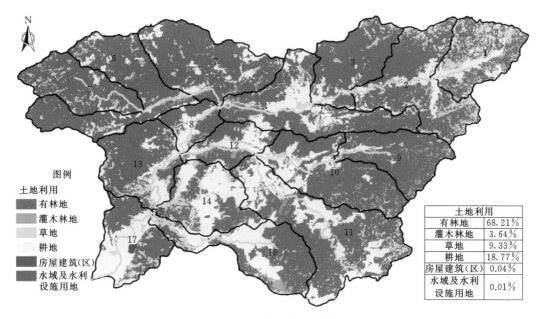

图 11.32　木康流域土地利用图

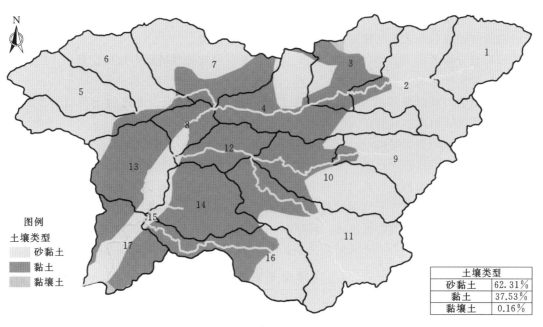

图 11.33　木康流域土壤类型图

（3）水文资料。木康站小流域沟（河）道的特征水位和特征流量等信息。主要包括水位、流量、已有的历史暴雨洪水调查资料及有关山洪记载的历史文献资料等。其中，水位资料为山洪灾害发生期洪水位要素；流量资料为山洪灾害发生期洪水要素；调查资料的实测洪水比降、根据实测资料率定的河道糙率等。

木康站断面临界流量计算成果见表 11.38。

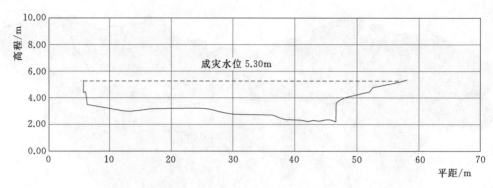

图 11.34 木康水文站河道断面图

表 11.38　　　　　　　　　　　　木康站断面临界流量计算成果

成灾水位 /m	过流面积 /m²	湿周 /m	水力半径 /m	糙率	比降 /‰	流速 /(m/s)	流量 /(m³/s)
5.3	115	54.6	2.11	0.03	7	4.58	527

11.5.3　计算步骤

11.5.3.1　模型构建

对流域建立分布式水文模型时，应特别注意以下几点：

（1）充分参考居民集中居住地、工矿企业和基础设施等预警地点地理位置，适当划分子流域，确定子流域、河段、源点、汇点、合流、分汊等计算对象和单元。

（2）结合计算对象和单元的地形地貌特征、植被覆盖情况、土地利用类型、土壤类型、河道特征，输入各计算单元的基本信息。

（3）采用流域典型降雨-径流事件的资料，进行参数率定和模型验证。

基于全国山洪灾害项目组下发的工作底图文件，根据所在流域的水系特征、植被覆盖情况、土壤质地与类型、计算对象等情况，本例对木康站控制的整个流域划分子流域，提取相关参数。在模型中，子流域设置为子流域单元，不同子流域单元由河道单元相连，当出现水流相汇的地方设置汇流单元。建模时，共划分了 17 个子流域单元，11 个河段，具体模型子流域、河道、汇流单元结构关系如图 11.35 所示，子流域基本参数见表 11.39。

表 11.39　　　　　　　　　　　　子 流 域 基 本 参 数

子流域编号	面积 /km²	平均坡度	最长汇流路径 长度/m	最长汇流路径 比降	主河道长度 /m	主河道坡降
1	11.61	0.3793	6034	0.0918	2188	0.0628
2	18.42	0.4108	11084	0.0459	5673	0.0371
3	12.13	0.4457	8268	0.0542	2477	0.0387
4	18.16	0.4162	12433	0.044	5333	0.0270
5	10.89	0.4613	8862	0.0917	5417	0.0790
6	17.94	0.4453	10605	0.0561	2987	0.0319

续表

子流域编号	面积/km²	平均坡度	最长汇流路径长度/m	最长汇流路径比降	主河道长度/m	主河道坡降
7	17.92	0.4483	7323	0.0876	2306	0.0602
8	4.83	0.4809	4615	0.0334	4036	0.0217
9	11.24	0.4656	7524	0.0791	3450	0.0585
10	17.01	0.4177	11546	0.0558	5389	0.0295
11	25.85	0.3716	16474	0.0537	11675	0.0517
12	6.52	0.4088	6691	0.0373	4365	0.0226
13	13.41	0.413	8621	0.0276	4962	0.0092
14	12.48	0.3441	6391	0.0516	1761	0.0116
15	0.11	0.1512	776	0.0584	241	0.0000
16	14.37	0.3872	12598	0.0515	8823	0.0336
17	6.30	0.1647	3805	0.0122	2452	0.0066

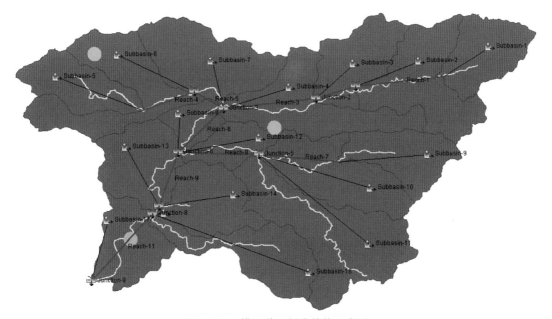

图 11.35 模型单元划分结构示意图

同时计算提取各个子流域的各类土壤类型和土地利用的面积占比，具体见表 11.40，供下一步参数计算使用。

表 11.40　　　　　　　　子流域土壤类型与土地利用占比

子流域编号	砂黏土/%	黏壤土/%	黏土/%	有林地/%	灌木林地/%	草地/%	耕地/%	房屋建筑（区）/%	水域及水利设施用地/%
1	100.00	0.00	0.00	49.26	8.62	25.96	16.15	0.00	0.00
2	91.72	0.00	8.28	69.44	5.02	13.82	11.73	0.00	0.00

续表

子流域编号	砂黏土/%	黏壤土/%	黏土/%	有林地/%	灌木林地/%	草地/%	耕地/%	房屋建筑（区）/%	水域及水利设施用地/%
3	51.11	2.02	46.87	84.44	1.47	6.81	7.27	0.00	0.00
4	46.10	0.00	53.90	65.90	3.60	9.47	21.03	0.00	0.00
5	99.94	0.00	0.06	87.50	1.15	8.52	2.84	0.00	0.00
6	90.12	0.00	9.88	83.31	2.33	6.56	7.80	0.00	0.00
7	65.18	0.00	34.82	82.42	1.90	5.79	9.88	0.00	0.00
8	17.14	0.00	82.86	59.57	4.29	6.49	29.65	0.00	0.00
9	92.61	0.00	7.39	87.82	5.62	3.57	2.99	0.00	0.00
10	58.21	0.00	41.79	73.08	5.48	5.41	16.02	0.00	0.00
11	74.97	0.00	25.03	58.79	3.23	6.30	31.68	0.00	0.00
12	2.33	0.00	97.67	53.69	7.14	10.90	28.27	0.00	0.00
13	27.49	0.00	72.51	72.61	1.57	12.00	13.83	0.00	0.00
14	6.84	0.00	93.16	40.09	2.39	15.21	42.32	0.00	0.00
15	79.03	0.00	20.97	30.12	5.58	45.73	18.57	0.00	0.00
16	50.10	0.00	49.90	55.48	5.06	7.44	32.02	0.00	0.00
17	36.13	1.70	62.17	46.56	0.37	9.55	41.82	1.51	0.20

11.5.3.2 降雨设置

雨量初值以 24 小时雨量给出，采用雨力公式，确定所拟定的各预警时段的总雨量，并按雨型分布，计算得到各个降雨时间步长的雨量，得到相应的降雨过程系列，作为模型试算最初的输入条件。本例中，根据《云南省暴雨洪水查算实用手册》中年最大 24 小时点雨量均值等值线图、相应点雨量 C_v 等值线图，计算木康流域的设计暴雨，暴雨时程分配参照 "云南省第四分区 24 小时雨型分配表"；根据雨峰所在时段为起始时段，向左向右分别增加时段，直至累计时段数与所计算小流域的汇流时间大致相等时为止，各时段雨量按该表比例设置，作为初值代入模型中进行计算。

具体的初步降雨按如下方法设置：根据《云南省暴雨洪水查算实用手册》中年最大 24 小时点雨量均值等值线图、相应点雨量 C_v 等值线图和及《云南省水文手册》计算木康流域的设计暴雨，计算成果见表 11.41。

表 11.41　　　　　　　　　　设 计 暴 雨 计 算 成 果

历时	均值	变差系数	C_s/C_v	重现期雨量值 H_p/mm				
				$H_{1\%}$	$H_{2\%}$	$H_{5\%}$	$H_{10\%}$	$H_{20\%}$
10min	16.2	0.37	3.5	35	32	28	24	21
1h	44.7	0.39	3.5	101	92	78	68	57
6h	69.9	0.38	3.5	156	141	121	105	89
24h	96.0	0.37	3.5	210	191	164	144	122

暴雨时程分配参照"云南省第四分区 24 小时雨型分配表";根据雨峰所在时段为起始时段,向左向右分别增加时段,直至累计时段数与所计算小流域的汇流时间大致相等时为止,各时段雨量按该表比例设置,成果见表 11.42。

表 11.42　　　　　　　　　　　　　3 小时暴雨时程分配

时段序号	重现期时段雨量值/mm				
	100 年（$Q_{1\%}$）	50 年（$Q_{2\%}$）	20 年（$Q_{5\%}$）	10 年（$Q_{10\%}$）	5 年（$Q_{20\%}$）
1	101	92	78	68	57
2	19	16	15	13	11
3	12	11	10	8	8

11.5.3.3　损失设置

根据山丘区暴雨山洪短历时、强降雨、大比降、小面积等特点,本例忽略蒸散部分的损失,损失包括初损和土壤渗透两部分。

初损主要指植被冠层截留和填洼,通过子流域内各类土地利用占比估算数值,具体见表 11.43。

表 11.43　　　　　　　土地利用方式及其对应的雨量初损值设置　　　　　　单位:mm

土地利用土壤含水量	有林地与灌木林地	草地	耕地	房屋建筑（区）	水域及水利设施用地
较干	16	12	8	4	0
一般	12	9	6	3	0
较湿	8	6	4	2	0

土壤渗透采用 SCS 曲线数损失模型计算,该方法综合考虑了累计降雨量、土壤类型、土地利用等因素,计算方法如下:

$$P_e = \frac{(P-0.2S)^2}{P+0.8S}$$

$$S = \frac{25400-254CN}{CN}$$

式中:P_e 为时间 t 时的累计净降雨,mm;P 为时间 t 时的降雨深度,mm;S 为潜在的最大截留,mm,是集水区吸收和截留暴雨降雨能力的度量;CN 为关于土壤类型、土地利用等因素的参数,估算时首先由土壤类型确定土壤的水文分区,见表 11.44,再根据土地利用查表计算得 CN 值,见表 11.45。

表 11.44　　　　　　　　　　　　土壤类型与水文分区关系

土壤类型	水文分区	分　区　特　征　描　述
砂土	A	较厚的沙地、黄土以及聚合的泥沙
砂壤土	B	较浅的砂质黄土、砂壤土、壤土
壤土、黏土	C	黏质壤土、浅砂质壤土、有机物含量低的土壤、黏土含量高的土壤
湿土、盐碱土	D	因湿润、高塑性黏土含量、或高含盐量而明显膨胀的土壤

表 11.45　　　　　　　　　　　　**CN 值查算表**

植 被 覆 盖	水文条件	土 壤 水 文 分 组			
		A	B	C	D
牧场、草地或者为放牧提供饲料的连续区域	很差	68	79	86	89
	一般	49	69	79	84
	良好	39	61	74	80
连续草地，为放牧提供饲料提供保护，仅能用镰刀割草的区域	—	30	58	71	78
以灌木丛为主的灌木、杂草、草坪混合覆盖	很差	48	67	77	83
	一般	35	56	70	77
	良好	30	48	65	73
树草组合（果园或者树林农场）	很差	57	73	82	86
	一般	43	65	76	82
	良好	32	58	72	79
树木	很差	45	66	77	83
	一般	36	60	73	79
	良好	30	55	70	77
农场-建筑物、小路、私人车道以及周围所有事物	—	59	74	82	86

表 11.46 给出了本例中各子流域的 CN 值及其在流域土壤含水量较干、一般和较湿三种情况下的初损值。

表 11.46　　　　　　　　　　　　**损失输入参数计算成果**

子流域编号	CN	初损-较干/mm	初损-一般/mm	初损-较湿/mm
1	67.83	13.7	10.3	6.8
2	67.47	14.5	10.9	7.3
3	69.43	15.1	11.4	7.6
4	71.43	13.9	10.5	7.0
5	65.60	15.4	11.6	7.7
6	66.88	15.1	11.3	7.6
7	68.79	15.0	11.2	7.5
8	74.08	13.4	10.0	6.7
9	66.00	15.6	11.7	7.8
10	69.98	14.5	10.9	7.3
11	70.90	13.2	9.9	6.6
12	74.91	13.3	10.0	6.7
13	71.85	14.4	10.8	7.2

子流域编号	CN	初损-较干/mm	初损——般/mm	初损-较湿/mm
14	76.16	12.0	9.0	6.0
15	69.93	12.7	9.5	6.3
16	72.42	13.1	9.9	6.6
17	74.74	12.1	9.0	6.0

11.5.3.4　汇流计算

地表径流部分采用 SCS 单位线方法计算。该方法的核心是一个无量纲单位线，如图 11.36 所示。该单位线将任意时间 t 的单位线流量 U_t 表示为一个系数乘以单位线峰值 U 和单位线峰值时间的分数 T_p，如图 11.36 所示。

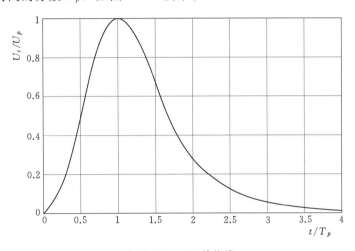

图 11.36　SCS 单位线

SCS 的研究建议单位线峰值和单位线峰值时间的关系为

$$U_p = 2.08 \frac{A}{T_p}$$

$$T_p = \frac{\Delta t}{2} + t_{lag}$$

式中：A 为子流域面积，km^2；Δt 为模型计算间隔，min；t_{lag} 为子流域的洪峰延时，min，其定义为单位线峰值时间与降雨中心位置时间的差，估算公式为

$$t_{lag} = 60 \frac{L^{0.8} \times (S+1)^{0.7}}{1900 \times Y^{0.5}}$$

$$S = \frac{1000}{CN} - 10$$

式中：L 为子流域最长汇流路径长度；Y 为子流域平均坡度，％，此公式中的 S 因为是英尺-磅单位系统需转换计算方法。

各子流域 t_{lag} 计算成果见表 11.47。

表 11.47 子流域 t_{lag} 计算成果

子流域编号	t_{lag}/min	子流域编号	t_{lag}/min	子流域编号	t_{lag}/min
1	48	7	50	13	55
2	76	8	29	14	42
3	55	9	54	15	14
4	74	10	73	16	76
5	63	11	100	17	42
6	71	12	42		

11.5.3.5 洪水演进计算

河道演进采用运动波法，该方法是连续方程及动量方程的有限差分近似法，在各水力学文献、专著中介绍很多，本书不再详述其原理。该方法在模型中需要河道长度、河道比降、河道曼宁系数 n、河槽形状、河道底宽、边坡坡度等参数。

河道曼宁系数 n 根据河道曲折程度、河底材质、植被生长情况估算，参见表 11.48。

表 11.48 河道运动波法相关参数

河道编号	河道长度/m	河道比降	河道曼宁系数 n	河槽形状	河道底宽/m	边坡坡度（底:高）
1	5673	0.0371	0.045	梯形	2.59	4
2	2477	0.0387	0.045	梯形	3.49	4
3	5333	0.0270	0.045	梯形	4.15	4
4	2987	0.0319	0.045	梯形	2.52	4
5	2306	0.0602	0.045	梯形	3.55	4
6	4036	0.0217	0.045	梯形	6.09	4
7	5389	0.0295	0.045	梯形	2.52	4
8	4365	0.0226	0.045	梯形	4.41	4
9	4962	0.0092	0.045	梯形	7.80	4
10	241	0.0001	0.045	梯形	8.21	4
11	2452	0.0066	0.045	梯形	8.55	4

本例中由于缺乏上游实测断面资料，故采用木康水文站处断面数据设定河槽形状、河道底宽、边坡坡度参数，其中

$$\frac{河道底宽}{流域出口断面底宽} = \sqrt{\frac{河道上游集水面积}{全流域集水面积}}$$

11.5.3.6 参数率定

1976 年 7 月 30 日，木康站所在流域发生洪水，本例以该场次洪水的降雨及流量资料，对各子流域的 CN 值等关键参数进行了率定。

降水资料来自木康流域三个测站实测资料，见表 11.49。模拟降水值通过反距离平方方法将三个测站与各个子流域指定位置（本例采用子流域型心点）距离计算。

表 11.49	木康、桦桃岭、背阴山三站降雨数据（1976 年 7 月 30 日）		单位：mm
时　　间	木康站	桦桃岭站	背阴山站
16：00	0.00	57.65	52.49
17：00	40.00	1.08	0.98
18：00	0.75	1.08	0.98
19：00	0.75	0.36	0.33
20：00	0.25	0.36	0.33
21：00	0.25	0.00	0.00

运行模型后将模拟值与实测洪峰流量对比，结果如图 11.37 和表 11.50 所示。

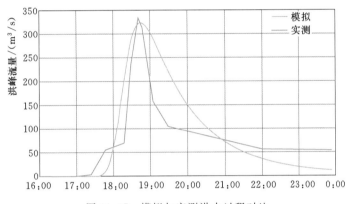

图 11.37　模拟与实测洪水过程对比

表 11.50	模　拟　成　果　对　比	
项　　目	洪峰流量/（m³/s）	洪峰时间/min
实测值	332.8	162（18：42）
模拟值	323.5	168（18：48）
差值	9.3	−6
误差百分比	2.8%	−3.7%

HMS 提供了 Sum of absolute errors、Sum of squared residuals、Percent error in peak、Peak - weighted root mean square error 等优化目标函数。本例中 Sum of absolute errors 优化结果最佳，计算成果在洪水峰量与峰值两方面都与实测流量吻合较好，反映了模型计算成果的可用性。

11.5.3.7　预警指标计算

采用试算法进行，具体操作是先假定一个初始雨量，并按雨量及雨型分析得到相应的降雨过程系列作为初始输入值，计算预警地点的洪水过程。比较计算所得的洪峰流量与预警地点的预警流量，如果二者接近，该雨量即为该时段的临界雨量；如果差异较大，需重新设定初始雨量，反复进行试算，直至计算所得的洪峰流量与预警地点的预警流量差值小于预定的允许误差为止。

本例中，将较干、较湿及一般土壤含水量三种条件下初损值与降雨量输入模型，设置计算时间步长为 5 分钟，当试算出洪峰流量与成灾流量非常接近时，获得相应的临界雨量，经分析后，得到三种条件下 3h 的临界雨量及预警指标计算成果，见表 11.51。

表 11.51　　　　三种土壤含水量条件下木康典型时段临界雨量及预警指标

土壤含水量状态		较干	一般	较湿
临界雨量/mm	1h	69.0	65.5	62.0
	2h	72.3	68.7	65.3
	3h	79.4	76.0	72.7
预警指标/mm	1h	70	65	60
	2h	75	70	65
	3h	80	75	70

11.5.4　成果讨论

本例采用分布式水文模型方法，对德宏州芒市木康水文站所在流域的木康站断面进行了分析，得到了相应的雨量预警指标，现对成果初步讨论如下。

（1）预警对象设置与模型建立。分布式水文模型方法可以针对流域内多个重要保护对象进行预警。建模时，应充分参考居民集中居住地、工矿企业和基础设施等预警地点地理位置，适当划分子流域，确定子流域、河段、源点、汇点、合流、分汊等计算对象和单元，为下一步预警指标确定打下基础。本例中，由于资料限制，也为了简单起见，仅选择了木康站作为预警对象进行分析计算，仅从方法角度看，不失一般性。

（2）动态与静态预警指标。采用分布式水文模型方法更重要的意义在于，可以滚动输入降雨、蒸发、流域土壤下渗等基础信息，对保护对象所在节点进行分析计算，进行动态预警。虽然在工具上实现了动态预警的可能，但现在实际工作中，由于资料条件限制，在降雨、流域土壤含水量等方面，仍然是采用设计的思路，进行静态预警指标的计算。本例主要还是静态预警指标计算。

（3）降雨数据输入。在静态预警条件，雨型对预警指标具有重要影响。本例中，根据《云南省暴雨洪水查算实用手册》中年最大 24 小时点雨量均值等值线图、相应点雨量 C_v 等值线图，计算木康流域的设计暴雨，暴雨时程分配参照"云南省第四分区 24h 雨型分配表"；根据该雨型，在 3 小时的降雨中，雨峰在第 1 个小时，并且具有绝对优势；在这样的设计雨型下，1 小时、2 小时、3 小时的临界雨量应当时非常接近的。在具有长期降水观测资料的情况下，降水数据建议使用站点实测典型雨型（雨锋靠前、居中以及靠后）资料进行分析，以提高精度。

（4）参数率定。采用流域典型降雨-径流事件的配套资料，进行参数率定和模型验证，逐步使模型符合小流域实际情况数，进一步提升模型精确度，是十分重要而细致的任务。

（5）动态预警。如有实测蒸发、土壤含水量数据支撑，模型可改进为连续模拟模型，用于山洪灾害动态预警指标的模拟，进而获得动态预警指标，动态预警也是下一步研究与应用的重要方向。

11.6 上下游相应水位法实例

11.6.1 情景设置

在本例中，由于未收集到云南省境内相应配套资料，以长江万县站和三斗坪站（两站相距约 290km）资料为例进行实例应用与检验的说明。假定在下游三斗坪附近处有一沿河村落，成灾水位为 68.30m，目标是通过上游万县站的洪水水位，向该村落进行水位预警。

11.6.2 资料需求

由于干流起最主要作用，为了简单起见，忽略中间支流，亦即将本情景视为无支流的情况。在这种情况下，根据上游站和下游站的实测水位过程线，摘录相应的特征点即洪峰水位值及其出现时间，并绘制相应洪峰水位相关曲线及其传播时间曲线作为预报方案。

根据本例情况，表 11.52 给出了长江该河段 1974 年 6 月 13 日、14 日，6 月 22 日、23 日，7 月 31 日、8 月 1 日以及 8 月 12—13 日，共 4 次洪水，在万县站和三斗坪站之间的传播情况，含洪水位和传播时间；图 11.38 给出了万县站—三斗坪站相应洪峰水位及传播时间关系曲线图，图中，左边部分给出了在万县站和三斗坪站相应洪峰对应的水位，右边部分则给出了相应洪峰的滞时信息。

表 11.52 长江万县站—三斗坪站相应洪峰水位及传播时间

万 县 站		三 斗 坪 站		传播时间 /h
时间/(年-月-日)	水位/m	时间/(年-月-日)	水位/m	
1974 - 06 - 13	112.40	1974 - 06 - 14	54.80	30
1974 - 06 - 22	116.74	1974 - 06 - 23	57.20	27
1974 - 07 - 31	123.78	1974 - 08 - 01	62.76	31
1974 - 08 - 12	137.21	1974 - 08 - 13	71.43	17
…	…	…	…	…

11.6.3 计算步骤

如假设所述，山洪预警村落其成灾水位为 68.30m，通过查万县站—三斗坪站相应洪峰水位及传播时间关系曲线图，可以得到当三斗坪水位为 68.30m 时，同相位对应上游万县站的水位为 132.24m，两站之间洪水传播需要的时间为 21 小时，如图 11.39 所示。当万县站水位达到 132.24m 后大约 21 小时，三斗坪站水位将会达到 68.30m，预警的沿河村落将有被山洪侵袭的风险。

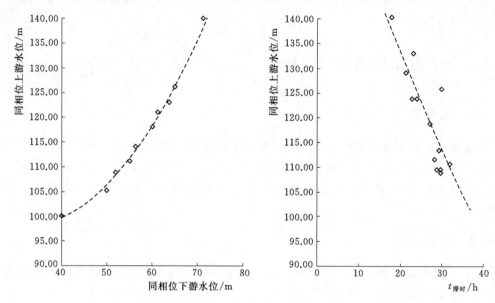

图 11.38　万县站—三斗坪站相应洪峰水位及传播时间关系曲线图

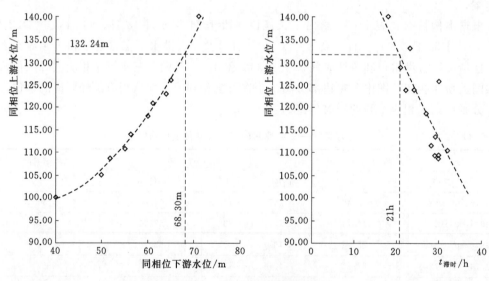

图 11.39　三斗坪水位预警示意图

　　故对于该村落，其预警站点为万县站，预警水位为 132.24m，当万县站洪水水位到达该水位时，应当对该村落发出预警信息，预警预见期大致为 21 小时，并采取相应的有效措施。

11.6.4　成果讨论

　　由于资料条件所限，本例选择了较大江河进行示例；在针对山丘区的村落进行预警时，预见期更短，按照《山洪灾害分析评价技术要求》的规定，应当在 0.5 小时以上，这是在实际操作中需要注意的。另外，本例中由于上下游站相距较远，实际过程中区间来流也是有一定影响的，在山丘区小河流中，上游预警站点和下游保护对象之间的区间来流较小，一般情况下可忽略不计。

（1）阈值分析。实际工作中确定成灾水位具有一定难度，如果附近有堤防等防洪工程，可以参考其特征水位，如设防水位、警戒水位、保证水位等，以便于不同等级的预警对应，并据此反推上游预警站点的相应预警水位。

（2）其他。由于资料条件所限，本例选择了较大江河进行示例；在针对山丘区的村落进行预警时，预见期更短，按照《山洪灾害分析评价技术要求》的规定，应当在 0.5 小时以上，这是在实际操作中需要注意的。另外，本例中由于上下游站相距较远，实际过程中区间来流也是有一定影响的，在山丘区小河流中，上游预警站点和下游保护对象之间的区间来流较小，一般情况下可忽略不计。

实际工作中确定成灾水位具有一定难度，如果附近有堤防等防洪工程，可以参考其特征水位，如设防水位、警戒水位、保证水位等，以便于不同等级的预警对应，并据此反推上游预警站点的相应预警水位。

11.7　流域模型推理法的实例计算步骤

11.7.1　工程实例

在云南省永平县某中型水库工程可行性研究设计阶段的洪水影响评价中（已获批复），输水干管跨越倒流河干流的主要有四条一级支流，四个跨越断面的控制流域面积为 $0.95 \sim 16.7 \mathrm{km}^2$。为了分析跨越断面所属河段的水流冲刷，需要分析推求四个跨越断面的设计洪峰流量，其中杨铁箐、小黑箐两个断面的控制流域属于特小流域，采用了流域模型推理法分析推求设计洪峰流量，在此以最小流域（$0.95 \mathrm{km}^2$，特小流域）小黑箐断面（图 11.40）为例进行分析计算步骤说明。

11.7.2　计算方法及过程

根据实测地形图量算流域特征值，即流域面积（$F_特$）、河道长（$L_特$）、河道长（$J_特$），量算的技术要求与"图表"中规定的相一致。

表 11.53　　　　　　　　　小黑箐断面流域特征参数表

名　称	流域面积 $F_特$/km²	河道长 $L_特$/km	河道比降 $J_特$
数值	0.95	2.02	0.2333

（1）小流域情景特征值。先放大表 11.53 中特小流域为五个（最少）小流域情景，流域面积（$F_1 - F_5$）分别为 11.0km²、21.0km²、31.0km²、41.0km²、51.0km²，见表 11.54。本例的流域面积放大倍比系数（X）为 11.58 ~ 53.68、河道长放大倍比系数（$\sqrt{X}$）为 3.40 ~ 7.33、河道比降（直接为 $J_特$）放大倍比系数均为 1。

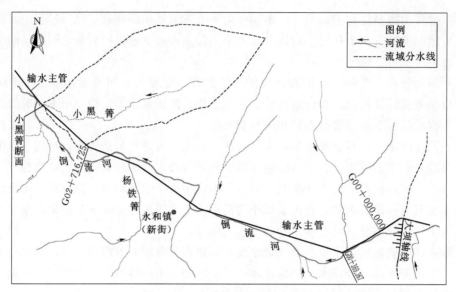

图 11.40　小黑箐断面流域位置图

表 11.54　　　　　　　　　　　　　　小流域情景特征参数表

情景序号	流域面积			河道长			河道比降		
	符号	放大倍比系数	数值/km²	符号	放大倍比系数	数值/km	符号	放大倍比系数	数值
5	F_5	53.68	51.0	L_5	7.33	14.80	J_5	1	0.2333
4	F_4	43.16	41.0	L_4	6.57	13.27	J_4	1	0.2333
3	F_3	32.63	31.0	L_3	5.71	11.54	J_3	1	0.2333
2	F_2	22.11	21.0	L_2	4.70	9.50	J_2	1	0.2333
1	F_1	11.58	11.0	L_1	3.40	6.87	J_1	1	0.2333

　　本例的流域面积、河道长的放大倍比系数均仅属本特例，不同的特小流域的放大倍比系数或是放大为哪 5 级、多少级的小流域，均视使用者的便利而为，只要满足小流域面积大于 10km² 且小于 70km²，而且最小级的小流域稍大于 10km²；或者是小流域面积的相邻两级差（dF_1），流域面积 10km² 与特小流域面积差（dF_2），以 dF_1 与 dF_2 基本接近为宜，这样均满足流域模型推理法的基本要求。

　　（2）暴雨参数。暴雨参数可由多种方法分析取得，本例采用与水库入库洪水的暴雨参数相同，属于查阅"图表"的成果。

　　小流域情景与特小流域同属一地，暴雨参数相同（表 11.55）。

表 11.55　　　　　　　　　　　小流域情景及特小流域暴雨参数表

1 小时			6 小时			24 小时		
均值/mm	C_v 值	C_s 值	均值/mm	C_v 值	C_s 值	均值/mm	C_v 值	C_s 值
31.2	0.40	$3.5C_v$	49.9	0.45	$3.5C_v$	67.7	0.40	$3.5C_v$

　　（3）暴雨特性分区及产流、汇流参数分区。暴雨特性分区及产流、汇流参数分区根据特小流域的地理位置由"图表"查得。特小流域的暴雨特性分区为第 5 区，产流、汇流分

区均为第 6 区，典型暴雨过程见表 11.56，产汇流参数见表 11.57。

小流域情景与特小流域同属一地，暴雨特性分区及产汇流参数分区相同。

表 11.56 小流域情景及特小流域典型暴雨雨型表

时段 Δt_i	1	2	3	4	5	6	7	8	9	10	11	12
大小序位	18	17	16	15	14	13	12	11	10	9	8	7
时段 Δt_i	13	14	15	16	17	18	19	20	21	22	23	24
大小序位	1	2	3	4	5	6	19	20	21	22	23	24

表 11.57 小流域情景及特小流域产流、汇流参数表

名 称	符 号	单 位	数 值
土壤最大含水量	W_m	mm	150
土壤雨前含水量	W_t	mm	125
稳定入渗率	f_c	mm/h	2.2
深层裂隙滞水	ΔR	mm	7.00
汇流系数	C_m	无量纲	0.60
汇流系数	C_n	无量纲	0.70
基流标准	$Q_{基}$	$m^3/(s \cdot 100km^2)$	2.0

（4）小流域情景的设计洪水计算。小流域情景的流域特征均满足"图表"推求设计洪水的要求，根据流域特征值、暴雨特征值、产流和汇流参数按单位线法可计算得设计洪水过程（详细计算过程略，所用计算软件不同数值会略有差异），且以 $P=3.33\%$ 设计洪水过程为例（表 11.58）。

表 11.58 小流域情景的设计（$P=3.33\%$）洪水过程表 单位：m^3/s

t/h	F_5	F_4	F_3	F_2	F_1
0	3.34	2.81	2.23	1.67	0.95
1	3.55	2.99	2.38	1.78	1.02
2	108	97.7	84.9	68.7	46.4
3	141	121	99.1	73.6	43.2
4	141	118	93.5	66.4	36.6
5	130	107	82.5	56.9	29.9
6	114	92.9	70.4	47.5	24.1
7	98.4	79.1	59.1	39.1	19.3
8	80.4	63.7	46.7	30.1	14.1
9	64.5	50.5	36.4	23.0	10.5
10	51.4	39.9	28.4	17.7	7.89
11	41.1	31.6	22.3	13.8	6.10
12	33.0	25.3	17.7	11.0	4.85
13	26.8	20.4	14.4	8.91	4.00
14	22.0	16.8	11.9	7.44	3.42
15	18.4	14.1	10.0	6.40	3.03
16	15.7	12.1	8.71	5.68	2.77
17	13.7	10.7	7.77	5.18	2.62
18	12.2	9.66	7.12	4.86	2.53

续表

t/h	F_5	F_4	F_3	F_2	F_1
19	11.2	8.93	6.67	4.65	2.48
20	10.4	8.43	6.38	4.53	2.47
21	9.94	8.10	6.21	4.48	2.45
22	9.60	7.90	6.12	4.47	2.42
23	9.41	7.80	6.09	4.43	2.40
24	9.31	7.77	6.03	4.38	2.37
Q_{mp}	141	121	99.1	73.6	46.4
$W_{p24}/万 \ m^3$	421.9	345.8	266.0	184.9	99.5

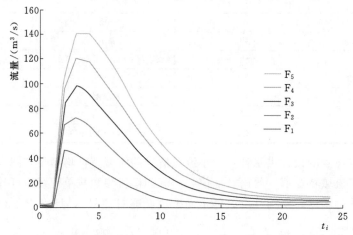

图 11.41　小流域情景的设计（$P=3.33\%$）洪水过程图

（5）特小流域设计洪水计算。设计洪水有洪峰流量、时段洪量、洪水过程等特征量，通常特小流域以洪峰流量对工程规模影响较大，在此以推求特小流域的设计（$P=3.33\%$）洪峰流量为例进行说明（图 11.41）。

对于五个情景的设计洪峰流量（即 $Q_{mp_1}-Q_{mp_5}$），可有下列关系式：

$$Q_{mp}=a_p(F \cdot L)^{k_p} \tag{11.10}$$

式中：Q_{mp} 为设计洪峰流量；k_p 为与频率对应的指数（0，∞）；其他符号意义同前。

式（11.10）两边取对数后为式（11.11）

$$\ln Q_{mp}=\ln a_p+k_p \ln(F \cdot L) \tag{11.11}$$

令 $Y=\ln Q_{mp}$、$X=\ln(F \cdot L)$，根据最小二乘法则有

$$k_p=\frac{\sum(X_i-\overline{X})(Y_i-\overline{Y})}{\sum(X_i-\overline{X})^2}$$

$$\ln a_p=\overline{Y}-k_p \overline{X}$$

$$a_p=e^{\ln a_p}$$

绘制 $[\ln(F_1 L_1),\ln Q_{mp_1}]\sim[\ln(F_5 L_5),\ln Q_{mp_5}]$ 五个数据点（图 11.42 中"○"点），数据点群呈直线分布。对数据点群进行最小二乘法相关线拟合，可得到 a_p、k_p 值，分别为 5.6775、0.4853。计算过程见表 11.59。

表 11.59　　　　特小流域的设计（$P=3.33\%$）洪峰流量计算表

流域		序号/项	流域面积 F/km^2	河道长 L/km	洪峰流量 $Q_{mp}/(\mathrm{m}^3/\mathrm{s})$	$\ln(F\cdot L)$ 令为 X	$\ln Q_{mp}$ 令为 Y	$(X_i-\overline{X})$	$(X_i-\overline{X})^2$	$(Y_i-\overline{Y})$	$(X_i-\overline{X})(Y_i-\overline{Y})$
放大的小流域情景		5	51.0	14.80	141	6.626453	4.948760	0.941211	0.88878147	0.4534352	0.42677198
		4	41.0	13.27	121	6.299078	4.795791	0.613836	0.376794635	0.3004662	0.18436970
		3	31.0	11.54	99.1	5.879806	4.596129	0.194564	0.03785150	0.1008042	0.019612868
		2	21.0	9.50	73.6	5.295814	4.298645	-0.389428	0.15165167	-0.166798	0.076592621
		1	11.0	6.87	46.4	4.325059	3.837299	-1.360183	1.850097793	-0.6580258	0.895035507
	算术平均					5.685242	4.495325				
	合计								3.302279892		1.60245616
特小流域			0.95	2.02	7.79						

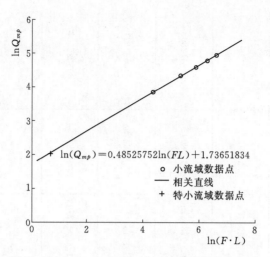

图 11.42　$\ln Q_{mp}$ 与 $\ln(F \cdot L)$ 关系数据点分布图

设计时段洪量也可按照同样的方法和过程计算，在此不做赘述。

设计洪水过程可选稍大于 10km^2 的小流域设计洪水过程为典型，按特小流域设计洪峰流量、洪量同倍比缩放推求，在此不做赘述。

附　　录

A　云南省山洪灾害事件统计情况表（2013—2016 年）

发生时间	市（州）	县/区	乡/镇/村	灾害类型	灾害等级	死亡人数	失踪人数	经度	纬度
2013－06－06	昭通市	永善县	墨翰乡箐林村马家沟	山洪	小型	1		103.7354	27.8223
2013－06－10	玉溪市	元江县	南溪河牛滚塘村	山洪	小型	1		101.8112	23.6114
2013－06－20	昭通市	彝良县	角奎镇发达村	山洪	小型	1		104.1992	27.5521
2013－06－22	昭通市	盐津县	牛寨乡牛寨村	山洪	小型	2		104.3712	28.1112
2013－06－22	昭通市	盐津县	兴隆乡蒿芝村沙坝煤矿	泥石流	小型	2		104.3645	28.1717
2013－06－23	楚雄市	武定县	白路乡西拉村	山洪	小型	2		102.0977	25.6815
2013－06－26	曲靖市	罗平县	阿岗镇乐作村	山洪	小型	1		104.0855	24.9961
2013－06－26	曲靖市	罗平县	马街镇铁厂村、阿岗镇乐作村	山洪	小型	2		104.2408	25.1554
2013－07－02	曲靖市	富源县	墨红镇九河村	滑坡	中型	6		104.1559	25.3751
2013－07－05	文山壮族苗族自治州	马关县	都龙镇堡梁街	泥石流	小型	1	1	104.5242	22.8979
2013－07－05	昭通市	盐津县	盐井镇高桥村	滑坡	中型	5		104.25	28.0805
2013－07－06	昭通市	盐津县	中和镇中堡村	山洪	小型	1		104.091	28.1547
2013－07－17	昭通市	盐津县	牛寨乡安家坪	滑坡	小型	1		104.3757	28.1031
2013－07－18	昭通市	大关县	寿山镇小河村尤家河坝砂石厂	山洪	小型	1		103.9083	27.901
2013－07－20	德宏州	潞西市	芒市镇五岔路	滑坡	小型	2		98.5821	24.4481
2013－07－21	红河州	金平县	铜厂乡勐谢村	滑坡	小型	1		103.0301	22.8212
2013－07－28	保山市	隆阳区	瓦马乡新民村	滑坡	小型			98.9777	25.5684
2013－07－29	大理白族自治州	云龙县	苗尾乡水井村卡房箐河	泥石流	小型	2		99.1277	26.0778
2013－07－29	楚雄市	双柏县	大过口乡蚕豆田村委会新村	山洪	小型	1		101.156	24.8735
2013－08－19	红河州	个旧市	个元公路 k＋16km 处	山洪	中型	1	2	102.0223	23.2556
2013－09－09	大理白族自治州	云龙县	漕涧镇分水岭矿山区	滑坡	小型	1		99.1175	25.7348
2013－09－19	昭通市	永善县	桧溪镇细沙小河	山洪	小型	2		103.8835	28.324
2014－07－01	昭通市	鲁甸县	水磨镇新棚村厂院沟	山洪	小型	1		103.4194	27.2971
2014－07－03	曲靖市	会泽县	矿山镇布卡村	山洪	小型	1		103.6488	26.6469
2014－07－04	曲靖市	宣威市	倘塘镇倘塘村委会	滑坡	小型	1		104.2089	26.4768

发生时间	市（州）	县/区	乡/镇/村	灾害类型	灾害等级	死亡人数	失踪人数	经度	纬度
2014-07-06	昭通市	鲁甸县	乐红乡红布村	滑坡	中型	5	1	103.2604	27.2401
2014-07-06	丽江市	永胜县	东山村委会李子坪村	泥石流	中型	3	2	100.8951	26.3542
2014-07-06	昭通市	鲁甸县	龙头山镇沿河村大坪子社	泥石流	小型	2		103.4402	27.1274
2014-07-07	昭通市	巧家县	崇溪乡龙家河沟	山洪	小型	1		103.1315	26.8565
2014-07-07	昭通市	鲁甸县	龙头山镇沙坝村、沿河村	泥石流	中型	1		103.3828	27.1123
2014-07-09	大理白族自治州	云龙	功果桥镇民主村水磨房箐	泥石流	大型	6	8	99.278	25.6223
2014-07-09	怒江州	福贡县	匹河乡沙瓦村沙瓦河	泥石流	大型		17	98.9159	26.5529
2014-07-10	曲靖市	会泽县	待补镇金牛村三组大棚子	山洪	小型		1	103.2856	26.1268
2014-07-10	迪庆藏族自治州	香格里拉县	上江乡上江三兰二组	泥石流	小型	2		99.6538	27.3714
2014-07-13	玉溪市	新平县	漠沙镇团结村委会那招箐沟处	泥石流	小型	1		101.6989	23.8568
2014-07-16	临沧市	凤庆县	大寺乡羊平公路2km	山洪	小型	1		99.8799	24.7015
2014-07-20	红河州	红河县	迤萨镇齐星寨村委会坝蒿村	山洪	中型	2	1	102.4459	23.3426
2014-07-21	德宏州	潞西市	芒海镇吕允村、五岔路乡五岔村	泥石流	大型	19	3	98.3179	24.7716
2014-07-21	红河州	红河县	乐育乡窝伏垤村委会牛威村	滑坡	小型	2		102.2578	23.2898
2014-07-21	普洱市	江城县	勐烈镇红疆村草皮坝	山洪	小型	1		101.8627	22.5812
2014-07-22	曲靖市	宣威市	板桥镇板桥街道办永安村委会	山洪	小型	1	1	104.0751	26.0854
2014-07-22	红河州	金平县	沙依坡乡阿都波	滑坡	小型	1		103.2125	22.966
2014-07-23	德宏州	梁河县	芒东镇梁河县次竹园	滑坡	小型	1		98.2238	24.6572
2014-07-23	玉溪市	元江县	咪哩乡陆家店	泥石流	中型	5		101.8597	23.5674
2014-07-24	普洱市	镇沅县	古城乡建民村	山洪	小型	1		101.1835	23.6105
2014-07-26	临沧市	双江县	帮丙乡双江县老瓦厂小溪	山洪	中型	1	2	99.8437	23.2537
2014-07-27	德宏州	潞西市	芒市镇	山洪	小型	1		98.5821	24.4481
2014-07-28	保山市	隆阳区	瓦房乡喜坪村上坪组	泥石流	中型	6	2	99.0499	25.4375
2014-07-28	楚雄州	双柏县	法裱镇石头村委会	山洪	小型	1		101.8494	24.5999
2014-07-28	临沧市	云县	幸福镇老鲁山村	泥石流	小型	3		99.9126	24.2014
2014-08-02	临沧市	云县	后箐乡忙弄岭岗组	山洪	小型	1		100.4601	24.3382
2014-08-02	临沧市	凤庆县	三岔河镇康明村龙塘寨小组	滑坡	小型	1		99.8763	24.5067
2014-08-20	怒江州	福贡县	福贡县马吉乡古当村路各布	泥石流	小型		2	98.8711	27.454
2014-09-17	文山壮族苗族自治州	富宁县	里达镇瓦蚌村小组	山洪	小型		1	105.5435	23.518
2015-05-10	昭通市	镇雄县	鱼洞乡	溪河洪水	中型	8	0	105.1505	27.4548
2015-06-21	楚雄州	永仁县	永兴乡白马河村委会	溪河洪水	小型	0	1	101.4965	26.377
2015-06-21	楚雄州	大姚县	三台乡多底河村委会松毛乍小组	溪河洪水	小型	1	1	101.0848	26.007

发生时间	市（州）	县/区	乡/镇/村	灾害类型	灾害等级	死亡人数	失踪人数	经度	纬度
2015-07-14	临沧市	云县	后箐乡梁子组	泥石流	小型	1		100.4601	24.3382
2015-07-14	临沧市	云县	后箐乡梁子组	滑坡	小型	2		100.4601	24.3382
2015-07-24	普洱市	澜沧县	澜沧县雪林乡永广村	溪河洪水	小型	2		99.5634	23.0295
2015-08-05	红河州	开远市	雨洒箐隧洞	溪河洪水	中型	2	1	103.2668	23.7144
2015-08-12	大理白族自治州	云龙县	诺邓镇诺邓村牛舌坪一组雀城箐	泥石流	小型	1		99.3501	25.9165
2015-08-17	昭通市	镇雄县	木桌镇新桥村、罗坎镇大庙村	溪河洪水	中型		4	104.82	27.6854
2015-08-17	昭通市	威信县	扎西镇院子村脚板沟村	溪河洪水	小型	1		105.0509	27.7522
2015-08-25	普洱市	景谷县	威远镇威远村大寨二组	溪河洪水	小型	1		100.7	23.4653
2015-08-26	文山壮族苗族自治州	广南县	底圩村委会同骂小组、坝美镇那洞村委会里孔村小组	溪河洪水	小型	2		104.8823	24.2772
2015-09-03	临沧市	耿马县	大兴乡龚家寨户南组	滑坡	小型	1		99.8015	23.8
2015-09-12	丽江市	宁蒗县	西布河乡西布河村很会刘克章2村	溪河洪水	小型	1		100.7916	26.998
2015-09-16	保山市	昌宁县	漭水镇、田园镇	泥石流	中型	7		99.6999	24.9078
2015-09-16	丽江市	华坪县	船房乡嘎佐村10组	滑坡	小型	1		101.3249	26.8292
2015-09-16	丽江市	华坪县	中心镇田坪村1组大竹林廉租房	溪河洪水	大型	8	4	101.2037	26.6987
2015-10-09	临沧市	耿马县	勐永镇芒来村平掌组芦篙林河	溪河洪水	小型	1		99.8844	23.9558
2015-10-10	保山市	施甸县	姚关镇	溪河洪水	小型		1	99.2304	24.602
2015-10-10	红河州	金平县	阿得博村委会刘家寨	滑坡	小型	2		103.2201	22.9111
2016-04-22	怒江州	兰坪县	兔峨乡果力村三星河	泥石流	中型	6		99.1338	26.1593
2016-04-24	怒江州	泸水县	古登乡色仲村局旺组	滑坡	小型	2		98.857	26.3869
2016-06-04	普洱市	景谷县	正兴镇黄草坝村河西边村民小组	泥石流	小型		1	100.9903	23.5077
2016-06-20	昭通市	威信县	长安镇瓦石村	溪河洪水	小型	1	1	105.049	27.8469
2016-06-20	普洱市	镇沅县	按板镇宣川村六道河组	泥石流	小型	1		100.9626	23.7976
2016-06-29	保山市	隆阳区	瓦马乡	泥石流	小型		1	98.9778	25.5684
2016-07-05	昭通市	盐津县	盐井镇仁和村还路社、普洱镇桐梓村徐家湾社、箭throw村峦堂社、滩头乡雀儿石湾	溪河洪水	中型	3	3	104.2067	28.1317
2016-07-05	昭通市	水富县	太平镇盐井村冷水溪	溪河洪水	小型	2		104.4159	28.6297
2016-07-06	昭通市	盐津县	滩头乡生基村高田小组	泥石流	小型	1		104.2042	28.3792
2016-07-07	昭通市	盐津县	普洱镇串丝村水麻高速上	滑坡	小型	1		104.1346	28.3126
2016-07-11	怒江州	泸水县	古登乡政府所在地	滑坡	小型	1		98.857	26.3869
2016-07-14	临沧市	凤庆县	营盘镇勐统村大寨子打雀山干沟	滑坡	小型	1		99.6966	24.2839
2016-07-17	德宏州	保山市	昌宁县卡斯镇大塘村	滑坡	小型	1		99.3327	24.7764
2016-08-04	德宏州	保山市	三台山乡龙瑞高速路段	泥石流	小型		1	98.3603	24.343

续表

发生时间	市（州）	县/区	乡/镇/村	灾害类型	灾害等级	死亡人数	失踪人数	经度	纬度
2016-08-22	腾冲市	腾冲县	明光镇	溪河洪水	中型	4		98.5415	25.4899
2016-09-03	普洱市	江城县	嘉禾乡隔界村	溪河洪水	小型		1	101.8808	22.7616
2016-09-07	大理白族自治州	鹤庆县	龙开口镇江东小庄河村	溪河洪水	小型		2	100.3921	26.3034
2016-09-07	楚雄州	永仁县	永兴乡迤资村	溪河洪水	小型		1	101.5024	26.3695
2016-09-17	楚雄州	元谋县	黄瓜园镇海洛村	溪河洪水	小型		1	101.8656	25.8121
2016-09-20	临沧市	凤庆县	大寺乡清水村	溪河洪水	小型	1		99.9057	24.6925
2016-09-20	普洱市	景东县	锦屏镇灰窑村	泥石流	小型	1		100.7777	24.5439
2016-09-28	红河州	石屏县	大桥乡大新村	泥石流	小型	1		101.5469	25.3062

B 山洪预警指标体系

山洪预警指标体系

指标种类		指标组成	定义或描述	指标分级	响应行动	选择原则	确定方法	备注
预警指标	临界雨量	①降雨强度；②时段累积雨量；③降雨驱动因子	在设计雨型和前期降雨条件下，洪峰到达警戒水位情况下的降雨强度、时段累积雨量、降雨驱动因子	警戒雨量	准备转移	流域内雨量站达到一定数量，且在地形地貌、预警地点的设置上具有较好的代表性	分布式流域模型法、设计暴雨洪水分析法、降雨分析法等	①根据水位流量关系，基于河道断面地形，将特征流量转化为相对应的警戒、紧急等特征水位；②临界水位的确定方法，主要参考常见水文学专业书籍即可
			在设计雨型和前期降雨条件下，洪峰到达危险水位的降雨强度、时段累积雨量、降雨驱动因子	转移雨量	立即转移			
	临界水位	①水位；②洪峰传播时间；③洪峰衰减程度	有水库、堤防闸门等工程的河道，指工程的警戒水位；无工程的河道，参考危险性评价技术要求规定	警戒水位	准备转移	流域内有中小型水库、山塘、水闸以及河道等具有代表性和指示性的地点，且便于识别特征水位；指示点位于居民集中居住地、工矿企业和基础设施等预警对象的上游	设计暴雨洪水分析法、相关分析法、经验法等	
			有水库、堤防闸门等工程的河道，指工程的紧急水位；无工程的河道，参考危险性评价技术要求规定	转移水位	立即转移			

C 流域汇流时间分析方法

小流域具有很多特性，其中，流域汇流时间与山洪临界雨量和临界水位密切相关。水文学上，将汇流时间定义为水流由集雨区内水力学最远点流至集雨区出口所需的时间。水力学最远点指考虑径流过程中，坡度与糙率等水力因子也会造成影响，不一定是集雨区内几何坐标的最远点。

一般地说，汇流时间取决于降雨特性和下垫面因素两大类。

降雨特性是指降雨的时空分布和降雨强度的变化。降雨在时空分布上的不均匀，决定了流域上产流的不均匀和不同步。水流流程的长短和沿程承受调节作用的大小直接影响着流域汇流过程。暴雨中心分布位置与水流流程长短密切相关。在上游，出口断面的洪水过程的洪峰出现时间较迟，洪水过程线峰形也较平缓；反之，在下游，洪水过程线峰形尖瘦，洪峰出现时间较早。

下垫面因素主要是指流域坡度、河道坡度、水系形状、河网密度及土壤和植被等。森林或植被较好的流域，水流阻力大，汇流速度减低，洪水过程也较平缓。土壤类型对流域产流、壤中流等也有一定程度的影响。但是，对汇流时间影响最大的还是流域坡度、河道坡度、水系形状、河网密度等要素，当水系呈扇状分布时，因沿程水量注入比较集中，其洪水过程线的起落较陡。

可见，流域汇流时间是小流域洪水过程预警的关键性参数，对于预警指标具有重要意义。

由于临界雨量分析主要基于设计暴雨进行，假设在全流域平均降雨，小流域地形地貌及其水系特征成为临界雨量分析中汇流时间计算最为主要的因素。

汇流时间有以下四种分析计算方法：

（1）根据汇流时间定义。根据定义，汇流时间可以表示为

$$\tau_c = \frac{L}{v} \tag{C.1}$$

式中：τ_c 为汇流时间，s；L 为长度，m；v 为径流速度，m/s。

对于地面植被覆盖或坡度变化较大的小流域，应分河段逐个计算汇流时间，进而获得小流域的总汇流时间。即

$$\tau_c = \sum_{j=1}^{N} (\tau_c)_j = \sum_{j=1}^{N} \frac{L_j}{v_j} \tag{C.2}$$

式中：$(\tau_c)_j$ 为第 j 段的汇流时间，s；N 为河段数；L_j 为第 j 段的径流长度，m；v_j 为第 j 段的径流速度，m/s。

有关径流速度的估计，可分为坡面流和渠流两种，流域汇流时间应为坡面流和渠流二者之和。

坡面流速度可以用谢才公式进行计算：

$$v = kS_0^{1/2} \tag{C.3}$$

式中：v 为坡面流速度，m/s；k 为坡面流速度常数；S_0 为坡面流平均坡度。

渠流速度可以用曼宁公式进行计算：

$$v = \frac{1}{n} R^{2/3} S^{1/2} \tag{C.4}$$

式中：v 为流速，m/s；n 为糙度系数；R 为水力半径，m；S 为坡度。

（2）单位线。可以根据单位线的峰现时间估算汇流时间。

（3）水文记录资料。在设有水文测站的小流域，可以用水文记录推求汇流时间。径流过程线退水段的反曲点代表地表径流结束的时间点，故可定义汇流时间等于超量降雨终点至径流过程线反曲点间的时间。

（4）推理公式反推法。

$$Q = 0.278 \frac{h_t}{t} F \tag{C.5}$$

$$\tau_c = 0.278 \frac{L}{m J^{1/3} Q^{1/4}} \tag{C.6}$$

式中：τ_c 为汇流时间，h；L 为长度，km；F 为流域面积，km²；J 为河段平均比降，即自分水岭起根据流程沿线进行计算；Q 为设计洪峰流量，m³/s；t 为时间，h；h_t 为时间 t 内的净雨深，mm；m 为汇流参数，取值时参考附录 2.3 "汇流参数 m 值查用表"。

采用试算法或者图解法求解汇流时间 τ，介绍如下。

1）试算法求解 τ 的主要步骤如下：

a. 设历时 t 初值为 t_1，查 $(R_t/t)-t$ 关系图，得历时 t_1 雨强 (R_t/t)。

b. 采用此雨强 (R_t/t) 代替公式 $Q_m = 0.278 \times F \times (R_t/t)$ 中的雨强 (R_t/t)，计算得到洪峰流量 Q_{m1}。

c. 采用上述计算的洪峰流量 Q_{m1}，代替公式 $\tau = \dfrac{0.278L}{m J^{1/3} Q^{1/4}}$ 中的洪峰流量 Q，计算得到相应的汇流时间 τ_1。

d. 检查 t_1 与 τ_1 是否相等。若 $t_1 = \tau_1$，则 $\tau = \tau_1$，得到汇流时间 τ，计算终止；若 $t_1 \neq \tau_1$，则 $t_2 = \tau_1$，重复 a、b、c 的计算，直至第 i 步 $t_i = \tau_i$，得到汇流时间 τ，计算终止。

2）图解法求解 τ 主要步骤如下：根据面积大小，设三个整数 t，用以上试错法计算相应的 Q_m 及 τ 值，在方格坐标纸上点绘两组曲线，两线交点所对应的纵横坐标即为所求的 Q_m 及 τ 值。

D 参数取值参考表

D.1 坡面流速度常数 k

大类地表覆盖	小类地表覆盖	$k/(\text{m/s})$
森林	茂密矮树林	0.21
	稀疏矮树林	0.43
	大量枯枝落叶	0.76
草地	耐践踏草地	0.30
	茂密草地	0.46
	矮短草地	0.64
	放牧地	0.40
农耕地	有残留作物	0.37
	无残留作物	0.67
农作地	休耕地	1.37
	等高耕	1.40
	直行耕作地	2.77
道路铺面	—	6.22

（据 SCS，1986）

D.2 沟道流糙率系数

沟/渠道情况	最小值	正常值	最大值
混凝土沟/渠道	0.011	0.013	0.015
砖造沟/渠道	0.012	0.015	0.018
顺直土沟/渠	0.018	0.022	0.025
蜿蜒土沟/渠	0.023	0.025	0.030
顺直天然沟/河道	0.025	0.030	0.033
多石块及野草的顺直天然沟/河道	0.030	0.035	0.040
有深潭、浅滩且有石块及野草的蜿蜒天然沟/河道	0.035	0.045	0.050
有深潭、浅滩且有石块及野草的蜿蜒天然沟/河道（低水位）	0.040	0.048	0.055
有深潭且野草丛生的蜿蜒天然沟/河道	0.050	0.070	0.050
有深潭且杂木丛生的蜿蜒天然沟/河道	0.075	0.100	0.150

D.3 洼地蓄水估算方法

洼地描述	蓄水量/mm	备 注
非常不平的地面	15	当山坡坡度在100‰以下时,可采用上述数值;当山坡坡度在100‰~300‰之间时,上述截流水量应减少30%;当山坡坡度>300‰时,上述截流水量应减少50%
一般的地面、铺砌面	10	
极平坦的地面、沥青面	3	

(据《山洪及其防治》,徐在庸,水利出版社,1981)

D.4 常见土壤类型及其下渗率

土壤类型		描 述	下渗率/(mm/h)
砂土	A	较厚的沙地、黄土以及聚合的泥沙	7.62~11.43
砂壤土	B	较浅的砂质黄土、砂壤土、壤土	3.81~7.62
壤土、黏土	C	黏质壤土、浅砂质壤土、低有机物含量的土壤、高黏土含量的土壤	1.27~3.81
湿土、盐碱土	D	因湿润、高塑性黏土含量、或高含盐量而明显膨胀的土壤	0~1.27

(据《HMS用户手册》,美国水土保持局,1986)

D.5 汇流参数 m 值查用表

类别	雨洪特性、河道特征、土壤植被条件简述	推理公式洪水汇流参数 $m \sim \theta = L/J^{1/3}$			
		1~10	10~30	30~90	90~400
I	雨量丰沛的湿润山区,植被条件优良,森林覆盖度可高达70%以上,多为深山原始森林区,枯枝落叶层厚,壤中流较丰富,河床呈山区型大卵石、大砾石河槽,有跌水,洪水多呈缓落型	0.20~0.30	0.30~0.35	0.35~0.40	0.40~0.80
II	南方、东北湿润山丘,植被条件良好,以灌木林、竹林为主的石山区或森林覆盖度可高达40%~50%或流域内以水稻田或优良的草皮为主,河床多砾石、卵石、两岸滩地杂草丛生,大洪水多尖瘦型,中小洪水多为矮胖型	0.30~0.40	0.40~0.50	0.50~0.60	0.60~0.90
III	南、北方地理景观过渡区,植被条件一般,以稀疏林、针叶林、幼林为主的土石山丘区或流域内耕地较多	0.60~0.70	0.70~0.80	0.80~0.95	0.90~1.30
IV	北方半干旱地区,植被条件较差,以荒草坡、梯田或少量的稀疏林为主的土石山丘区,旱作物较多,河道呈宽浅型、间歇性水流,洪水陡涨陡落	1.00~1.30	1.30~1.60	1.60~1.80	1.80~2.20

[据《水利水电工程设计洪水计算规范》(SL 44—2006)]

D.6 *CN* 值查找表

植 被 覆 盖	水文条件	土 壤 水 文 分 组			
		A	B	C	D
牧场、草地或者为放牧提供饲料的连续区域	很差	68	79	86	89
	一般	49	69	79	84
	良好	39	61	74	80
连续草地，为放牧提供饲料提供保护，仅能用镰刀割草的区域	—	30	58	71	78
以灌木丛为主的灌木、杂草、草坪混合覆盖	很差	48	67	77	83
	一般	35	56	70	77
	良好	30	48	65	73
树草组合（果园或者树林农场）	很差	57	73	82	86
	一般	43	65	76	82
	良好	32	58	72	79
树木	很差	45	66	77	83
	一般	36	60	73	79
	良好	30	55	70	77
农场-建筑物、小路、私人车道和以及周围所有事物	—	59	74	82	86

D.7 土壤类型与水文分组关系

土壤类型	水文分组	分 组 特 征
砂土	A	较厚的沙地、黄土以及聚合的泥沙
砂壤土	B	较浅的砂质黄土、砂壤土、壤土
壤土、黏土	C	黏质壤土、浅砂质壤土、低有机物含量的土壤、高黏土含量的土壤
湿土、盐碱土	D	因湿润、高塑性黏土含量、或高含盐量而明显膨胀的土壤

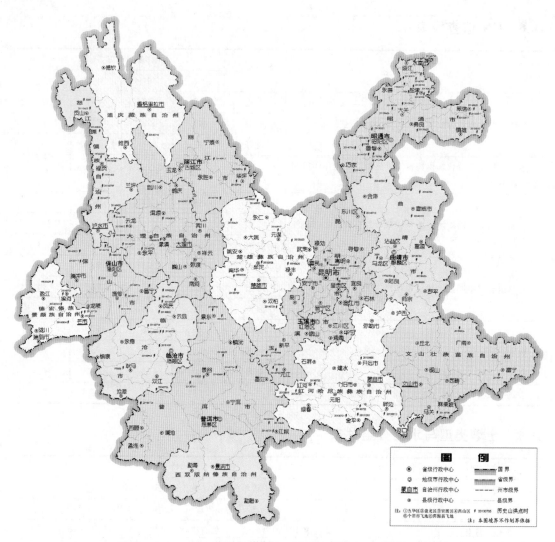

附图　1950—2016 年间云南省主要山洪灾害事件发生地分布图

（据《云南省山洪灾害防治项目实施方案（2013—2015）》（云南省水利水电勘测设计研究院、云南省水利
水电科学研究院，2013 年 5 月），以及云南省 2013—2016 年上报全国山洪灾害防治项目组的数据）

参 考 文 献

［1］ 刘亚森，杨振山，黄耀欢，等. 新中国成立以来中国山洪灾害时空演变格局及驱动因素分析 ［J］. 中国科学：地球科学，2019，49（2）：408－420.

［2］ 郭良，丁留谦，孙东亚，等. 中国山洪灾害防御关键技术 ［J］. 水利学报，2018，49（9）：1123－1136.

［3］ 张平仓，丁文峰，王协康. 山洪灾害监测预警关键技术与集成示范研究构想和成果展望 ［J］. 工程科学与技术，2018，50（5）：1－11.

［4］ 李巍岳，刘春，Scaioni M，等. 基于滑坡敏感性与降水强度—历时的中国浅层降水滑坡时空分析与模拟 ［J］. 中国科学：地球科学，2017，47（4）：473－484.

［5］ 宾建华，窦新英. 乌鲁木齐市小流域山洪灾害临界雨量分区及防治区划研究 ［J］. 水土保持研究，2005，12（05）：252－255.

［6］ 魏丽，胡凯衡，黄远红. 我国与美国、日本山洪灾害现状及防治对比 ［J］. 人民长江，2018，49（4）：29－33.

［7］ 陈桂亚，袁雅鸣，郭进修，等. 山洪灾害防治水文气象站网布设研究 ［J］. 中国水利，2007（14）：42－43，52.

［8］ 陈桂亚，袁雅鸣. 山洪灾害临界雨量分析计算方法研究 ［J］. 人民长江，2005，36（12）：40－43，54.

［9］ 陈建云，林春艳，陈伟. 防治山洪灾害的雨量站布设研究 ［J］. 农业与技术，2015（2）：201.

［10］ 陈瑜彬，杨文发，许银山. 不同土壤含水量的动态临界雨量拟定方法研究 ［J］. 人民长江，2015，46（12）：21－26.

［11］ 陈树群，蔡乔文，陈振宇，等. 筒状模式之土壤雨量指数应用于土石流防灾警戒 ［J］. 中华水土保持学报，2013，44.

［12］ 程卫帅. 山洪灾害临界雨量研究综述 ［J］. 水科学进展，2013，24（6）：901－908.

［13］ 段生荣. 典型小流域山洪灾害临界雨量计算分析 ［J］. 水利规划与设计，2009（2）：20－21，57.

［14］ 樊建勇，单九生，管珉，等. 江西省小流域山洪灾害临界雨量计算分析 ［J］. 气象，2012，38（9）：1110－1114.

［15］ 管珉，申双和，单九生. 江西省暴雨山洪计算模型研究 ［J］. 气象与减灾研究，2008，31（2）：53－57.

［16］ 郭良，唐学哲，孔凡哲. 基于分布式水文模型的山洪灾害预警预报系统研究及应用 ［J］. 中国水利，2007（14）：38－41.

［17］ 国家防汛抗旱总指挥部办公室，中国科学院水利部成都山地灾害与环境研究所. 山洪泥石流滑坡灾害及防治 ［M］. 北京：科学出版社，1994.

［18］ 国家防汛抗旱总指挥部，中华人民共和国水利部. 中国水旱灾害公报2014 ［M］. 北京：中国水利水电出版社，2014.

［19］ 胡娟，闵颖，李华宏，等. 云南省山洪地质灾害气象预报预警方法研究 ［J］. 灾害学，2014，29（1）：62－66.

［20］ 江锦红，邵利萍. 基于降雨观测资料的山洪预警标准 ［J］. 水利学报，2010，41（4）：458－463.

［21］ 李昌志，郭良，刘昌军，等. 基于分布式水文模型的山洪预警临界雨量分析——以涔水南支小流域为例 ［J］. 中国防汛抗旱，2015（1）：70－76.

[22] 李光敦. 水文学 [M]. 台中：五南图书出版社，2005.

[23] 徐继维，于国强，张茂省，等. 舟曲地区泥石流降雨临界阈值 [J]. 山地学报，2017，35（1）：39 - 47.

[24] 李红霞，覃光华，王欣，等. 山洪预报预警技术研究进展 [J]. 水文，2014，34（5）：12 - 16.

[25] 李俊，廖移山，张兵，等. 集合数值预报方法在山洪预报中的初步应用 [J]. 高原气象，2007，26（4）：854 - 861.

[26] 李明熹. 台湾土石流监测及警戒系统之综述 [J]. 水土保持研究，2009，16（6）：239 - 242.

[27] 李明熹. 土石流发生降雨警戒分析及其应用 [D]. 台南：成功大学，2007.

[28] 廖慕科. 多普勒雷达强降水预警在山洪灾害预警中的应用 [J]. 农业灾害研究，2012（4）：84 - 88.

[29] 刘昌军，孙涛，张琦建，等. 无人机激光雷达技术在山洪灾害调查评价中的应用 [J]. 中国水利，2015（21）：49 - 51，62.

[30] 刘福新，樊建军，郑杨罡，等. TWR01A 型天气雷达在山西隰县山洪灾害预警中的应用 [J]. 中国防汛抗旱，2013，23（3）：31 - 33.

[31] 刘瑞龙，王发武，石山. 中国农业百科全书 [M]. 北京：农业出版社，1987.

[32] 刘媛媛，胡昌伟，张红萍，等. 资料匮乏地区山洪灾害临界雨量确定方法分析 [J]. 水利水电技术，2014（8）：15 - 17.

[33] 刘志雨，杨大文，胡健伟. 基于动态临界雨量的中小河流山洪预警方法及其应用 [J]. 北京师范大学学报（自然科学版），2010（3）：317 - 321.

[34] 刘志雨. 山洪预警预报技术研究与应用 [J]. 中国防汛抗旱，2012，22（2）：41 - 45，50.

[35] 乔建平. 滑坡减灾理论与实践 [M]. 北京：科学出版社，1997.

[36] 邱辉，訾丽. WRF 模型在山洪灾害预警预报中的试验应用 [J]. 人民长江，2013，44（13）：5 - 9.

[37] 任国玉，封国林，严中伟. 中国极端气候变化观测研究回顾与展望 [J]. 气候与环境研究，2010（4）：337 - 353.

[38] 舒大兴，韩金山. 山洪灾害监测雨量站网密度分析探讨 [J]. 水文，2011，31（5）：64 - 67.

[39] 谭万沛. 中国灾害暴雨泥石流预报分区研究 [J]. 水土保持通报，1989，11（2）：48 - 53.

[40] 唐川，朱静. 云南滑坡泥石流研究 [M]. 北京：商务印书馆，2003.

[41] 土砂灾害警戒避难基准雨量の设定手法（2005）. 国土交通省河川局砂防部，气象厅予报部，国土交通省国土技术政策综合研究所.

[42] 徐在庸. 山洪及其防治 [M]. 北京：水利出版社. 1981.

[43] 云南省水利水电厅. 云南省暴雨洪水查算实用手册 [Z]. 1992，12.

[44] 王鹤鸣，王占升，陆永新，等. 承德市山洪灾害水文预警与实用研究 [J]. 水科学与工程技术，2013（1）：10 - 13.

[45] 王仁乔，周月华，王丽，等. 湖北省山洪灾害临界雨量及降雨区划研究 [J]. 高原气象，2006，25（2）：330 - 334.

[46] 王鑫，曹志先，谈广鸣. 暴雨山洪水动力学模型及初步应用 [J]. 武汉大学学报（工学版），2009（4）：413 - 416.

[47] 文明章，林昕，游立军，等. 山洪灾害风险雨量评估方法研究 [J]. 气象，2013，39（10）：1325 - 1330.

[48] 谢平，陈广才，李德，等. 乌鲁木齐地区小流域设计山洪推理公式的参数规律 [J]. 山地学报，2006，24（4）：410 - 415.

[49] 鄢洪斌，朱均安，廖宏. 江西山洪灾害分布特征与预报初探 [J]. 气象与减灾研究，2005，28（2）：27 - 30.

[50] 叶金印，李致家，常露. 基于动态临界雨量的山洪预警方法研究与应用 [J]. 气象，2014，40 (1)：101 - 107.

[51] 叶金印，李致家，吴勇拓. 一种用于缺资料地区山洪预警方法研究与应用 [J]. 水力发电学报，2013，32 (3)：15 - 19，33.

[52] 叶勇，王振宇，范波芹. 浙江省小流域山洪灾害临界雨量确定方法分析 [J]. 水文，2008，28 (1)：56 - 58.

[53] 张红萍，刘舒，刘媛媛，等. 山溪洪水临界雨量基本概念剖析及方法分析 [J]. 中国水利水电科学研究院学报，2014 (2)：185 - 189.

[54] 张磊，王文，文明章，等. 基于 "FloodArea" 模型的山洪灾害精细化预警方法研究 [J]. 复旦学报（自然科学版），2015 (3)：282 - 287.

[55] 张明达，李蒙，戴丛蕊，等. 基于 FloodArea 模型的云南山洪淹没模拟研究 [J]. 灾害学，2016，31 (1)：78 - 82.

[56] 张玉龙，王龙，李靖，等. 云南省山洪灾害临界雨量空间插值分析方法研究 [J]. 云南农业大学学报，2007 (4)：570 - 573，581.

[57] 赵然杭，王敏，陆小蕾. 山洪灾害雨量预警指标确定方法研究 [J]. 水电能源科学，2011，29 (9)：49 - 53.

[58] 訾丽，杨文发，袁雅鸣，等. 基于临界雨量的山洪灾害预警技术试验研究 [J]. 人民长江，2015，46 (11)：10 - 14.

[59] 左东启，王世泽. 中国土木建筑百科辞典. 水利工程 [M]. 北京：中国建筑工业出版社，2008.

[60] Grillakis M G, Koutroulis A G, Komma J, et al. Initial soil moisture effects on flash flood generation - A comparison between basins of contrasting hydro - climatic conditions [J]. Journal of Hydrology, 2016, 541：206 - 217.

[61] Hapuarachchi H A P, Wang Q J, Pagano T C. A review of advances in flash flood forecasting [J]. Hydrological Processes, 2011, 25 (18)：2771 - 2784.

[62] Ishihara Y and Kobatake S. Runoff Model for Flood Forecasting, Bull. D. P. R. I., Kyoto Univ., 1979, 29, 27 - 43.

[63] Miao Q, Yang D, Yang H, et al. Establishing a rainfall threshold for flash flood warnings inChina's mountainous areas based on a distributed hydrological model [J]. Journal of Hydrology, 2016, 541：371 - 386.

[64] Osanai N, Shimizu T, Kuramoto K, et al. Japanese early - warning for debris flows and slope failures using rainfall indices with Radial Basis Function Network [J]. Landslides, 2010, 7 (3)：325 - 338.

[65] Unkrich C L, Schaffner M, Kahler C, et al. Real - time flash flood forecasting using weather radar and a distributed rainfall - runoff model [C] //2nd Joint Federal Interagency Conference, Las Vegas, NV. 2010：11.

[66] Zeng Z, Tang G, Long D, et al. A cascading flash flood guidance system：development and application inYunnan Province, China [J]. Natural Hazards, 2016, 84 (3)：2071 - 2093.

[67] Centre for Research on the Epidemiology of Disasters. The International Disaster Database [R]. 2017.

[68] 孙东亚，张红萍. 欧美山洪灾害防治研究进展及实践 [J]. 中国水利，2012 (23)：16 - 17.

[69] 周金星，王礼先，谢宝元，等. 山洪泥石流灾害预报预警技术述评 [J]. 山地学报，2001，19 (6)：527 - 532.

[70] Baum R L, Godt J W. Early warning of rainfall - inducedshallow landslides and debris flows in the USA：Landslides [J]. Landslides, 2010, 7：259 - 272.

[71] Gaume E，Bain V，Bernardara P，et al. A compilation of dataon European flash floods [J]. Journal of Hydrology，2009，367 (1)：70 - 78.

[72] 张启义，张顺福，李昌志. 山洪灾害动态预警方法研究现状 [J]. 中国水利，2016 (21)：27 - 31.

[73] 练继建，杨伟超，徐奎，等. 山洪灾害预警研究进展与展望 [J]. 水力发电学报，2018，37 (11)：1 - 14.

[74] 张志彤. 山洪灾害防治措施与成效 [J]. 水利水电技术，2016 (1)：1 - 6.

[75] 郭良，丁留谦，孙东亚，等. 中国山洪灾害防御关键技术 [J]. 水利学报，2018 (9)：1123 - 1136.

[76] LIU C J，GUO Liang，YE Lei，et al. A review of advances in China's flash flood early - warning system [J]. Natural Hazards，2018 (4)，doi：10.1007/s11069 - 018 - 3173 - 7.

[77] 孟辉. 基于增长—修剪型神经网络的山洪预警系统研究 [D]. 武汉：武汉科技大学，2014.

[78] 敬双怡，王泽君，李卫平，等. 基于流域模型法的山洪灾害监测预警系统 [J]. 排灌机械工程学报，2018，36 (1)：35 - 41.

[79] 钟佳迅. 山区洪水远程监测预警系统研制 [D]. 成都：成都理工大学，2013.

[80] 陈晨，刘志云，曾佑聪明，等. 基于 GPRS_GSM 和卫星通信的山洪灾害监测预警系统解决方案 [J]. 中国防汛抗旱 2017，27 (6)：47 - 51，59.

[81] 陈煜，王树伟，林林，等. 全国山洪灾害防治管理平台建设中的若干关键技术研究与实践 [J]. 中国水利水电科学研究院学报，2016，14 (1)：36 - 41.

[82] 翟晓燕，刘荣华，杨益长，等. 面向山洪预警的水雨情监测站网布设方法研究 [J]. 地理信息科学，2017，19 (12)：1634 - 1642.

[83] 李冬杰，王爱娜，肖凤林，李暨. 大数据和云技术在省级山洪监测预警中的应用 [J]. 水利信息化. 2016，4 (3)：01 - 02.

[84] 张李苏. 基于 WebGIS 的山洪灾害预警信息系统设计 [J]. 人民长江，2009，40 (17)：84 - 85，93.

[85] 杜俊，陈晶，熊执中. 云南省山洪灾害防治非工程措施项目建设综述 [J]. 人民长江，2016，47 (9)：12 - 16.

[86] 樊冰，张联洲，杜文贞，等. 省级山洪灾害防治智慧型系统规划体系研究 [J]. 中国水利，2015 (13)：24 - 25.

[87] 马建明，刘昌东，程先云，等. 山洪灾害监测预警系统标准化综述 [J]. 中国防汛抗旱，2014，24 (6)：9 - 11.

[88] 伊恩·古德费洛(Ian Goodfellow)，约书亚·本吉奥 (Yoshua Bengio)，亚伦·库维尔 (Aaron-Courville)，等. DEEP LEARNING 深度学习 [J]. 北京：人民邮电出版社，2018 (5)：8 - 9，201 - 202.

[89] 实时雨情数据库表结构与标识符标准：SL 323—2005 [S]. 北京. 中国水利水电出版社，2005.

[90] 《省、地市级山洪灾害监测预警信息管理系统技术要求》(印发稿) [Z]. 国家防汛抗旱总指挥办公室发布. 2012.

[91] 山洪灾害调查评价数据库表结构及标识符标准 [S]. 中国山洪灾害防治网，2015.

[92] 孙天甲，邱祖雄，方国盛. 变电站时间同步及监测技术研究与应用 [J]. 自动化与仪表. 2017，214 (8)：111 - 117.

[93] 舒逸石，王薇，于培杰. GPS 对时系统的区域性应用 [J]. 中国高新技术企业，2010，34：124 - 125.

[94] 肖小兵，肖赛军，高吉普，等. 智能变电站时间同步系统探讨 [J]. 电力大数据，2017，20 (11)：82 - 85.

[95] 张建，江道灼，陈晓刚. 一种基于 GPS 的广域电网运行状态监测装置 [J]. 机电工程，2007，24 (7)：38 - 41.